# 土壤氮循环实验研究方法

颜晓元 等 著

科学出版社

北京

# 内 容 简 介

　　本书全面归纳并详细描述了当前土壤氮循环研究过程中使用的主要方法与技术。全书完整地介绍了主要研究方法与技术的原理、具体操作流程和注意事项等，并提供了相关研究方法与技术涉及的应用实例和最新研究进展，同时客观地指出了这些方法与技术存在的问题以及今后的发展方向。

　　本书旨在提供研究方法与技术，可供土壤学、环境科学、大气科学、生态学、地球科学等相关专业领域的科技工作者及学生作为教材或者专业参考书使用。

**图书在版编目(CIP)数据**

土壤氮循环实验研究方法/颜晓元等著. —北京：科学出版社，2020.5
ISBN 978-7-03-064843-3

Ⅰ.①土…　Ⅱ.①颜…　Ⅲ.①土壤氮素–氮循环–实验方法–研究方法
Ⅳ.①S153.6-33

中国版本图书馆 CIP 数据核字(2020)第 064261 号

责任编辑：王　运/责任校对：张小霞
责任印制：赵　博/封面设计：铭轩堂

科学出版社 出版
北京东黄城根北街 16 号
邮政编码：100717
http://www.sciencep.com
北京建宏印刷有限公司印刷
科学出版社发行　各地新华书店经销
*
2020 年 5 月第 一 版　开本：787×1092　1/16
2025 年 2 月第五次印刷　印张：14 1/2
字数：350 000
定价：198.00 元
(如有印装质量问题，我社负责调换)

# 本书作者名单

第 1 章　　颜晓元

第 2 章　　张金波　程　谊

第 3 章　　单　军　李晓波　夏永秋　吴　敏　李承霖　颜晓元

第 4 章　　魏志军　单　军　颜晓元

第 5 章　　秦树平　李梦雅

第 6 章　　周　伟　马煜春　李晓明　颜晓元

第 7 章　　周　丰　吴亚丽　黄微尘　付　瑾　刘宏斌

第 8 章　　刘学军　许　稳　杜恩在　张　颖　沈健林　骆晓声

　　　　　　王　伟　潘月鹏　刘　磊

第 9 章　　王书伟　颜晓元

第 10 章　　马舒坦　温　腾　颜晓元

第 11 章　　吴电明　刘　敏　侯立军　王梦迪　邓玲玲

第 12 章　　卑其成　谢祖彬

第 13 章　　逯超普　王　曦　颜晓元

第 14 章　　夏永秋　李跃飞　颜晓元

第 15 章　　王保战　秦　玮　路　璐　宋玉翔

# 序

　　氮素是作物生长所必需的营养元素。农田土壤普遍缺氮，氮肥的施用对提高作物产量和农业可持续发展具有不可替代的重要作用。我国人口众多，人均耕地资源有限，保障粮食安全和农产品充分供应更是离不开氮肥的合理施用。当然，氮肥过量施用或施用不当，也可能严重干扰土壤原有的氮素循环，影响土壤生产力，并导致严重的环境污染。所以为了实现作物生产与环境效应的充分协调，需要持续不断地深入研究土壤氮循环的过程和机理。积极采用正确、有效的研究方法和手段是开展这一工作的基础。

　　从 20 世纪 30 年代起，我国土壤氮素研究经过几代人近百年的努力，先后在氮肥的农学效应、生物固氮、土壤氮迁移转化、田块/区域氮来源和去向的解析、土壤氮损失机制与影响因素、氮损失对环境的影响，以及农田生态系统氮循环的评估等方面取得了一系列重要进展。近年来，随着相关学科发展和研究技术的进步，一些氮循环的新途径和新过程逐步被发现和确定，极大地提升和拓展了业界对土壤氮循环的认知。我们高兴地看到，一大批具有较高研究水平的土壤氮循环青年科技工作者也随之不断涌现，迅速成长。《土壤氮循环实验研究方法》一书由来自全国不同科研院所和高校的中青年学者执笔，比较完整地介绍了现阶段土壤氮循环过程的主要研究方法和技术手段，详细叙述了各类方法与技术的使用步骤、应用实例及发展前景，也从一个侧面展示了相关工作的开展情况和业已取得的成果。研究方法的创新，往往会带来学科上的重大进展和突破。相信该书的付梓出版，将会对该领域的研究人员和学生有所裨益，从而进一步推动我国土壤氮素循环的研究。

朱兆良

2020 年元月于金陵

# 前　言

早在 19 世纪 40 年代德国学者 Liebig 就提出了植物矿质营养理论，认为氮是植物生长必需的元素，英国的 Laws 进一步认为植物吸收的氮源于土壤，并设立洛桑试验站开展了一系列的试验验证。然而自然条件下氮多以氮气形式存在，并不参与大气化学过程，也不能被固氮生物以外的生命体利用。在相当一段时间内地球生命系统只能利用微生物或闪电过程所转化而来的活性氮，直到 1908～1913 年德国科学家 Fritz Haber 和 Carl Bosch 用氮和氢合成了氨。这一 Haber-Bosch 固氮方法的发现和工业化应用彻底改变了氮化合物的产生方法，而 Haber-Bosch 法合成的氨也绝大部分被施入土壤，用于作物生产。

大量的合成氨与其他来源的氮不断投入到土壤中，通过氨挥发、反硝化、淋溶和径流等诸多迁移转化过程改变了土壤原有的氮循环，在满足人类对粮食需求的同时，带来了诸如土壤酸化、水体富营养化、大气污染等环境污染问题。因此土壤氮循环及其环境效应已成为土壤学家、环境学家、农学家等共同关注的热点研究领域。目前从微观的分子生物学手段、区域的模型模拟到全球的通量评估方面都开展了土壤氮循环的研究工作，一大批新技术新手段和新测定方法的应用为我们全面和正确认识土壤氮循环相关过程及机理发挥了巨大作用。

尽管关于土壤氮循环研究的方法很多，但鉴于氮形态的多样性和易变性以及系统之间交换的频繁性，当前的研究方法多种多样，缺乏专业、专门的书籍对土壤氮循环研究方法进行总结。因此，依据目前已有的研究成果，通过对土壤氮循环研究方法进行梳理和汇总，我们编写了《土壤氮循环实验研究方法》。本书从土壤氮循环的各个过程出发，全面总结了土壤氮循环过程的实验研究方法，既有传统的大气沉降、氨挥发、氧化亚氮排放和氮淋溶径流损失等通量方面的观测方法，也有 ROFLOW、膜进样质谱等新仪器设备对土壤氮气排放方面的测定，同时还重点介绍了同位素技术、分子生物技术等在氮循环机制研究方面的应用。每个章节在介绍研究方法原理的前提下，详细描述了方法的具体操作步骤，并为方便读者理解和使用，罗列了相关的应用实例及最新研究成果。

本书作者们长期从事土壤氮循环相关的研究工作，在实验方法方面积累了大量的成果和丰富的经验，在技术方法特别是新技术、新方法的应用和推广上取得了突出的成绩和进展，这些成果可为我们深入揭示土壤氮循环的过程、机制和机理奠定基础。在本书的撰写过程中，尽管我们力求方法详尽、数据准确、分析透彻，但限于多方面因素影响，当前科学定量土壤中氮的来源去向通量，揭示土壤氮生物地球化学循环过程的机理与机制，仍存在一定的困难，因此本书难免也有不妥之处，恳请读者不吝指正。我们相信随着时代的进步，未来会有更多新技术和新方法应用于土壤氮循环过程的研究中，从而进一步加深我们对氮循环的理解。

本书是国家重点研发计划项目"肥料氮素迁移转化过程与损失阻控机制"的成果之一，也获得了国家杰出青年科学基金项目"氮素循环"的大力支持，在此一并致以衷心的感谢。

颜晓元

2020 年 1 月

# 目　录

# 第 1 章 土壤氮循环研究方法概述

## 1.1 导　　言

氮(N)是所有生物的重要组成部分，也是限制地球生命的主要营养元素。在自然界里，氮以分子态($N_2$)、无机氮和有机氮形式存在，三种形式的氮在大气、水、生物、土壤等圈层的相互转化及运动构成了氮的生物地球化学循环。土壤氮循环是全球氮循环的重要环节之一，也是土壤生态系统元素循环的核心之一，影响土壤质量、土壤肥力、土壤健康等并参与和控制其他物质或养分循环过程。然而随着人为活动的加剧，过多的氮投入到土壤生态系统中严重干扰和改变了其原有的循环系统，引发了生态系统功能退化、生物多样性损失、大气和水体质量恶化、全球环境变化等问题，并且危害人类健康和社会经济发展。人为活性氮往往最先投入到土壤当中，因此土壤是氮循环及其各项效应发生的主要场所，土壤氮循环已成为当前科学研究的热点之一。建立能准确描述土壤氮循环过程的研究方法，对于揭示其生物化学机制、明确其迁移转化过程、增进对氮循环的理解、减缓环境污染和气候变化、保障人类健康和促进社会经济与环境可持续发展具有极其重要的科学和现实意义。

传统的野外监测和室内培养以及化学计量、区域建模与评价等方法经历了多年的发展和完善，为我们了解土壤氮循环过程和机理提供了很多有力的证据，特别是近十年来随着生物地球化学循环研究方法与分子生态学技术的广泛结合及各学科交叉性和系统性的增强，新技术新方法不断涌现，对氮循环相关的生物物理学、生理生态学、生态系统生态学和生物地理学机制和过程及相关环境效应等也有了重新的认识并取得了重要突破。本章在介绍土壤氮循环特征的基础上，概述了当前土壤氮循环的研究方法，并就未来的发展和今后的研究方向进行展望与探讨。

## 1.2　土壤氮循环

### 1.2.1　土壤氮形态及其转化

自然界土壤中的氮库主要由有机氮和无机氮组成，以有机氮为主，包括结合态的铵态氮($NH_4^+$-N)、氨基态氮、酸解和非酸解态氮及少量固定氮。无机氮主要包括 $NH_4^+$-N、硝态氮($NO_3^-$-N)和亚硝态氮($NO_2^-$-N)。有机氮占土壤全氮量的 95%以上，大部分的有机氮不能被直接吸收利用，需要在土壤微生物的作用下转化为无机氮后方可被利用，可溶性有机氮(dissolved organic nitrogen, DON)一般不超过土壤全氮量的 5%，主要分散在土壤溶液中，很容易水解，迅速释放出 $NH_4^+$，成为有效氮源。无机氮在表土中一般只占全氮含量的 1.0%~2.0%，表土以下的土层含量更少。

土壤中各形态氮之间时刻进行着生物、生物化学、化学、物理、物理化学的转化，从而把氮从一种化合物转化到另一种化合物，主要包括有机氮的矿化、硝化、反硝化、腐殖质的形成、植物和微生物对有效态氮的吸收固定作用以及黏土矿物对 $NH_4^+$ 的吸收固定。土壤中的氮转化可能受到环境条件等的影响，比如有机氮的矿化可以在厌氧和好氧条件下发生，而硝化和反硝化则分别在好氧和厌氧条件下产生。尽管氮在高温等极端条件下会发生化学转化过程，但绝大多数氮的转化过程需要生物特别是微生物的参与。

### 1.2.2 土壤氮循环过程

土壤氮循环是指氮经过不同途径进入土壤生态系统，再经过迁移转化等诸多过程后，又以不同形式离开土壤的过程（图 1-1），因此，土壤氮循环包括氮输入、转化、输出和累积四个部分。大气沉降、氮肥施用、生物固氮以及灌溉等是土壤氮输入的主要途径，这些输入的氮通过硝化、反硝化、矿化等过程将氮以 $N_2$、NO、$N_2O$、HONO、$NH_3$、$NH_4^+$-N、$NO_3^-$-N、$NO_2^-$-N、有机氮等形式通过淋溶、地表径流、氨挥发等离开土壤迁移到大气和水体中。而另外一部分被植物吸收或土壤微生物转化后固定的氮，则在土壤和植物体内形成主要的氮库。

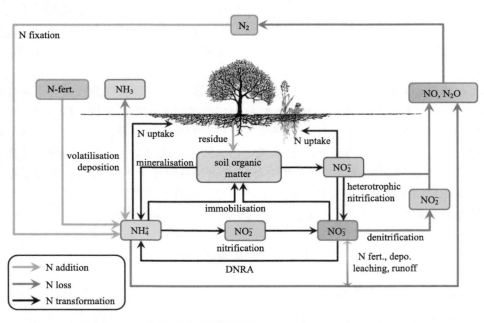

图 1-1 氮循环及其主要过程（改编自 Muller and Clough, 2014）

N fixation—氮固定；N-fert.—氮肥；volatilisation—氨挥发；deposition/depo.—沉降；N uptake—氮携出；residue—残留；mineralisation—矿化；soil organic matter—土壤有机质；immobilisation—固定；nitrification—硝化；DNRA—硝酸盐异化还原成铵；denitrification—反硝化；leaching—淋溶；runoff—径流；heterotrophic nitrification—异养硝化；N addition—氮添加；N loss—氮损失；N transformation—氮转化

作为土壤氮循环的主要过程，大气氮的干湿沉降分别是指大气中气态和颗粒态活性氮通过大气传输过程或降雨降雪冲刷到达土壤中；生物固氮是利用固氮酶结合其他酶和

辅酶将 $N_2$ 转化成可被植物和微生物利用的 $NH_4^+$；矿化是指土壤中有机氮通过矿质化转变为 $NH_4^+$-N 的过程，$NH_4^+$ 浓度积累到一定的程度后受微生物和物理化学反应的驱动转化为 $NH_3$；硝化过程将 $NH_4^+$-N 转化为 $NO_3^-$-N；反硝化过程是 $NO_3^-$-N 在微生物介导下依次被还原为 $NO_2^-$-N、NO、$N_2O$，最终还原成 $N_2$。

尽管上述这些过程代表了土壤氮循环的主要途径和过程，但氮循环是地球上最为复杂的生物地球化学循环，由一系列氧化还原反应构成，同时由于土壤生态系统的复杂性以及不同程度的人为干扰，氮循环并不是一成不变的。随着分子生物学方法的发展和应用，新的氮循环转换途径的发现改变了人们对氮的生物地球化学循环途径的传统认识。例如硝酸盐异化还原成铵（DNRA）的过程可以在厌氧或低氧条件下，细菌/真菌以 $NO_3^-$ 为电子受体由 $NO_2^-$ 转换成 $NH_4^+$-N（Rutting et al., 2011）；而厌氧氨氧化过程（Anammox）是 $NH_4^+$-N 和 $NO_2^-$-N 在厌氧的条件下被细菌同时利用经过 NO 和 $N_2H_4$ 转化为 $N_2$（Kartal et al., 2011）。尽管 DNRA 和 Anammox 过程的报道相对较少，但它们对土壤氮循环可能具有重要贡献。

## 1.3　土壤氮循环研究方法

土壤氮循环研究中传统的野外监测/观测方法，如静态箱、径流收集池、微气象学方法等，结合室内培养和理化分析可以用于测定土壤中主要氮形态的浓度、通量等，模型模拟则可以揭示各形态氮的来源和去向，并进行中长期预测。近年来将稳定同位素示踪技术、PCR 扩增技术、DNA 指纹图谱技术、分子杂交技术、测序技术等方法应用于土壤学后，氮循环过程和机理研究取得了长足进展。以下就当前土壤氮循环的主要研究方法和技术手段作一分类概述。

### 1.3.1　表观通量直接观测

迄今利用长期定点、短期野外控制和室内培养等方法对土壤氮循环过程中氮的输入、输出和累积通量的研究已经有上百年的历史。这些方法主要是通过观测、模拟或控制自然环境因子的变化等，研究氮的来源去向通量及不同环境因素对土壤氮循环的影响及其作用机制。

大气氮沉降是土壤氮的重要来源，通过野外设置雨量器收集大气降水并记录相关气象要素，可以计量大气氮湿沉降的输入通量及其影响因素；利用微气象学法、替代面法、主动/被动吸收法则可以计算大气氮干沉降通量。

土壤氮循环过程排放的含氮气体大部分可以通过箱法测定。其基本原理是用一定大小的箱子罩在被测土壤表面，阻止箱内外气体进行自由交换，通过测定箱内气样中气体的变化速率，计算得出目标气体的交换通量（Yao et al., 2009）。箱法根据箱体是否透明可分为明箱法和暗箱法，根据是否密封又可以分为密闭式静态箱法、密闭式动态箱法和开放式动态箱法。常见的对箱内气体的检测方法有碱吸收法、气相色谱法、红外气体分析法等。例如，借助于气体浓度梯度驱动的扩散，$NH_3$ 排放通量的测定可以采用密闭室法和通气室法，排放的 $NH_3$ 被酸性介质（硫酸、硼酸等吸收液）或海绵吸收，通过测

定吸收介质中 $NH_4^+$-N 浓度，计算 $NH_3$ 挥发通量。另外，利用已知容积和底面积的密闭无底箱体，静态箱-气相色谱法也用于土壤 $N_2O$ 的排放通量的测定。但受限于高背景环境中的 $N_2$ 的限制，土壤 $N_2$ 排放通量的观测需要在室内控制条件下运用密闭培养法测定。例如，膜进样质谱法可以直接测定淹水环境脱氮产物，而利用 ROFLOW (robotized-continuous-flow，自动化连续吹扫) 系统则可以直接测定旱地生态系统产生的 $N_2$(Senbayram et al., 2018)。

淋溶和径流是土壤中的氮向地下和地表水流失的主要途径，土壤中氮的淋溶通量测定方法主要有土壤溶液提取法、土柱法和土钻取样法，通过收集到的渗漏水的体积及分析水样中氮的浓度，即可计算土壤氮淋溶量。而建立野外径流池，并计量产流、测定样品中的氮含量，则可以计算氮径流流失通量。

## 1.3.2 氮稳定同位素技术

同位素技术具有示踪和指示等多种功能，并能快速检测且结果准确、不干扰自然。因此，氮稳定同位素技术已成为研究氮循环最科学有效的方法之一。土壤中的氮因其不同的来源、不同的迁移转化过程和途径、不同的赋存形态而具有不同的同位素特征 (Nikolenko et al., 2018)，利用氮同位素技术能够准确地指示土壤中氮的转化特征和影响因素，还可以通过人为添加同位素标记物、同位素配对技术等对氮化合物的反应进行示踪，并对转化的单边速率进行计算，获得更精确的氮循环通量，同时可以利用不同来源的氮具有不同的同位素值来解析氮的来源及其贡献 (曹亚澄等, 2018)。

生物固氮是土壤氮循环的主要过程，生物固氮量及其向周围转运量可通过 $^{15}N$ 示踪法、同位素稀释法和 $^{15}N$ 自然丰度法测定；$^{15}N$ 稀释技术和成对标记方法在研究土壤中各形态氮的转化中也发挥了重要作用，可以通过检测库中 $^{15}NH_4^+$ 或 $^{15}NO_3^-$ 丰度的变化进行土壤氮矿化和硝化的研究；此外，$N_2O$ 是硝化和反硝化过程的中间产物，有很多过程可以产生 $N_2O$，不同源产生的 $N_2O$ 伴随有不同的同位素信号，因此 $^{15}N$ 稳定同位素成对标记方法和 SP (site preference) 值同位素异构体法可以用来研究土壤 $N_2O$ 产生的机制，判别 $N_2O$ 释放的源与汇。另外，土壤氮循环过程中，作为主要的氮输入源，有机质、雨水、化学肥料等具有不同的氮同位素自然丰度特征，其氮同位素自然丰度信息可以用于解析环境中含氮化合物来源及其迁移转化规律，用以定量土壤氮循环过程对环境的影响。近年来稳定氮同位素作为一种有效的示踪技术在识别水体中氮，尤其是 $NO_3^-$-N 的来源及迁移转化过程中也得到了广泛的应用。

## 1.3.3 分子生物技术

微生物在土壤氮循环过程中起着至关重要的作用，微生物利用一步或多步酶促反应驱动各形态氮的转换。固氮微生物将大气中的 $N_2$ 还原成 $NH_4^+$，$NH_4^+$ 在土壤硝化微生物作用下被转换成羟胺 ($NH_2OH$)、$NO_2^-$ 并进一步氧化为 $NO_3^-$。最终反硝化微生物又将 $NO_3^-$ 还原成 $NO_2^-$、NO 和 $N_2O$，并最终还原为 $N_2$(Kuypers et al., 2018)。如前文所述，最近的研究发现，Anammox 过程是 $NH_4^+$-N 在微生物的作用下，在厌氧/缺氧的条件下转化为 $N_2$；另外，不同于反硝化，DNRA 过程可以在厌氧微生物的作用下将 $NO_3^-$ 直接还原为

$NH_4^+$，产生的 $NH_4^+$ 在硝化作用下重新生成 $NO_2^-$ 和 $NO_3^-$，再次被反硝化、DNRA 和厌氧氨氧化菌利用，是氮循环重要的内在衔接过程。因此，开展土壤氮循环过程中微生物的多样性、活性等时空演变特征和驱动因子的系统性研究，并从微生物功能基因多样性角度解析土壤氮循环过程及其影响机制，有利于全面和正确认识土壤氮循环相关过程特点及其微生物学机理。

在微生物学领域，纯培养的方法是研究微生物生理学和遗传学特性行之有效的经典方法，然而在复杂的土壤条件下，从环境中直接分离鉴定菌种方面的科研工作已经接近极限。现代分子生物学证实大多数的微生物依然没有得到纯培养，以致长期以来对未分离微生物的了解很少，它们功能和代谢方面的研究受到极大限制。借助分子生物学手段探究土壤微生物的多样性，能够打破传统纯培养方法的限制，已经被广泛应用于氮循环微生物的研究中，常用的分子检测技术包括 PCR 扩增技术、DNA 指纹图谱技术、稳定同位素示踪技术、分子杂交技术、测序技术等(王朱珺等，2018)。例如，利用 454 焦磷酸测序、qPCR、克隆文库等方法能较为全面地检测固氮作用功能基因在土壤环境中的分布，能更深入、全面、细致地揭示固氮微生物的组成、多样性及功能。高通量测序、功能基因芯片、qPCR、DGGE、T-RFLP、克隆文库等技术可以检测到硝化作用相关功能基因如 amoA 的主要分布。对反硝化作用和厌氧氨氧化作用的相关功能基因使用最多的分子检测技术是 qPCR，qPCR 可以很好地定量和检测环境中的厌氧氨氧化和反硝化作用功能基因。另外，氮稳定同位素探针技术 ($^{15}$N-SIP) 可以利用稳定同位素示踪同化标记底物的微生物作用者，将特定的物质代谢过程与微生物群落物种组成直接耦合，从而揭示直接参与土壤氮转化的核心功能微生物及其生理代谢的关键过程。

### 1.3.4　模型模拟

模型模拟方法基于对实验结果的认识，指对土壤氮循环过程进行抽象后的一种形式化表达方式。目前建模方法可分为经验模型和机理模型。经验模型通常依据实验测定或调查的氮循环主要来源去向的速率、通量，采用统计方法建立其与环境因子、管理因子等之间的关系，反映了相关因素与氮循环速率或通量之间的一种笼统关系，并不一定有直接因果关系，如果相关因子值超过建模时的数值范围，则该模型不再适用。

机理模型则研究各种环境因子对氮循环过程的影响机理，从机理角度模拟矿化、腐殖化、硝化、反硝化、氨挥发、植物吸收、硝酸盐淋失等氮循环过程，可在固定的时空尺度下长时间地连续运行，因而模型可模拟过去、现在和预测未来。由于机理模型本身是对实际氮循环过程的简化和抽象，并受到数值计算和过程理解的限制，且模型参数、驱动和初始条件等具有不确定性，随着模型向前运行，误差会不断积累，影响到模型模拟效果。目前常用的土壤氮循环机理模型有 DNDC、EPIC、CERES、CENTURY、GLEAMS、RZWQM 等。

## 1.4　展　　望

系统地梳理和总结现有的土壤氮循环研究方法，可为科学揭示土壤氮循环过程及其影响机制，为最终调节氮转化过程，提高土壤氮利用效率并降低其负面生态环境影响提供科技支撑。尽管从氮循环过程通量的观测到室内培养的展开，特别是近年来与分子生态学技术及同位素分析等方法的相互补充、印证，极大地丰富了我们对于氮循环过程和机理的认识，并取得了重要的研究成果，但是在土壤氮循环研究中仍存在诸多问题。一些氮循环过程仍然难以准确定量，特别是在原位条件下的定量。在研究方法上任何单一技术都会有各自的优缺点，需要多种手段相结合，从多个方面对土壤氮循环过程进行综合分析和研究。随着计算机和遥感技术的发展，野外观测与室内试验可以与计算机模拟方法相结合，对于研究较大区域范围内的氮循环具有重要意义。此外，随着大数据时代的需求，微生物组学技术的普及，分子检测技术的革新使人们能够更深入全面地了解参与氮循环的微生物功能类群多样性，还会有大量新物种、新机制不断被发现。

虽然土壤氮循环的许多研究还处于探索阶段，尚有许多关键的问题有待解决，但相信未来随着分析仪器种类的增多、信息技术的发展、方法的不断完善、相关学科的突破，将有更多新技术和新方法应用于土壤氮循环过程研究中，而环境科学、生态学和地球科学、土壤学等学科的相互交叉，将会给该领域的发展带来新的契机，未来土壤氮循环的研究将会进入一个新的阶段。

# 参 考 文 献

曹亚澄, 张金波, 温腾, 等, 2018. 稳定同位素示踪技术与质谱分析: 在土壤、生态、环境研究中的应用. 北京: 科学出版社.

王朱珺, 王尚, 刘洋荧, 等, 2018. 宏基因组技术在氮循环功能微生物分子检测研究中的应用. 生物技术通报, 34(1): 1-14.

Kartal B, Maalcke W J, de Almeida N M, et al., 2011. Molecular mechanism of anaerobic ammonium oxidation. Nature, 479(7371): 127-130.

Kuypers M M M, Marchant H K, Kartal B, 2018. The microbial nitrogen-cycling network. Nature Reviews Microbiology, 16(5): 263-276.

Muller C, Clough T J, 2014. Advances in understanding nitrogen flows and transformations: gaps and research pathways. Journal of Agricultural Science, 152(S1): S34-S44.

Nikolenko O, Jurado A, Borges A V, et al., 2018. Isotopic composition of nitrogen species in groundwater under agricultural areas: a review. Science of the Total Environment, 621: 1415-1432.

Rutting T, Boeckx P, Muller C, et al., 2011. Assessment of the importance of dissimilatory nitrate reduction to ammonium for the terrestrial nitrogen cycle. Biogeosciences, 8(7): 1779-1791.

Senbayram M, Well R, Bol R, et al., 2018. Interaction of straw amendment and soil $NO_3^-$ content controls fungal denitrification and denitrification product stoichiometry in a sandy soil. Soil Biology & Biochemistry, 126: 204-212.

Yao Z, Zheng X, Xie B, et al., 2009. Comparison of manual and automated chambers for field measurements of $N_2O$, $CH_4$, $CO_2$ fluxes from cultivated land. Atmospheric Environment, 43(11): 1888-1896.

# 第 2 章　土壤氮素初级转化速率测定方法

## 2.1　导　言

土壤中的氮(N)以有机氮、无机氮等不同的形态存在。各形态氮库之间的转化速率控制各形态氮在土壤中的含量变化。依据测定方法,土壤氮素转化速率可分为初级转化速率(gross transformation rate)和净转化速率(net transformation rate)。前者指土壤氮从一种形态转化为另一种形态的实际转化率;后者通过测定单位时间内被转化的氮形态含量净下降或转化生成的氮形态含量净增加量获得。因为每种形态氮库均有多种输入和输出途径,所以,土壤中各种形态氮库的净转化速率是控制其含量变化的所有途径初级转化速率的综合结果(Di et al., 2000)。如在无植物生长、无渗漏和径流的实验室培养条件下,铵态氮($NH_4^+$-N)库的输入项主要是有机氮的矿化作用,输出项包括硝化作用、土壤微生物同化和氨挥发;硝态氮($NO_3^-$-N)库的输入项为硝化作用,输出项包括反硝化作用和土壤微生物同化。所以,测定土壤中 $NH_4^+$-N 或 $NO_3^-$-N 的含量变化只能反映所有输入和所有输出项的初级速率的综合作用,不能反映每一输入或输出项的真实速率;只能计算出氮净矿化和净硝化速率,不能计算出有机氮初级矿化和初级硝化速率,更不可能定量土壤微生物对无机氮的初级同化速率(Tietema and Wessel, 1992)。当硝化作用速率与 $NO_3^-$-N 的生物同化速率和反硝化速率之和相等时,土壤中 $NO_3^-$-N 含量保持常数,净硝化速率为 0,但这不等于土壤未进行硝化作用、$NO_3^-$-N 同化作用和反硝化作用。可见,虽然直接测定 $NH_4^+$-N 和 $NO_3^-$-N 的含量变化可以有效地指示它们的供应水平和 $NO_3^-$-N 淋溶及径流风险,但是,要阐明控制其含量变化的过程,并进行针对性的调控,必须认识氮初级转化速率。目前,$^{15}N$ 稳定同位素稀释和富集技术已经被广泛地用于测定氮初级转化速率(Myrold and Tiedje, 1986; Tietema and Wessel, 1992; Müller et al., 2004)。

## 2.2　同位素稀释法测定氮初级转化速率的基本原理

同位素稀释法是测定土壤中氮初级转化速率最重要的方法之一(Di et al., 2000)。其基本原理是将某一形态的氮库用 $^{15}N$ 标记后,当其他未标记氮形态转化成为标记氮形态时,使该氮库中的 $^{15}N$ 丰度下降;相反,当标记氮向其他形态转化时,使转化生成的氮库中 $^{15}N$ 丰度提高。利用 $^{15}N$ 的稀释和富集,结合各形态氮库的含量变化可以计算土壤氮初级转化速率。早在 1954 年 Kirkham 和 Bartholomew(1954)将土壤氮区分成有机氮库和无机氮库,并假设①$^{15}N$ 和 $^{14}N$ 具有相同的被利用的机会,②被微生物同化的标记 $^{15}N$ 不再矿化,③不发生氮的气态损失,如氨挥发和反硝化气体产物的损失,提出了土壤氮初级矿化速率和硝化速率的计算方法。以 $^{15}N$ 标记 $NH_4^+$-N 库为例(图2-1),假定 q 为 $^{15}N$-$NH_4^+$

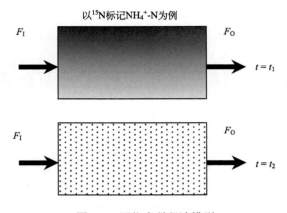

图 2-1　同位素稀释法模型

量，$Q$ 为 $NH_4^+$-N 总量，$A$ 为 $^{15}N$-$NH_4^+$ 的百分超（即 $q/Q\times100-0.3663\%$），$t$ 为时间，对于非稳定状态（即：输入速率 $F_I$ 不等于输出速率 $F_O$），有机氮矿化释放 $NH_4^+$，稀释 $^{15}N$ 的丰度，但不改变 $NH_4^+$-N 库的 $^{15}N$ 数量（$q$）；同时，$NH_4^+$-N 库中 $^{15}N$ 和 $^{14}N$ 按比例被消耗输出，$NH_4^+$-N 库中 $^{15}N$ 总量减少，即 $q$ 值变小，但 $NH_4^+$ 输出本身并不降低 $NH_4^+$ 库中 $^{15}N$ 丰度。$^{15}N$ 量（$q$）随着输出速率 $F_O$ 而变化的关系可以用公式（2-1）表示（Di et al., 2000）：

$$dq/dt = -F_O \cdot A(t) \tag{2-1}$$

$NH_4^+$-N 总量随时间的变化则为有机氮矿化速率（$F_I$）和 $NH_4^+$ 消耗速率（$F_O$）之差，即公式（2-2）：

$$dQ/dt = F_I - F_O \tag{2-2}$$

在任一时间 $t$，$NH_4^+$-N 库中 $^{15}N$ 的量为该时间 $NH_4^+$-N 总量 $Q(t)$ 与该时间 $^{15}N$ 百分超 $A(t)$ 之积，即公式（2-3）：

$$q(t) = Q(t) \cdot A(t) \tag{2-3}$$

由此可以推导出公式（2-4）：

$$dq/dt = Q(t) \cdot dA/dt + A(t) \cdot dQ/dt \tag{2-4}$$

整理上式并积分可以得到氮初级转化速率的计算公式（2-5）和（2-6）：

$$F_I = [(Q_1 - Q_2) \cdot \ln(A_1/A_2)]/[(t_2 - t_1) \cdot \ln(Q_1/Q_2)] \tag{2-5}$$

$$F_O = F_I - [(Q_2 - Q_1)/(t_2 - t_1)] \tag{2-6}$$

式中，$Q_1$ 和 $Q_2$ 及 $A_1$ 和 $A_2$ 分别为 $t_1$ 和 $t_2$ 时刻的 $NH_4^+$-N 总量及相应的 $^{15}N$ 百分超。当有机氮矿化输入 $NH_4^+$-N 速率（$F_I$）与 $NH_4^+$-N 消耗输出速率（$F_O$）相等，为 $F$ 时，土壤中 $NH_4^+$ 浓度（$Q$）为常数。此时，$NH_4^+$-N 库中 $^{15}N$ 百分超随有机氮矿化速率或消耗速率 $F$ 的关系为公式（2-7）（Di et al., 1994）：

$$A(t) = A_0 \cdot e[-(F/Q)t] \tag{2-7}$$

式中，$A_0$ 为时间 $t=0$ 时的 $NH_4^+$-$^{15}N$ 百分超。对公式（2-7）进行整理，得到公式（2-8）：

$$F_I = F_O = F = [\ln(A_0/A_t)] \cdot Q/t = [\ln(A_1/A_2)] \cdot Q/(t_2 - t_1) \tag{2-8}$$

该方法要求必须加入高的 $^{15}$N 量，并尽量缩短试验时间以防止微生物同化的 $^{15}$N 发生再矿化。通过引入新的分析方法，Kirkham 和 Bartholomew（1955）在随后的工作中除去了后两个假设，即被同化的 $^{15}$N 发生的再矿化过程，并假设服从一级反应，土壤中可能发生标记 氮的反硝化和氨挥发损失。Kirkham 和 Bartholomew（1954，1955）提出的同位素稀释法的基本原理为利用 $^{15}$N 示踪技术测定氮素初级转化速率奠定了基础，但是他们的方法存在一些缺点（Mary et al.，1998）：

1）只考虑了无机氮库，并没有区分 $NH_4^+$-N 和 $NO_3^-$-N。一些研究已经清楚地表明微生物优先利用 $NH_4^+$-N（Rice and Tiedje，1989），所以在模型系统中有必要把 $NH_4^+$-N 和 $NO_3^-$-N 分开考虑（Schimel，1996）。

2）有机氮库的性质被认为是均一的。实际上微生物同化的氮量仅仅是微生物生物量氮的一部分，而微生物生物量氮也仅是总有机氮的 3%～10%（Myrold and Tiedje，1986；Burton et al.，2007）。

3）许多重要的氮损失途径可能发生，如氨挥发、反硝化或淋溶。尤其是在野外实验中，这些过程极可能存在，不能简单地根据土壤中矿质态氮平衡推导氮的微生物同化。

## 2.3　氮初级转化速率的数值模型分析方法简介

由于土壤中各种形态氮之间的转化过程是同时发生的，而且能够测定的氮形态数量经常少于需要计算的初级转化速率参数个数，因此，仅仅采用 Kirkham 和 Bartholomew（1954）提出的稀释原理计算各过程的初级转化速率是很困难的。随着计算机技术的快速发展，数值模型分析方法在氮转化过程初级速率研究中的应用越来越受到重视（Mary et al.，1998；Müller et al.，2004）。相比之下，数值模型优化方法能够应用于定量研究更多的氮初级转化速率。本章介绍两种应用较广泛的数值模型。

在前人研究成果的基础上，Mary 等（1998）建立了 FLUAZ 模型（图 2-2）。采用 $NH_4^+$-$^{15}$N 和 $NO_3^-$-$^{15}$N 成对标记方法，通过测定 $NH_4^+$-N、$NO_3^-$-N 与有机氮含量和 $^{15}$N 百分超随时间的变化，应用 FLUAZ 模型可以计算出土壤中 6 个氮初级转化速率，即：有机氮矿化速率（$m$）、$NH_4^+$-N 生物同化速率（$i_a$）、$NO_3^-$-N 生物同化速率（$i_n$）、硝化作用速率（$n$）、氨挥发速率（$v$）或反硝化作用速率（$d$）和标记后生物同化氮的再矿化速率（$r$）。

FLUAZ 模型结合了数值方法和非线性拟合方法，并考虑了 $NH_4^+$-N 和 $NO_3^-$-N 的微生物同化和再矿化作用。模型使用 Haus-Marquardt 运算法则优化分析氮的初级转化速率，采用平均加权误差（mean weighed error，MWE）作为模型运行的判定标准。MWE 代替普遍使用的最小平方和作为优化判定标准有两方面的优势：①能够反映测定值的变异性；②使模型拟合标准化。该模型能够自动地改变初始值以保证得到 MWE 的最小值，从而有效地解决了由于人为初始值估计不准确引起的误差问题。Mary 等（1998）的结果表明，运用 FLUAZ 模型测定土壤中氮的初级转化速率，实测值和模拟值之间有很好的一致性，并且证实了 MWE 值越小拟合的效果也越好。FLUAZ 模型具有以下优点：①在计算中它不需要求近似值；②运用 MWE 作为优化判定标准，能够反映测定值的变异性；③能够同时测定模型中所有的转化速率并且提供了置信区间和参数间的相关矩阵；④通过灵敏度分析可以检查结果的精确性；⑤模型容易使用，运算迅速。FLUAZ 模型已经被广泛用于测定土壤氮的初级转化速率（Andersen and Jensen, 2001; Flavel et al., 2005; Luxhøi et al., 2005）。

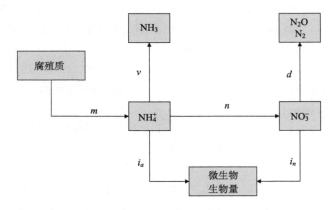

图 2-2　FLUAZ 模型

$m$—N 的初级矿化过程；$i_a$—$NH_4^+$-N 初级同化过程；$n$—初级硝化过程；$d$—初级反硝化过程；$i_n$—$NO_3^-$-N 初级同化过程；$v$—氨挥发过程

Müller 等（2004）提出了 Model B 概念模型，把有机氮区分成易矿化态和难矿化态，硝化作用区分成自养硝化和异养硝化，$NO_3^-$-N 的转化包括了反硝化作用和 $NO_3^-$-N 异化还原成 $NH_4^+$（DNRA），同时还考虑到了吸附态或肥料中无机氮的释放速率，计算的初级转化速率参数达到 9 个。但是，一般认为同时优化的氮过程个数不应该超过实测变量的个数，否则会使系统中的模拟值过高，可能得到错误的优化结果。为了提高计算结果的精确性，Müller 等（2007）引入了马尔柯夫链蒙特卡洛随机采样方法（Markov Chain Monte Carlo, MCMC）（MCMC 模型，图 2-3），从而有效地避免了局域最小值问题，确保模型

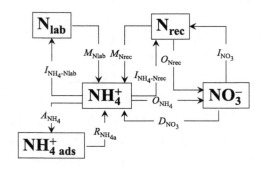

图 2-3　Müller 等（2007）的 MCMC 数值分析模型

$N_{lab}$—易矿化有机氮库；$N_{rec}$—难矿化有机氮库；$NH_{4\,ads}^+$—施用肥料后立即吸附 $NH_4^+$-N 的氮库；$I_{NH_4-Nlab}$—同化到易矿化有机氮库的 $NH_4^+$-N 的同化过程速率；$M_{Nlab}$—易矿化有机氮库初级矿化速率；$M_{Nrec}$—难矿化有机氮库初级矿化速率；$I_{NH_4-Nrec}$—同化到难矿化有机氮库的 $NH_4^+$-N 的同化过程速率；$O_{NH_4}$—氨氧化过程（自养硝化过程）速率；$O_{Nrec}$—异养硝化过程速率；$I_{NO_3}$—$NO_3^-$-N 的同化过程速率；$R_{NH_{4a}}$—吸附的 $NH_4^+$-N 释放过程速率；$A_{NH_4}$—$NH_4^+$-N 吸附过程速率；$D_{NO_3}$—硝酸盐异化还原为铵速率

运算过程中找到真正的全局最小值。运用 MCMC 方法对过去文献中报道的实验数据进行重新计算，结果更加反映土壤氮素初级转化速率的真实情形(Rütting and Müller, 2007)。这一数值分析模型是现在应用最为广泛的土壤氮素初级转化速率计算方法。

## 2.4　$^{15}$N 成对标记结合数值分析模型研究氮初级转化速率的方法

### 2.4.1　准备土壤样品

$^{15}$N 稳定同位素成对标记方法测定氮初级转化速率所用的土壤样品可以是原状土柱，也可以是过筛土壤样品，两种样品各有优缺点。原状土柱最大的优点在于对土壤扰动小，能够较真实地反映野外土壤状态；但是，土壤的异质性限制了其应用。过筛土壤样品虽然破坏了土壤结构，但是样品均匀性好，有利于较长时间的 $^{15}$N 示踪试验。因此，原状土柱样品一般只能使用 $^{15}$N 稳定同位素稀释法–算术计算方法研究氮初级转化速率；过筛土壤样品既能使用 $^{15}$N 稳定同位素稀释法–算术计算方法，又能使用 $^{15}$N 示踪试验–数值模型优化方法研究氮初级转化速率。

一般常用环刀采集原状土柱，土柱采集后即可进行标记。过筛土壤样品的准备过程如下：按照研究需要采集一定深度的土壤样品充分混匀，过 2 mm 或 3 mm 筛，冷藏备用。标记试验开始时，称取相当于 30 g(精确至 0.01 g)干土重的新鲜土样置于一系列 250 mL 三角瓶中，瓶口用保鲜膜封口并扎洞以便土壤通气和维持水分，置于 25 ℃恒温培养箱预培养 24 h。

注意事项：①称取的土样尽量直接倒入瓶底，避免在瓶壁附着；②鲜土称好后尽快摇平，以免土壤颗粒结成球，保证标记液加入的均匀性。

### 2.4.2　土壤氮库的标记方法

如何将 $^{15}$N 均匀地标记于土壤氮库是应用 $^{15}$N 同位素稀释法/示踪方法测定土壤氮初级转化速率的主要技术问题(Murphy et al., 2003)。$^{15}$N 的不均匀分布会使测定的初级转化速率偏离真实值。目前把 $^{15}$N 标记到土壤氮库中可行的方法有 3 种：①溶液混合方法(将 $^{15}$N 标记的 $NH_4^+$-N 或 $NO_3^-$-N 溶液加入到土壤中)；②气室方法(将 $^{15}$N 标记的气体，$NH_3$ 或 NO，注射到培养容器上部气体空间中)或气体注射方法(将 $^{15}$N 标记气体直接注入土壤中)；③干粉末方法(加入 $^{15}$N 标记的铵盐或者硝酸盐与惰性粉末的混合物)。

#### 2.4.2.1　溶液混合方法

在室内培养条件下，通常是在土壤中加入 $^{15}$N 标记的盐类溶液，调节土壤达到最佳的含水量(Myrold and Tiedje, 1986; Bjarnason, 1988; Hart et al., 1994a)。虽然该方法能够尽可能地保证 $^{15}$N 的均匀分布，但是会改变土壤的水分状况及其他土壤条件，进而影响微生物的活性，导致测定的初级转化速率偏离真实值(Cabrera and Kissel, 1988; Sierra, 1992)。研究表明，以表层少于 2 cm 深度的土壤为研究对象，把适量的 $^{15}$N 标记溶液均匀地滴到土壤表面，$^{15}$N 能够在土壤均匀分布(Barraclough and Puri, 1995; Willison et al.,

1998a; Burton et al., 2007)，这种方法可以减少因 $^{15}N$ 标记溶液加入引起的土壤水分状况及其他土壤条件改变，进而减少对土壤微生物活性的影响(Murphy et al., 1999)。当对原状土进行标记时，用注射器把 $^{15}N$ 标记溶液注入原状土柱中能够最小限度地改变土壤环境，从而准确测得原位氮初级转化速率(Davidson et al., 1991; Sparling et al., 1995; Haughn et al., 2006)，然而每个土柱要多孔注射才能使 $^{15}N$ 均匀分布，这样留下的针孔，亦会使土壤的通气性发生变化(Sparling et al., 1995; Monaghan, 1995)。

许多研究已经表明，以溶液形式把 $^{15}N$ 加入到土壤中会高估氮的初级转化速率(Barraclough and Puri, 1995; Davidson et al., 1991; Sparling et al., 1995; Nishio and Fujimoto, 1989; Murphy et al., 1997)，主要原因在于改变了土壤水分状况，提高了微生物的活性，因此含水量较低的土壤不适合使用溶液混合方法(Davidson et al., 1991; Stark and Firestone, 1995)。Davidson 等(1991)也报道，当土壤水势高于 $-1.5$ MPa 时，该方法是不可取的。Sparling 等(1995)认为质地黏重的土壤不适合使用该方法。因此，溶液混合方法必须限制在质地不黏重且湿润的土壤，这样测定的氮初级转化速率才能真实反映原位情况。当然，在室内培养中由于不是很注重氮初级转化速率的实际大小，并且只是通过 $^{15}N$ 库稀释技术进一步理解各个处理间氮转化的不同，$^{15}N$ 标记溶液仍然有很广泛的应用范围(Gibbs and Barraclough, 1998; Tlustos et al., 1998; Mendum et al., 1999)。总体而言，无论是室内培养，还是野外原位试验，加入 $^{15}N$ 标记液的体积范围应既能保证 $^{15}N$ 的均匀分布，又能避免对土壤造成更多的扰动。在室内培养中，可以用滴管、移液管和移液枪逐滴加入的方式，尽量使溶液均匀分布在土壤表层；在原位土柱试验中，可以使用注射器多孔注射的方法。

### 2.4.2.2　气体注射方法或气室方法

早在 1995 年，Stark 和 Firestone(1995)就发现把土壤暴露于 $^{15}NH_3$ 也可以标记土壤 $NH_4^+\text{-}N$ 库，且不会改变土壤的水分状况，但是他们并没有解决如何把低浓度的 $^{15}NH_3$ 均匀地标记于土壤中这一难题。Murphy 等(1997)首次使用了多针孔注射 $^{15}NH_3$ 气体的气体注射方法，并证实该方法能够均匀地标记 $NH_4^+\text{-}N$ 库，且避免了对土壤的扰动，尤其是不改变土壤的含水量。该方法适用于原位测定质地黏重土壤的氮初级转化速率(Murphy et al., 1998)。

此外，气室方法也是用含 $^{15}N$ 的气体标记土壤氮库的一种方法，就是将 $^{15}N$ 标记的气体($NH_3$ 或 $NO$)，注射到培养容器上部气体空间中，用 $^{15}NO$ 标记土壤 $NO_3^-\text{-}N$ 库(Stark and Firestone, 1995)，用 $^{15}NH_3$ 标记 $NH_4^+\text{-}N$ 库(Murphy et al., 1999)。这种方法比气体注射法简单，但是气体扩散到土柱中是一个被动的过程，因而存在 $^{15}N$ 能否均匀分布的问题。Murphy 等(1999)发现与气体注射方法和溶液混合方法相比，气室方法低估了氮的初级矿化速率。

### 2.4.2.3　干粉末方法

Willison 等(1998b)提出了一种新的标记方法，用硅粉和 $^{15}N$ 标记的 $NO_3^-\text{-}N$ 混合物干粉末标记土壤 $NO_3^-\text{-}N$ 库，测定土壤的初级硝化速率。该方法尤其适用于氮是限制因素的土壤，因为在此类土壤中加水很可能提高微生物活性和矿化能力，从而增加有效态氮的数量。与干粉末方法相比，溶液混合方法能够使初级总硝化速率提高 13%～155%（平均84%）。

#### 2.4.2.4　各种标记方法比较

Luxhøi 等(2005)在比较了不同标记方法测定粗质地土壤氮初级转化速率后，发现溶液混合方法和气体注射方法测定的氮初级矿化速率很接近，表明了标记方法不影响土壤中 $NH_4^+$ 的产生。但是，溶液混合方法测得的微生物同化速率是气体注射方法的两倍，其可能原因是溶液混合方法使 $^{15}N$ 分布更均匀，有利于微生物对氮的利用。Murphy 等(1999)对不同质地土壤研究发现溶液混合方法和气体注射方法测得的氮初级矿化速率和初级 $NH_4^+$ 消耗速率相似，而气室方法测定的氮初级矿化速率和 $NH_4^+$ 消耗速率是最低的。但是目前还没有关于土壤水分对气体注射方法和溶液混合方法测定土壤氮初级转化速率影响的研究。如果溶液混合方法带入的溶液会刺激土壤的微生物活性，进而显著改变土壤氮初级转化速率，那么气体注射方法就可以代替溶液混合方法测定氮初级转化速率。总体而言，由于液体比气体更容易定量，比固体粉末容易扩散，因此溶液混合方法还是 $^{15}N$ 标记首选的方法。然而，土壤中加入水溶液会刺激微生物活性，改变氮初级转化速率，从这方面看气体注射方法和干粉末方法也有它们各自的优势(Murphy et al., 2003)。

### 2.4.3　氮加入量、$^{15}N$ 丰度和标记物种类

#### 2.4.3.1　氮加入量

应用 $^{15}N$ 同位素稀释法测定土壤氮初级转化速率的另一个重要条件是被标记氮库浓度和丰度既要发生明显的变化，又不能下降过快，从而保证计算结果准确性以及仪器分析对氮浓度和丰度的要求。同时，如果加入的氮量过多又会明显改变土壤氮转化速率，使测定结果过大地偏离实际情况。因此，氮的使用量和 $^{15}N$ 丰度也是一个重要的技术问题。

氮的加入量取决于土壤中被标记氮库的浓度。Tietema 和 Wessel(1992)认为加入的氮量不应超过土样中初始无机氮库($NH_4^+$-N + $NO_3^-$-N)的 5%。像森林土壤和一些牧草地土壤，它们的初始 $NH_4^+$-N 库含量比较高，需加入的 $^{15}N$ 标记液应是高丰度且浓度应为初始无机氮库($NH_4^+$-N + $NO_3^-$-N)的 5%～25%(Tietema and Wessel, 1992)。然而，许多耕作土壤的本底 $NH_4^+$-N 库含量比较低($N<2$ mg N $kg^{-1}$)，且 $NH_4^+$-N 库的周转非常迅速(Murphy et al., 1998, 1999 )，因此在耕作土壤中，为了满足仪器测定所需要的丰度范围，应用氮量通常为 1～10 mg $kg^{-1}$，甚至更高($^{15}N$ 丰度>10%) (Willison et al., 1998a; Murphy et al., 1999; Recous et al., 1999)。事实上，目前对加入氮量及丰度的选择随意性很大，其准则是在满足同位素质谱仪对浓度和丰度的要求前提下，尽可能地选择高丰度、低浓度的氮加入方法。当土壤中氮含量相对较高，甚至接近或处于基质饱和状态时，可加入高浓度的氮标记，有利于 $^{15}N$ 的均匀混合；反之，对于硝化作用和反硝化作用速率受基质控制的土壤，加入氮有可能促进硝化作用或反硝化作用，应加入低量的氮标记，尽量减少对

氮转化速率的影响(Hart et al., 1994b)。Watson 等(2000)用溶液混合法将 $^{15}NH_4^+$ 溶液均匀滴到土壤表面，设置 2 mg·kg$^{-1}$ 和 15 mg·kg$^{-1}$ ($^{15}N$ 丰度 99.8%) 两个 N 加入量处理，结果发现与 2 mg·kg$^{-1}$ 的加入量处理相比，15 mg·kg$^{-1}$ 的加入量处理的初级矿化速率较低，而初级硝化速率相对较高。然而，Luxhøi 等(2003)采用溶液混合方法分别在土壤中加入 N(N 的形态是 $NH_4^+$-N) 1 mg·kg$^{-1}$ ($^{15}N$ 丰度 99.8%)、5 mg·kg$^{-1}$ ($^{15}N$ 丰度 18.9%) 和 10 mg·kg$^{-1}$ ($^{15}N$ 丰度 9.4%)，培养 24 h，结果表明 3 种处理间的氮初级转化速率没有显著的差异。总体而言，在使用 $^{15}N$ 稳定同位素稀释法-算术计算方法研究氮初级转化速率时，施用氮量应尽可能少，避免发生因加入底物而产生的激发效应，但是又要保证样品中有足够的氮量满足同位素质谱仪测定 $^{15}N$ 丰度的要求。而在使用 $^{15}N$ 示踪试验-数值优化方法研究氮初级转化速率时，施用氮量可以适当增加，以保证获得理想的无机氮浓度随培养时间的变化曲线。也有学者采用在样品前处理的最后步骤——浓缩之前加入未标记的 $NH_4^+$-N 或者 $NO_3^-$-N 的方法，满足同位素质谱仪测定 $^{15}N$ 丰度时对氮量的需求(Davidson et al., 1996)。

### 2.4.3.2 $^{15}N$ 丰度

对于 $^{15}N$ 丰度的选择没有绝对的界限，已发表的文献中所用 $^{15}N$ 丰度从 2% 到 99% 各不相同。选择 $^{15}N$ 丰度有 3 个相对的原则：

1) 标记氮库的浓度。如果所标记氮库的浓度较大，需要使用较高丰度的标记氮化合物，以保证混合后标记氮库有较高的 $^{15}N$ 丰度。特别是在野外原位试验中要求尽可能反映土壤中氮的实际转化速率，则加入标记氮浓度要尽量低，而标记氮的 $^{15}N$ 丰度要足够高。

2) 土壤氮转化速率。当供试土壤氮转化速率比较快时，加入的 $^{15}NH_4^+$-N 或 $^{15}NO_3^-$-N 就会很快分别被有机氮矿化产生的 $^{14}NH_4^+$-N 和 $^{14}NH_4^+$-N 硝化产生的 $^{14}NO_3^-$-N 所稀释，导致 $^{15}N$ 丰度快速降低，以致同位素丰度接近氮自然丰度，所以对氮转化速率较快的土壤我们应该选择高的 $^{15}N$ 丰度，其氮加入量也稍微高一些。

3) 经济原则。丰度越高的 $^{15}N$ 同位素化合物，价格越高，所以费用也是昂贵的。1 g 丰度为 99.9% 的 $(^{15}NH_4)_2SO_4$ 的价格是 10% $(^{15}NH_4)_2SO_4$ 价格的几倍。所以在满足试验要求条件下，尽量选择低丰度的 $^{15}N$ 同位素化合物，以节约经费。

### 2.4.3.3 $^{15}N$ 标记物种类的选择

早期测定土壤氮初级转化速率常用 $^{15}N$ 稳定同位素稀释法-算术计算方法，近年来关于 $^{15}N$ 示踪试验-数值模型优化方法测定土壤氮初级转化速率的报道明显增加，常用的如 Mary 等(1998)开发的 FLUAZ 模型和 Müller 等(2007)开发的基于蒙特卡洛优化计算方法的氮转化模型(程谊等，2009)。算术分析方法和数值优化方法对 $^{15}N$ 标记物种类的选择以及培养时间长短都有各自的要求。算术计算方法中标记 $NH_4^+$-N 库常用 $(^{15}NH_4)_2SO_4$，也有些学者使用 $^{15}NH_4Cl$。标记 $NO_3^-$-N 库常用 K$^{15}NO_3$，这样选择的目的就是避免发生底物激发效应，从而达到准确测定氮初级矿化和硝化速率的要求。当用 $(^{15}NH_4)_2SO_4$ 标记 $NH_4^+$-N 库时，$^{15}NH_4^+$ 不是土壤矿化过程的底物，因此不会高估初级矿化速率，但是因其

加入的 $NH_4^+$-N 是初级 $NH_4^+$-N 消耗过程的底物，因而不可避免地高估初级 $NH_4^+$-N 消耗速率；当用 $K^{15}NO_3$ 标记 $NO_3^-$-N 库时，$^{15}NO_3^-$ 亦不是土壤硝化过程的底物，不会影响对初级硝化速率的测定 (Hart et al., 1994b)。可见，算术计算方法中使用 $^{15}NH_4NO_3$ 和 $NH_4^{15}NO_3$ 作为标记物是不合适的。与此相反，数值模型优化方法则大多使用 $^{15}NH_4NO_3$ 和 $NH_4^{15}NO_3$ 作为标记物，因其具有强大的计算机优化分析能力，可以尽可能减少底物所带来的激发效应。从严格意义上说数值优化方法并不是 $^{15}N$ 稀释法，而是 $^{15}N$ 示踪法 (Hart et al., 1994b)。

此外，$^{15}N$ 标记物种类的选择与土壤施肥与否密切相关。对于长期施氮肥的农田土壤，如果反映的是施氮肥对土壤 N 初级转化速率的影响，那么 $NO_3^-$-N 库的标记可以选择 $NH_4^{15}NO_3$ 或者 $(NH_4)_2SO_4$ 和 $K^{15}NO_3$，因为 $NH_4^+$-N 加入对硝化的激发作用就是研究的目的之一；对于森林土壤，因为其基本上不施肥，氮输入量较少，都来自于大气氮沉降以及凋落物分解，因此 $NO_3^-$-N 库的标记物以 $K^{15}NO_3$ 最佳，同样地，在农田土壤不施肥期间，$NO_3^-$-N 库的标记物选择与不施肥的森林土壤一致，避免 $NH_4^+$-N 加入激发硝化过程，不能代表土壤实际的 N 转化状态。

## 2.4.4　培养时间和取样时间间隔

### 2.4.4.1　初始取样时间

由于土壤会发生非生物固定 $NH_4^+$-N，其中黏土矿物固定 $NH_4^+$-N 非常迅速，可以固定加入的 $^{15}NH_4^+$-N 的 10% 以上 (Drury et al., 1991; Trehan, 1996)。Davidson 等 (1991) 发现草地土壤灭菌后，在 15 min 之内土壤非生物固定了 30% 以上的 $^{15}NH_4^+$-N。所以，不是加入的 $^{15}N$ 都参与了 N 的生物转化，此外，外源 $^{15}N$ 与土壤 $^{14}N$ 的平衡也需要一定的时间，因此使用同位素稀释法测定 N 的初级转化速率时，必须确定一个合理的初始取样时间 ($t_0$) 来计算初级转化速率。许多研究并没有设定初始取样时间，因此他们的测定结果不能代表土壤真实的生物介导的 N 转化速率 (Murphy et al., 1997, 1999; Davidson et al., 1991; Stockdale et al., 1994)。

Murphy 等把初始取样时间 ($t_0$) 定为 $^{15}N$ 标记后 2 h，这样有足够的时间发生 $^{15}N$ 的非生物固定和外源 $^{15}N$ 与土壤本底 $^{14}N$ 的平衡。不同的土壤所需的时间不同，所以初始取样时间 ($t_0$) 是可变的，在粗质地土壤中加入 $^{15}N$ 后的 1、2 和 4 h 取样，所测得的 N 初级矿化速率没有显著的区别。在黏粒含量高且团聚体多的土壤中，为了提高 $^{15}N$ 分布的均匀性，常常要在 24 h 后进行初始取样 (Murphy et al., 1997, 1999)。Willison 等 (1998b) 发现使用硅粉-$^{15}N$ 标记的 $NO_3^-$ 混合物测定初级硝化速率，外源 $^{15}N$ 与土壤 $^{14}N$ 达到平衡需要 48 h。可见，初始取样时间一般在标记物加入后 0.25～24 h 比较适宜。

### 2.4.4.2　培养时间和采样时间间隔

培养时间和采样时间间隔的确定，主要是根据供试土壤 N 转化速率，特别是自养硝化速率的快慢确定，可以根据土壤的 pH 来简单判断，pH 较高自养硝化速率快，培养时间和采样时间间隔则需短一点，反之则适当延长时间。建议初学者在成对标记实验开始前，做预实验，准确确定 $NH_4^+$-N 加入土壤后随时间的变化特点，确定选用的培养时间和采样时间间隔既能保证 $NH_4^+$-N 含量有明显的变化，又不能下降过快，降低过多，因测定时 $NH_4^+$-N 含量过低会导致高的测定误差。

预实验的主要目的是确定培养时间、采样时间间隔和 $^{15}N$ 标记采用的 N 浓度。具体方法：假定预设置的取样时间为 2、4 和 6 d。称取 30 g 土壤样品，加入 20 mg·kg$^{-1}$ N［N 的形态是 $(NH_4)_2SO_4$］，在培养的第 2、4、6 d 取样，测定土壤中 $NH_4^+$-N 和 $NO_3^-$-N 的含量，主要是确定 $NH_4^+$-N 加入土壤后随时间的变化特点。具体标准有二：一是要确保培养结束时，土壤中 $NH_4^+$-N 形态 N 浓度大于 5 或 10 mg·kg$^{-1}$，如果在培养过程中，$NH_4^+$-N 浓度下降剧烈，则要考虑缩短培养时间或者增加 N 加入量；二是要关注整个培养过程中，$NO_3^-$-N 浓度的变化。

因此，基于以上介绍，研究土壤氮初级转化速率。简明流程如下：

1）准备土壤样品；

2）选取土壤氮 N 库的标记方法；

3）确定 N 加入量、$^{15}N$ 丰度和标记物种类；

4）确定培养时间；

5）提取土壤溶液，测定 $NH_4^+$-N 浓度、$NO_3^-$-N 浓度和丰度。

## 2.5  初级转化速率方法在土壤氮转化研究中的应用

近年来，土壤氮初级转化速率方法被广泛地应用于不同土壤类型、植被类型、地形部位、农业管理措施等条件下土壤氮素转化特点的研究。这些研究极大地提高了我们对土壤氮循环规律及其影响因素的认识。Huygens 等(2007)使用该方法研究发现，在智利年降雨量达到 7000 mm 以上的森林土壤中 $NO_3^-$ 异化还原为铵(DNRA)过程消耗的 $NO_3^-$ 占其总消耗量的 99%，从而使高降雨量的森林生态系统有效地保持了氮素。此外，运用此方法，还可以有效地区分土壤微生物对 $NH_4^+$ 或 $NO_3^-$ 同化的偏好，测定土壤有机氮初级矿化速率、硝化速率及无机氮同化速率可以认识不同土壤保持无机氮的能力大小，丰富对土壤动态的认识。笔者所在研究团队在国家自然科学基金重点项目"亚热带土壤氮关键转化过程"(40830531)的资助下，从 2008 年开始建立并完善了使用数值分析模型同时定量土壤中 10 个主要氮过程初级转化速率的方法，系统地研究了中国亚热带酸性土壤氮关键过程的初级转化速率。大量的研究结果表明，初级转化速率方法能够深入剖析土壤氮转化特征，阐释土壤无机氮形态和氮保持机理以及农业利用对土壤氮动态的影响。例如，在热带-亚热带高温多雨的气候条件下，土壤发生强烈的脱硅富铁铝过程，为什么易于迁移的氮元素却能相对富集？传统的基于土壤氮净转化速率研究建立的知识体系不能解释这一现象。笔者采用氮初级转化速率方法对比研究了温带和亚热带森林土壤氮素关键转化过程的初级转化速率(Zhang et al., 2013)，明确了亚热带酸性森林土壤具有以下显著区别于温带土壤的氮转化特点(图 2-4)：①土壤有机氮周转迅速，无机氮产生量大，可以为生态系统提供充足的无机氮；②自养硝化能力弱，使得无机氮以 $NH_4^+$ 形态为主，减少了氮的淋溶风险，而酸性的土壤环境有效避免了 $NH_4^+$ 的挥发损失；③具有很强的

$NO_3^-$固持能力，通过微生物同化及 DNRA 途径有效地转化硝化过程产生的 $NO_3^-$，从而进一步降低 $NO_3^-$淋溶风险；④反硝化作用弱，避免了 $NO_3^-$的反硝化损失。

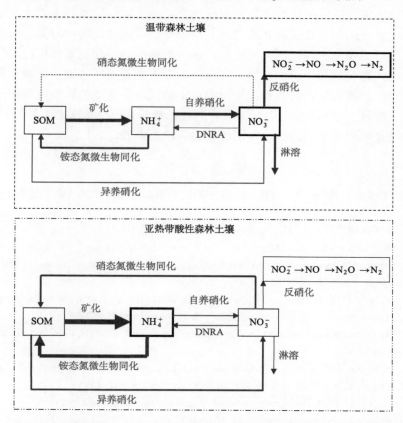

图 2-4　亚热带和温带森林土壤氮初级转化特点比较(图中线条粗细表示速率的相对大小)

　　这些独特的氮转化特点，使得亚热带湿润地区酸性森林土壤无机氮以 $NH_4^+$ 为主，与湿润多雨的气候条件相适应，具有较高的无机氮保持能力，能够很好地解释该生态系统中氮素相对富集的现象。通过对比研究亚热带森林和农田土壤氮转化特点，发现不同于森林土壤，农业土壤的无机氮以 $NO_3^-$ 为主，主要原因是农业利用显著激发了自养硝化过程速率，$NO_3^-$微生物同化能力却显著降低，使得农业土壤 $NO_3^-$产生量高，消耗量低，导致无机氮以 $NO_3^-$为主，破坏了该区域自然土壤所具有的保氮能力。因此，土壤各个氮转化过程相互作用，即氮转化过程特点，会决定无机氮的主导形态，其与环境条件、气候特点(主要是降水)的契合程度可能是决定土壤氮动态的重要因素。可见，初级转化速率的研究方法已经将传统的只关注氮库含量变化的净转化研究真正推进到了关注控制氮库含量变化的各个氮转化过程的研究，能够深入认识土壤氮动态机制，有望为因地制宜的氮素调控提供理论支持。

　　笔者所在研究团队基于河南封丘农田生态系统国家野外研究站和四川盐亭农田生态系统国家野外研究站的长期肥料试验的研究结果得出，不同的肥料管理措施对土壤氮转化过程的初级转化速率有明显的影响，虽然不同地区的响应存在明显的差异，但是都有一个一致的结论，即在等氮量施肥的条件下，土壤氮淋溶损失量或土壤 $N_2O$ 排放量均随土壤初级硝化速率的降低呈指数降低，而作物产量随土壤有机氮初级矿化速率增长呈线性增加（Wang et al., 2015; Zhang et al., 2012），说明土壤氮转化特点与氮去向有密切的关系，土壤氮的淋溶损失、活性氮向大气的扩散和作物产量均受到氮转化过程的控制，不同农业管理方式影响氮利用率、氮损失、作物产量等主要是通过调控土壤氮转化过程特点实现的。因此，深入认识自然和人为因素对土壤氮转化特性的影响及其作用机理，理论上将有助于根据土壤与作物特性，采取针对性的措施，通过发挥土壤氮形态"调配器"的作用，提高氮肥利用率，减少土壤活性氮向环境的扩散。

# 参 考 文 献

程谊, 蔡祖聪, 张金波, 2009. $^{15}N$ 同位素稀释法测定土壤氮素总转化速率研究进展. 土壤, 41(2): 165-171.

鲁如坤, 2000. 土壤农业化学分析方法. 北京: 中国农业科技出版社.

Andersen M K, Jensen L S, 2001. Low soil temperature effects on short term gross N mineralisation-immobilisation turnover after incorporation of a green manure. Soil Biology & Biochemistry, 33: 511-521.

Barraclough D, Puri G, 1995. The use of $^{15}N$ pool dilution and enrichment to separate the heterotrophic and autotrophic pathways of nitrification. Soil Biology & Biochemistry, 27: 17-22.

Bjarnason S, 1988. Calculation of gross nitrogen immobilization and mineralization in soil. Journal of Soil Science, 39: 393-406.

Burton J, Chen C R, Xu Z H, et al., 2007. Gross nitrogen transformations in adjacent native and plantation forests of subtropical Australia. Soil Biology & Biochemistry, 39: 426-433.

Cabrera M L, Kissel D E, 1988. Potentially mineralizable nitrogen in disturbed and undisturbed soil samples. Soil Science Society of America Journal, 52: 1010-1015.

Davidson E A, Hart S C, Shanks C A, 1991. Measuring gross nitrogen mineralization, immobilization, and nitrification by N-15 isotopic pool dilution in intact soils cores. Journal of Soil Science, 42: 335-349.

Davidson E A, Matson P A, Brooks P D, 1996. Nitrous oxide emission controls and inorganic nitrogen dynamics in fertilized tropical agricultural soils. Soil Science Society of America Journal, 60: 1145-1152.

Di H J, Harrison R, Campbell A S, 1994. Assessment of methods for studying the dissolution of phosphate fertilizers of differing solubility in soil-I. An isotopic method. Nutrient Cycling in Agroecosystems, 38(1): 1-9.

Di H J, Cameron K C, McLaren R G, 2000. Isotopic dilution methods to determine the gross transformation rates of nitrogen, phosphorus, and sulfur in soil: a review of the theory, methodologies, and limitations. Australian Journal of Soil Research, 38: 213-230.

Drury C F, Voroney R P, Beauchamp E G, 1991. Availability of $NH_4^+$-N to microorganisms and the soil internal N cycle. Soil Biology & Biochemistry, 23: 165-169.

Feast N A, Dennis P E, 1996. A comparison of methods for nitrogen isotope analysis of groundwater. Chemical Geology, 129: 167-171.

Flavel T C. Murphy D V, Lalor B M, et al., 2005. Gross N mineralization rates after application of composted grape marc to soil. Soil Biology & Biochemistry, 37: 1397-1400.

Gibbs P, Barraclough D, 1998. Gross mineralization of nitrogen during the decomposition of leaf protein I （ribulose 1,5-diphosphate carboxylase）in the presence or absence of sucrose. Soil Biology & Biochemistry, 30: 1821-1827.

Hart S C, Nason G, Myrold D D, et al., 1994a. Dynamics of gross nitrogen transformations in an old-growth forest: the carbon connection. Ecology, 475: 880-891.

Hart S C, Stark J M, Davidson E A, et al., 1994b. Nitrogen mineralization, immobilization, and nitrification. Methods of soil analysis part 2: microbiological and biochemical properties. Madison, USA: Soil Science Society of America.

Haughn B A, Matson L A, Pennock D J, 2006. Land use effects on gross nitrogen mineralization, nitrification, and $N_2O$ emissions in ephemeral wetlands. Soil Biology & Biochemistry, 38: 3398-3406.

Huygens D, Rütting T, Boeckx P, et al., 2007. Soil nitrogen conservation mechanisms in a pristine south Chilean Nothofagus forest ecosystem. Soil Biology & Biochemistry, 39: 2448-2458.

Kirkham D, Bartholomew W V, 1954. Equations for following nutrient transformations in soil, utilizing tracer data. Soil Science Society of America Proceedings, 18: 33-44.

Kirkham D, Bartholomew W V, 1955. Equations for following nutrient transformations in soil, utilizing tracer data. II. Soil Science Society of America Proceedings, 18: 189-192.

Luxhøi J, Nielsen N E, Jensen L S, 2003. Influence of $^{15}NH_4^+$ application on gross N turnover rates in soil. Soil Biology & Biochemistry, 35: 603-606.

Luxhøi J, Recous S, Fillery I R, et al., 2005. Comparison of $^{15}NH_4^+$ pool dilution technique to measure gross N fluxes in a coarse textured soil. Soil Biology & Biochemistry, 37: 569-572.

Mary B, Recous S, Robin D, 1998. A model for calculating nitrogen fluxes in soil using $^{15}N$ tracing. Soil Biology & Biochemistry, 30: 1963-1979.

Mendum T A, Sockett R E, Hirsch P R, 1999. Use of molecular and isotope techniques to monitor the response of autotrophic ammonia-oxidizing populations of the beta subdivision of the class Proteobacteria in arable soils to nitrogen fertilizer. Applied and Environmental Microbiology, 65: 4155-4162.

Monaghan R, 1995. Errors in estimates of gross rates of nitrogen mineralization due to non-uniform distribution of the $^{15}N$ label. Soil Biology & Biochemistry, 27: 855-859.

Müller C, Stevens R J, Laughlin R J, 2004. A $^{15}N$ tracing model to analyse N transformations in old grassland soil. Soil Biology & Biochemistry, 36: 619-632.

Müller C, Rutting T, Kattge J, et al., 2007. Estimation of parameters in complex $^{15}N$ tracing models by Monte Carlo sampling. Soil Biology & Biochemistry, 39: 715-726.

Murphy D V, Fillery I R P, Sparling G P, 1997. Method to label soil cores with $^{15}NH_3$ gas as a prerequisite for $^{15}N$ isotopic dilution and measurement of gross N mineralisation. Soil Biology & Biochemistry, 29: 1731-1741.

Murphy D V, Fillery I R P, Sparling G P, 1998. Seasonal fluctuations in gross N mineralisation, ammonium consumption and microbial biomass in a Western Australian soil under different land use. Australian Journal of Agricultural Research, 49: 523-535.

Murphy D V, Bhogal A, Shepherd M, et al., 1999. Comparison of $^{15}N$ labeling methods to measure gross nitrogen mineralisation. Soil Biology & Biochemistry, 31: 2015-2024.

Murphy D V, Recous S, Stockdale E A, et al., 2003. Gross nitrogen fluxes in soil: theory, measurement and application of $^{15}N$ pool dilution techniques. Advances in Agronomy, 79: 69-118.

Myrold D D, Tiedje J M, 1986. Simultaneous estimation of several nitrogen cycle rates using $^{15}N$: theory and application. Soil Biology & Biochemistry, 18: 559-568.

Nason G E, Myrold D D, 1991. $^{15}N$ in soil research: appropriate application of rate estimation procedures.

Agriculture Ecosystems and Environment, 34: 427-441.

Nishio T, Fujimoto T, 1989. Mineralization of soil organic nitrogen in upland fields as determined by a $^{15}NH_4^+$ pool dilution technique, and absorption of nitrogen by maize. Soil Biology & Biochemistry, 21: 661-665.

Recous S, Aita C, Mary B, 1999. In situ changes in gross N transformations in bare soil after addition of straw. Soil Biology & Biochemistry, 31: 119-133.

Rice C W, Tiedje J M, 1989. Regulation of nitrate assimilation by ammonium in soils and in isolated soil microorganisms. Soil Biology & Biochemistry, 21: 597-602.

Rütting T, Müller C, 2007. $^{15}N$ tracing models with a Monte Carlo optimization procedure provide new insights on gross N transformations in soils. Soil Biology & Biochemistry, 39: 2351-2361.

Schimel J, 1996. Assumptions and errors in the $^{15}NH_4^+$ pool dilution technique for measuring mineralization and immobilization. Soil Biology & Biochemistry, 28: 827-828.

Sierra J, 1992. Relationship between mineral N content and N mineralization rate in disturbed and undisturbed soil samples incubated underfield and laboratory conditions. Australian Journal of Soil Research, 30: 477-492.

Sparling G P, Murphy D V, Thompson R B, et al., 1995. Short-term net N mineralization from plant residues and gross and net N mineralization from soil organic matter after rewetting of a seasonally dry soil. Australian Journal of Soil Research, 33: 961-973.

Stark J M, Firestone M K, 1995. Mechanisms for soil moisture effects on activity of nitrifying bacteria. Applied and Environmental Microbiology, 61: 218-221.

Stockdale E A, Davies M G, Koch M, et al., 1994. Assessment of the problems associated with measuring gross mineralization rates in soil cores//Neeteson J J, Hassink J. Nitrogen Mineralisation in Agricultural Soils. Proceedings of a Symposium Held at the Institute for Soil Fertility Research. Haren, Netherlands, 19-20 April 1993.

Tietema A, Wessel W W, 1992. Gross nitrogen transformation in the organic layer of acid forest ecosystems subjected to increased atmospheric nitrogen input. Soil Biology & Biochemistry, 24: 943-951.

Tlustos P, Willison T W, Baker J C, et al., 1998. Short-term effects of nitrogen on methane oxidation in soils. Biology and Fertility of Soils, 28: 64-70.

Trehan S, 1996. Immobilization of $^{15}NH_4^+$ in three soils by chemical and biological processes. Soil Biology & Biochemistry, 28: 1021-1027.

Wang J, Zhu B, Zhang J, et al., 2015. Mechanisms of soil N dynamics following long-term application of organic fertilizers to subtropical rain-fed purple soil in China. Soil Biology & Biochemistry, 91: 222-231.

Watson C J, Travers G, Kilpatrick D J, et al., 2000. Overestimation of gross N transformation rates in grassland soils due to non-uniform exploitation of applied and native pools. Soil Biology & Biochemistry, 32: 2019-2030.

Willison T W, Baker J C, Murphy D V, 1998a. Methane fluxes and nitrogen dynamics from a drained fenland peat. Biology and Fertility of Soils, 27: 279-283.

Willison T W, Baker J C, Murphy D V, et al., 1998b. Comparison of a wet and dry $^{15}N$ isotopic dilution technique as a short-term nitrification assay. Soil Biology & Biochemistry, 30: 661-663.

Zhang J, Zhu T, Cai Z, et al., 2012. Effects of long-term repeated mineral and organic fertilizer applications on soil nitrogen transformations. European Journal of Soil Science, 63: 75-85.

Zhang J, Cai Z, Zhu T et al., 2013. Mechanisms for the retention of inorganic N in acidic forest soils of southern China. Scientific Reports, 3: 2342.

# 第3章 利用膜进样质谱(MIMS)法研究淹水环境反硝化过程

## 3.1 导 言

反硝化作用是活性氮(reactive nitrogen, Nr)最终以惰性氮形式离开土壤、水体等内部生物循环回归大气的最主要途径，其基本过程是硝酸根和亚硝酸根逐步被微生物还原为一氧化氮($NO$)、氧化亚氮($N_2O$)和氮气($N_2$)的过程(图 3-1)；同时，反硝化过程也是生态系统氮循环的最后一环，起着闭合全球氮循环的作用(Philippot et al., 2007)。对于自然生态系统，反硝化作用可以将活性氮以惰性氮 $N_2$ 的形式返回大气，有效减少活性氮对环境和气候变化的影响；而对于农业生态系统，反硝化作用能够导致农田土壤氮素损失，不仅降低氮肥利用率和土壤肥力，还会增加温室气体 $N_2O$ 的排放，对气候变化产生不利影响。

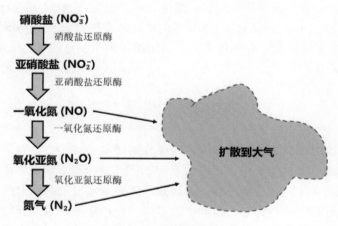

图 3-1 反硝化过程示意图

据估算，陆地生态系统土壤反硝化过程是全球自然和人为排放活性氮最大的汇，但同时也是不确定性最大的汇，主要原因是反硝化的时空变异大，相关测定方法精度和代表性差(Groffman et al., 2006)。目前，国际范围内，陆地生态系统反硝化速率的准确测定(直接测定终端产物 $N_2$ 产生速率)一直是个世界性的难题，极大限制了对反硝化过程和机理的深入研究，这是因为反硝化的主要产物 $N_2$ 在大气中的背景值很高(78%)，要在如此高的背景环境中直接测定反硝化产物，需要方法精度达到 0.1%，而一般的方法很难达到此要求(Butterbach-Bahl et al., 2002)。相比于旱地生态系统，测定淹水环境反硝化过程产生的 $N_2$ 相对容易，这是因为土壤和大气存在着自由气体交换，而淹水密闭系统中基本不发生气体交换，水体溶解性 $N_2$ 浓度较低，使得测定水体中反硝化的真实速率相对容易。目前常用的淹水体系反硝化速率测定方法是 $N_2/Ar$ 值法，其基本原理是：由于 Ar 是惰性气体，不参与生物反应(如反硝化过程)，其在淹水环境中的溶解度只受温度和盐度的影响，浓度非常稳定，因此 $N_2/Ar$ 值的变化直接反映了 $N_2$ 的变化，可以通过测定水样中 $N_2/Ar$ 值，计算水样中 $N_2$ 的浓度。

美国马里兰大学的 Kana 等人最早将膜进样质谱法(membrane inlet mass spectrometry, MIMS)应用于水体 $N_2/Ar$ 的测定(Kana et al., 1994)，相对于单一测定 $N_2$，MIMS 测定溶解水体中 $N_2/Ar$ 的精度可达 0.03%(Kana et al., 1994)，大幅提升了淹水环境反硝化过程的测定精度，由于 MIMS 法具有测定速度快(< 3 min)、进样量小(< 7 mL)和操作简单的优点，极大地推动了淹水环境反硝化的研究(Kana et al., 1998)，是目前最具潜力的直接测定淹水环境脱氮产物 $N_2$ 的方法。此外，由于 MIMS 装备有四极杆质谱，不仅可以精确测定水样中溶解性 $N_2$，也可以测定 $N_2$ 的同位素组分($^{28}N_2$、$^{29}N_2$ 和 $^{30}N_2$)，通过与 $^{15}N$ 同位素配对技术联用，也可以实现对脱氮过程的区分，同时实现对反硝化和厌氧氨氧化过程(anaerobic ammonium oxidation, Anammox)潜势的测定(Risgaard-Petersen et al., 2003; Steingruber et al., 2001)。值得指出的是，应用 MIMS 进行 $N_2$ 测定的难点是需要建立较为复杂和精密的密闭培养系统以及制备与待测水样环境条件一致的标准水样。该方法虽尚未大规模商业化，但已被美国自然科学基金委员会的反硝化研究协作网列为推荐方法，被广泛应用于河口、湿地和海洋等生态系统的脱氮过程研究(Hou et al., 2015; Kana et al., 1998; Shan et al., 2016, 2018)。本章将首先从 MIMS 装置组成、操作原理、培养和取样方法出发，着重介绍其在湿地和稻田净脱氮速率、反硝化和 Anammox 潜势测定方面的应用。

## 3.2　MIMS 组成及其原理

MIMS 是一种通过真空分析仪中的半透膜分离样本(通常为水)后测定气体组分的质谱仪(Hoch and Bessel, 1963)。由于半透膜真空一侧的对应组分浓度为零，所以易挥发组分和气态组分可以自发地透过半透膜，透过的气体沿着入口处的压力梯度或 He 流进入质谱仪，然后在质谱仪中被测定。根据扩散定律，在严格控制温度和输送距离的情况下仪器信号正比于气体通量和溶液中的分析物浓度。虽然目前市场上有很多类型的膜进样装置，但是在反硝化研究领域应用最广的还是 Kana 等开发的高精度 MIMS。MIMS 的主要组成部分如图 3-2 所示，包括蠕动泵、恒温水浴、液氮冷阱、真空系统(前级泵和高真空度分子泵)、四极杆质谱仪和数据采集系统六部分。

MIMS 的具体操作原理如图 3-3 所示。样品或标准水样经不锈钢毛细管(直径 5 mm)输送到连接真空系统的密闭容器中，真空入口内部的一段不锈钢管用硅酮管代替，将其作为半透膜用于气体的扩散。因为气体扩散易受温度影响，在样品或标准水样到达半透膜之前一定要调整其温度达到预设的温度。因此，样品或标准水样在进入真空系统前会流经一段很长的不锈钢毛细管使样品温度严格控制在预设的恒温水浴温度(±0.01℃)范围内。由于边界效应的存在，信号的稳定也很容易受到样品流动稳定性的影响，此时高稳定性的蠕动泵和样品经过半透膜后的层流特性能使样品流动均匀，最大限度保证信号平稳。温度和流速均恒定的水样进入真空系统并与半透膜接触后，水样中的溶解性气体可被部分分离出来，进入真空装置的水蒸气和 $CO_2$、$CH_4$ 等杂质干扰气体用装有液氮的冷阱冷凝去除。经过液氮冷阱后的气流(成分为 $N_2$、$O_2$ 和 Ar)进入四极质谱管进行离子化，而后不同质荷比的离子经过振荡电场分离后进入检测器分析。检测器包含法拉第杯(Faraday cup)检测器和二次电子倍增器(SEM)，SEM 可以将一些微弱的信号放大，便于高精度检测分析，一般用 MIMS 测定 $N_2$ 同位素组分(如 $^{29}N_2$、$^{30}N_2$)时要开启 SEM，以增加测定的灵敏度。

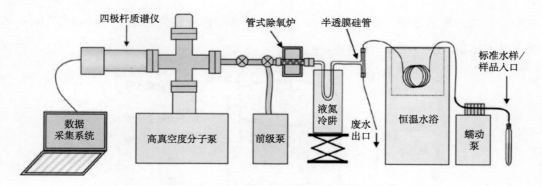

图 3-2　MIMS 装置各组成部件示意图(DeLaune et al., 2013)

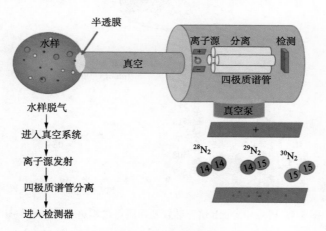

图 3-3　MIMS 测定 $^{28}N_2$、$^{29}N_2$ 和 $^{30}N_2$ 的基本操作原理

## 3.3　利用 MIMS 法测定湿地和稻田净脱氮过程

通过将 MIMS 装置与 Flow-through(流通系统)培养系统(该系统主要包含两部分，分别是模拟原位培养的腔体和沉积物/土柱及其进出水系统；其中培养腔体又分为内腔和外腔，内腔包含三联磁棒用以带动沉积物/土柱中磁子的转动，外腔用于容纳上覆水)(图3-4)联用，可以实现不添加 $^{15}N$ 标记物而直接测定体系内的净脱氮速率，能最大限度地代表野外原位情况下的 $N_2$ 产生速率(李晓波等, 2013)。在密闭的 Flow-through 培养体系

中，净脱氮过程终端产物 $N_2$ 溶解浓度的变化可以计算得到（$\Delta C = C_{in} - C_{out}$），在一段时间内，净脱氮速率可以根据不同培养时间 $N_2$ 浓度和时间做线性回归得到，直线斜率即是沉积物或土柱上覆水中 $N_2$ 浓度变化速率（以 $N_2$ 计）（$\mu mol \cdot L^{-1} \cdot h^{-1}$），进一步结合土柱中干土质量（g）与上覆水体积（L），即可换算得出净脱氮速率以 $N_2$-N 计（$\mu mol \cdot g^{-1} \cdot h^{-1}$）[公式（3-1）]。

$$R = \frac{\mathrm{Slope}_{N_2} \times 2V}{W} \tag{3-1}$$

式中，$R$ 为净脱氮速率，$\mu mol \cdot g^{-1} \cdot h^{-1}$；$\mathrm{Slope}_{28_{N_2}}$ 为 $N_2$ 浓度变化速率，$\mu mol \cdot L^{-1} \cdot h^{-1}$；$V$ 为上覆水体积，L；$W$ 为干土质量，g。

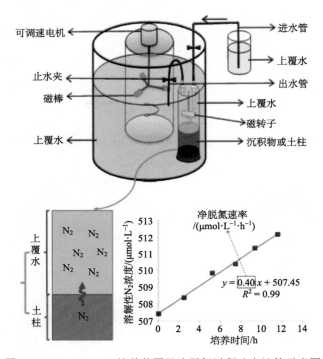

图 3-4　Flow-through 培养装置及净脱氮过程速率计算示意图

采样技术和培养过程是能否获得培养系统 $N_2$ 浓度变化良好线性关系和获得有代表性净脱氮速率的关键。合理的采样技术要求能最大限度代表原位情况，而培养过程要尽可能避免不必要的扰动。具体做法是，用无扰动沉积物采样器（PVC 材质，内径 8 cm，外径 9 cm，柱高 27 cm）分别采集一定深度（一般为 0～10 cm）的原状底泥/土柱，采样器底部采用橡胶塞密封，同时采集一定体积（一般为 20 L）的原位上覆水或田面水低温保存，用于后续培养。底泥/土柱样品和上覆水采集完成后，尽快运回实验室进行处理，运输过程中尽量不扰动沉积物。底泥/土柱样品运回实验室后，垂直置放于装有原位上覆水的 Flow-through 模拟原位培养装置中（图 3-4），水面高出柱子 5 cm，浸没静置 8～12 h，为使培养装置中上覆水中的溶解氧含量尽可能与原位淹水环境保持一致，采用通气泵对培养装置中上覆水进行适度通气。静置和培养过程中，实验温度需要调节至与野外采样时实际水温(李晓波等，2013)。开始取样时，首先关闭通气泵，将培养柱的盖子伸到水下拧紧，盖子下方设置有橡胶密封圈，可以保证其密封性，培养柱的盖子拧紧后，开始连接进水管和出水管，将与进水管相连的补给瓶(用以补给培养柱中因取样损失的上覆水)放置在较高的位置。以上操作过程要确保密闭培养柱中没有气泡产生，若有气泡产生，则需按上述流程重新进行操作，直至满足要求。随后，开启培养装置中电机，调节适宜的速度旋转内部的三联磁棒，该磁棒的转动可以相应带动培养柱盖子下连接小型磁转子的转动，从而可以混匀培养过程中产生的溶解性气体和模拟河水的流动，有利于测定更符合原位条件的净脱氮速率。培养体系调试和底泥/土柱静置完毕后，立即采集第一个水样作为 0 h 时刻样品，然后分别在 1、3、5 和 7 h 时刻采样，其中每个采样点三个重复。取样时，首先打开进水管的止水夹，让水样先流出一部分，目的是排出进水管前部的空气，然后再将出水管伸入螺口取样瓶底部(英国 Labco 公司所产的 Exetainer)，通过出水管的止水夹调节水的流速，使水样缓慢流入取样瓶直至溢出，同时将出水管缓缓抽出，并立即拧紧取样瓶盖子，避免空气污染水样。取样过程中要保证取样瓶中无气泡产生，否则需要重新取样。取样结束后，最好能立即对水样进行测定，如不能立即测定，则需要向注满水样后的取样瓶中加入 20 μL 饱和 $ZnCl_2$，并放入 4 ℃冰箱保存。

Kana 等人最早利用 MIMS 法测定了切萨皮克湾的反硝化速率(Kana et al., 1998)，表明 MIMS 法可以用于大尺度水体反硝化的表征，随后，MIMS 法被广泛应用于测定河口、湿地和海洋等生态系统的反硝化速率。利用 MIMS 法，Li 等(2013)和 Zhao 等(2015)系统研究了句容稻作农业流域不同湿地和太湖河网区沉积物的净脱氮速率，发现两个地区的净脱氮速率具有很强的时空异质性，水体硝态氮浓度和水温是影响净脱氮速率的关键限制因子；进一步结合年季间总脱氮速率及其关键控制因子建立了句容稻作流域和太湖地区河网湿地脱氮能力线性回归模型，发现模型预测值能解释稻作流域和太湖河网湿地总脱氮速率实测值 78%～86%的变异，表明模型有很好的预测效果。此外，Li 等(2014)首次将 MIMS 应用于直接测定淹水稻田净脱氮速率研究，发现基于原状土柱培养所测定的净脱氮速率与相对应的各处理小区田面水 $N_2$ 浓度具有很好的相关性，说明 MIMS 法可以用来比较不同处理淹水稻田净脱氮速率差异；采用 MIMS 法测得的稻田平均脱氮量占施氮量 6.7%±1.7%(Li et al., 2014)，介于传统$(N_2+N_2O)$-$^{15}N$ 法和 $^{15}N$-差值法测定结果之间，但由于 MIMS 法可以直接测定净脱氮过程终端产物 $N_2$，无需借助 $^{15}N$-标记肥料，因此可在很大程度上避免低估或者高估稻田净脱氮速率，具有很好的应用前景。

## 3.4　利用 MIMS 法测定湿地和稻田反硝化及厌氧氨氧化过程

反硝化过去一直被认为是活性氮最终以惰性气体 $N_2$ 离开土壤、水体等内生循环而回归大气的唯一途径，直到 20 世纪 90 年代，厌氧氨氧化过程的发现打破了这一传统观念，为氮素循环增添了新内容(Van de Graaf et al., 1995)。厌氧氨氧化是指厌氧条件下 Anammox 细菌以 $NO_3^-/NO_2^-$ 为电子受体，将 $NH_4^+$ 氧化为 $N_2$ 的过程，该反应最早发现于污水处理厂(Mulder et al., 1995)，随后迅速扩展到自然系统如海洋、河口、湖泊沉积物及土壤等(Kuypers et al., 2003; Trimmer et al., 2003; Zhu et al., 2011),在这些生态系统中,Anammox 均对 $N_2$ 产生具有实质性贡献。

由于反硝化和 Anammox 过程的终产物都是 $N_2$,要区分和测定反硝化和 Anammox 的反应速率,需采用 $^{15}N$ 示踪法。目前国际上普遍采用的办法是 $^{15}N$ 同位素配对技术($^{15}N$-isotope pairing technique, $^{15}N$-IPT)(Risgaard-Petersen et al., 2003),其基本原理是将高丰度的 $^{15}NO_3^-$ 或 $^{15}NH_4^+$(>99%的 $^{15}NO_3^-$ 或 $^{15}NH_4^+$,100~400 μmol·$L^{-1}$)加入到体系中,经适当时间的培养,通过计算反应最终产物 $N_2$ 及其同位素组分($^{29}N_2$、$^{30}N_2$)的比例来实现对反硝化和 Anammox 速率的测定和区分。依据 $N_2$ 及其同位素组分的最终测定方法差异,可将该方法分为基于同位素比质谱(IRMS)的 $^{15}N$-IPT 和基于 MIMS 的 $^{15}N$-IPT 方法。与基于 IRMS 的 $^{15}N$-IPT 方法相比,基于 MIMS 的 $^{15}N$-IPT 方法可直接在线测定水样中的溶解性 $N_2$ 及其同位素组分,避免了基于 IRMS 的复杂的脱气步骤可能带来的分析误差,同时 MIMS 还具有测定速度快(每小时测定约 20 个样品)和所需样品量少(<10 mL)等优点,因此,在研究淹水环境 Anammox 潜势方面,基于 MIMS 的 IPT 更具优势。

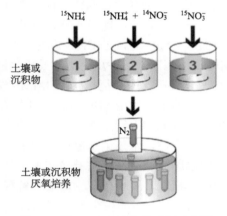

图 3-5    $^{15}N$-IPT 方法培养过程示意图

下面简要介绍基于 MIMS 的 $^{15}N$-IPT 方法具体步骤(图 3-5),首先在厌氧情况下制备土壤/沉积物泥浆培养系统或原状土壤/沉积物和田面水密闭培养系统,事先预培养 2~7 d 以消耗系统内背景 $NO_3^-$ 和氧气;在相同的实验装置内,同时开展三组实验处理:①向系统加入 100 μmol·$L^{-1}$ 的 $^{15}NH_4^+$(丰度 98.2%);②向系统加入 100 μmol·$L^{-1}$ $^{15}NH_4^+$(丰度 98.2%)和 100 μmol·$L^{-1}$ $^{14}NO_3^-$;③向系统加入 $^{15}NO_3^-$(丰度 99.3%)。其中,处理①是阴性对照,其设置目的是验证前期预培养后,系统中背景 $NO_3^-$ 是否已消耗完全;处理②是阳性独照,其设置目的是证明 Anammox 过程是否发生;处理③是正常反应,用来监测系统中由反硝化和 Anammox 生成 $N_2$ 的量和同位素组成($^{28}N_2$、$^{29}N_2$ 和 $^{30}N_2$)。以处理③为例,预培养结束后,开始采集第一个水样作为 0 h 的样品,然后分别在 1、3、5、7、9 h 取样,每次 3 个重复,利用 MIMS 分析培养期间水样中溶解性 $N_2$ 的量和同位素组成随时间变化趋势,并利用 $N_2$ 产生过程的随机配对原则计算反硝化和 Anammox 的速率(Thamdrup and Dalsgaard, 2002)。在处理③中,Anammox 过程产生的 $N_2$ 分子中的 N 原

子分别来自于 $NO_3^-$ 和 $NH_4^+$，系统中由 Anammox 产生的 $^{28}N_2$ 和 $^{29}N_2$ 量取决于加入的 $NO_3^-$ 底物中 $^{15}NO_3^-$ 的比例[公式(3-2)]：

$$A_{28} = A_{total} \times (1 - F_n), \quad A_{29} = A_{total} \times F_n \tag{3-2}$$

其中，$A_{28}$、$A_{29}$ 和 $A_{total}$ 分别表示 Anammox 过程中产生的 $^{28}N_2$、$^{29}N_2$ 量及 $^{28}N_2$ 和 $^{29}N_2$ 之和，$\mu mol \cdot L^{-1}$；$F_n$ 为加入的 $NO_3^-$ 中 $^{15}NO_3^-$ 的比例。处理③中，反硝化产生的 $N_2$ 分子中的 N 原子均来自 $NO_3^-$，包括 $^{28}N_2$、$^{29}N_2$ 和 $^{30}N_2$，其产生量也取决于 $NO_3^-$ 中 $^{15}NO_3^-$ 的比例[公式(3-3)]：

$$D_{28} = D_{total} \times (1 - F_n)^2, \quad D_{29} = D_{total} \times 2(1 - F_n)F_n, \quad D_{30} = D_{total} \times F_n^2 \tag{3-3}$$

其中，$D_{28}$、$D_{29}$、$D_{30}$ 和 $D_{total}$ 分别表示反硝化过程中 $^{28}N_2$、$^{29}N_2$、$^{30}N_2$ 各自的产生量及总和，$\mu mol \cdot L^{-1}$。$D_{total}$ 将 MIMS 测得的系统中 $^{29}N_2$ 和 $^{30}N_2$ 的量分别记为 $P_{29}$ 和 $P_{30}$，由于 Anammox 过程不产生 $^{30}N_2$，所以 $P_{29} = A_{29} + D_{29}$，$P_{30} = D_{30}$，进一步结合公式(3-2)和公式(3-3)，可以得出：

$$D_{total} = \frac{P_{30}}{F_n^2} = \frac{D_{30}}{F_n^2} \tag{3-4}$$

$$D_{29} = \frac{P_{30} \times 2(1 - F_n)}{F_n} \tag{3-5}$$

$$A_{28} = \frac{A_{29}(1 - F_n)}{F_n} \tag{3-6}$$

$$A_{29} = P_{29} - D_{29} = P_{29} - \frac{P_{30} \times 2(1 - F_n)}{F_n} \tag{3-7}$$

进一步叠加公式(3-6)和公式(3-7)，可得

$$A_{total} = \frac{P_{29}F_n + 2P_{30}(F_n - 1)}{F_n^2} \tag{3-8}$$

将所测得的各样品 $N_2$ 产生量与时间点进行线性回归，即可得出样品的 Anammox 和反硝化速率。假定系统中不存在其他脱氮过程，根据 Anammox 和反硝化速率即可计算出 Anammox 和反硝化的各自脱氮贡献。

利用基于 MIMS 的 $^{15}N$-IPT 方法，Zhao 等(2013)研究了太湖地区两条河流中 Anammox 发生速率的年季变化，发现该方法在两条河流的测定值与已报道的相关研究结果具有可比性，两条河流湿地厌氧氨氧化潜势的最高值都出现在夏季(3.08～6.79 $\mu mol \cdot N$ $m^{-2} \cdot h^{-1}$)，最低值都发生在冬季(0.11～1.27 $\mu mol \cdot m^{-2} \cdot h^{-1}$)，Anammox 对总 $N_2$ 产量的贡献为 0.8%～10.7%，河流水温和沉积物硝态氮含量是影响河流 Anammox 活性的关键因素。同时，对底泥样品 DNA 进行 16S rRNA 基因序列分析表明，两条河流沉积物中厌氧氨氧化菌的 16S rRNA 基因序列隶属于 *Candidatus Kuenenia*, *Candidatus Jettenia* 和 *Candidatus Scalindua*，其中 *Ca. Kuenenia* 是 Anammox 细菌群落的优势种。此外，徐徽等(2009)利用同样的方法分析了太湖梅梁湾北部到南部的 4 个梯度的底泥中反硝化和 Anammox 的速率，发现太湖梅梁湾地区 Anammox 速率为 2.05～7.50 $\mu mol \cdot m^{-2} \cdot h^{-1}$，其中 Anammox 过程对总脱氮速率的贡献为 11%～14%，分析 Anammox 的各个影响因素

发现，沉积物亚硝酸盐含量是关键限制因子。利用该方法对 11 种典型中国稻田土壤反硝化和 Anammox 过程速率的研究发现，反硝化是稻田土壤的主导脱氮途径，对总 $N_2$ 产生量的贡献达 90.6%～95.3%，而 Anammox 同样不可忽视，对总 $N_2$ 产生量的贡献占比为 4.7%～9.4%；基于 $^{15}N$-IPT 方法测得的总 $N_2$ 产生速率和土柱近似原位培养法测得的净脱氮速率显著正相关（$R^2=0.85$，$P<0.01$），表明室内泥浆 $^{15}N$-IPT 方法测得的脱氮速率可以一定程度上反映原位情况下稻田土壤的脱氮速率，但 $^{15}N$-IPT 方法测得的总脱氮速率仅占土柱近似原位培养法测定结果的 30%，显著低估原位情况下稻田土壤的净脱氮速率（Shan et al., 2016）。土壤理化因子对稻田土壤反硝化和 Anammox 过程的影响研究发现，反硝化和 Anammox 发生的最适宜 pH 为 7.3，当土壤 pH 低于 6.6 和高于 8.0 时，反硝化和 Anammox 活性均受到显著抑制，其中 Anammox 占比在 pH 4.8 时最高，pH 6.6 时最低；在 5～35 ℃范围内，反硝化速率呈现指数级增加，而 Anammox 过程发生的最适宜温度为 20～25 ℃，温度低于 15 ℃显著抑制了 Anammox 过程的活性，随着温度的升高，Anammox 过程的占比显著下降（Shan et al., 2018）。稻田长期施用猪粪有机肥显著提高了土壤反硝化和 Anammox 速率，并改变了 Anammox 的占比，其中反硝化和 Anammox 速率与 SOC 及 DOC 显著正相关，与猪粪有机肥中抗生素浓度无相关关系，表明猪粪有机肥中有机质的输入掩盖了抗生素的效应；长期施用猪粪有机肥对 Anammox 速率的提高可能与 Anammox 细菌会在外源有机碳含量丰富环境中（如污水处理厂）改变生理代谢机制进行异养代谢有关（Rahman et al., 2018）。

# 参 考 文 献

李晓波, 夏永秋, 郎漫, 等, 2013. $N_2$：Ar 法直接测定淹水环境反硝化产物 $N_2$ 的产生速率. 农业环境科学学报, 32: 1284-1288.

徐徽, 张路, 商景阁, 等, 2009. 太湖梅梁湾水土界面反硝化和厌氧氨氧化. 湖泊科学, 21: 775-781.

Butterbach-Bahl K, Willibald G, Papen H, 2002. Soil core method for direct simultaneous determination of $N_2$ and $N_2O$ emissions from forest soils. Plant and Soil, 240: 105-116.

DeLaune R D, Reddy K R, Richardson C J, et al., 2013. Methods in biogeochemistry of wetlands. Madison: Soil Science Society of America: 503-517.

Groffman P M, Altabet M A, Bohlke J K, et al., 2006. Methods for measuring denitrification: diverse approaches to a difficult problem. Ecological Applications, 16: 2091-2122.

Hoch G, Bessel K, 1963. A mass spectrometer inlet system for sampling gases dissolved in liquid phases. Archives of Biochemistry and Biophysics, 101: 160-170.

Hou L, Zheng Y, Liu M, et al., 2015. Anaerobic ammonium oxidation and its contribution to nitrogen removal in China's coastal wetlands. Scientific Reports, 5: 15621.

Kana T M, Darkangelo C, Hunt M D, et al., 1994. Membrane inlet mass spectrometer for rapid high-precision determination of $N_2$, $O_2$, and Ar in environmental water samples. Analytical Chemistry, 66: 4166-4170.

Kana T M, Sullivan M B, Cornwell J C, et al., 1998. Denitrification in estuarine sediments determined by membrane inlet mass spectrometry. Limnology and Oceanography, 43（2）: 334-339.

Kuypers M M, Sliekers A O, Lavik G, et al., 2003. Anaerobic ammonium oxidation by Anammox bacteria in the Black Sea. Nature, 422: 608-611.

Li X B, Xia Y Q, Li Y F, et al., 2013. Sediment denitrification in waterways in a rice-paddy-dominated watershed in eastern China. Journal of Soils and Sediments, 13: 783-792.

Li X B, Xia L L, Yan X Y, 2014. Application of membrane inlet mass spectrometry to directly quantify denitrification in flooded rice paddy soil. Biology and Fertility of Soils, 50: 891-900.

Mulder A, Van de Graaf A A, Robertson L A, et al., 1995. Anaerobic ammonium oxidation discovered in a denitrifying fluidized bed reactor. FEMS Microbiology Ecology, 16: 177-183.

Philippot L, Hallin S, Schloter M. 2007. Ecology of denitrifying prokaryotes in agricultural soil. Advances in Agronomy, 96: 249-305.

Rahman M M, Shan J, Yang P, et al., 2018. Effects of long-term pig manure application on antibiotics, abundance of antibiotic resistance genes（ARGs）, Anammox and denitrification rates in paddy soils. Environmental Pollution, 240: 368-377.

Risgaard-Petersen N, Nielsen L P, Rysgaard S, et al., 2003. Application of the isotope pairing technique in sediments where Anammox and denitrification coexist. Limnology and Oceanography-Methods, 1: 63-73.

Shan J, Zhao X, Sheng R, et al., 2016. Dissimilatory nitrate reduction processes in typical Chinese paddy soils: rates, relative contributions and influencing factors. Environmental Science & Technology, 50: 9972-9980.

Shan J, Yang P, Shang X, et al., 2018. Anaerobic ammonium oxidation and denitrification in a paddy soil as affected by temperature, pH, organic carbon, and substrates. Biology and Fertility of Soils, 54: 341-348.

Steingruber S M, Friedrich J, Gächter R, et al., 2001. Measurement of denitrification in sediments with the $^{15}$N isotope pairing technique. Applied and Environmental Microbiology, 67: 3771-3778.

Thamdrup B, Dalsgaard T, 2002. Production of $N_2$ through anaerobic ammonium oxidation coupled to nitrate reduction in marine sediments. Applied and Environmental Microbiology, 68: 1312-1318.

Trimmer M, Nicholls J C, Deflandre B, 2003. Anaerobic ammonium oxidation measured in sediments along the Thames estuary, United Kingdom. Applied and Environmental Microbiology, 69: 6447-6454.

Van de Graaf A A, Mulder A, Debruijn P, et al., 1995. Anaerobic oxidation of ammonium is a biologically mediated process. Applied and Environmental Microbiology, 61: 1246-1251.

Zhao Y Q, Xia Y Q, Kana T M, et al., 2013. Seasonal variation and controlling factors of anaerobic ammonium oxidation in freshwater river sediments in the Taihu Lake region of China. Chemosphere, 93: 2124-2131.

Zhao Y Q, Xia Y Q, Ti C P, et al., 2015. Nitrogen removal capacity of the river network in a high nitrogen loading region. Environmental Science & Technology, 49: 1427-1435.

Zhu G B, Wang S Y, Wang Y, et al., 2011. Anaerobic ammonia oxidation in a fertilized paddy soil. The ISME Journal, 5: 1905-1912.

# 第 4 章　ROFLOW 系统在旱地土壤反硝化脱氮研究中的应用

## 4.1　导　言

反硝化过程是主要的可产生和消耗 $N_2O$ 的生物或非生物过程，该微生物代谢过程在氮素生物地球化学循环中起着关键的作用，反硝化过程能够将生态系统中可利用的氮素（以硝态氮为主）转化为大气惰性气体 $N_2$，起着闭合全球氮循环的作用，在生物圈氮循环中起着枢纽作用（Galloway et al., 2004; Seitzinger et al., 2006）。

在反硝化过程的研究中，对于产物 $N_2O$ 已有诸多报道，而 $N_2$ 排放的研究数据却比较少（Bouwman, 1998; Davidson et al., 2000），这主要是由于反硝化的主产物 $N_2$ 在大气中的高背景（78%），要在这么高的背景环境中直接测定反硝化产物，则需要方法的精度达到 0.1%，而一般的方法很难达到此要求（Butterbach-Bahl et al., 2002），因而直接、准确地测定反硝化产生的痕量 $N_2$ 很困难，也是迄今为止氮循环在所有尺度上不确定性最大的（Galloway et al., 2004）。相比于水生生态系统，旱地生态系统反硝化过程产生的 $N_2$ 的测定相对困难。

## 4.2　旱地土壤反硝化测定方法的研究进展

目前，适用于旱地生态系统反硝化的研究方法主要包括（Wang et al., 2011）：乙炔抑制法、$^{15}N$ 同位素示踪法、质量平衡法。上述几种方法在测定土壤 $N_2$ 排放上各有优缺点。以乙炔抑制法为例，乙炔抑制法的原理是乙炔通过抑制反硝化过程的最后一步，抑制 $N_2O$ 还原成 $N_2$（Groffman et al., 2006）。乙炔抑制法由于其成本低、操作方便、步骤少、较易掌握以及可以同时测定大批量样品而得到广泛的应用，但是该方法也存在很多问题，主要问题是高浓度的乙炔会抑制土壤硝化作用，即对反硝化底物 $NO_3^-$ 的生成产生抑制作用，当测定样品中硝态氮浓度较低时，反硝化微生物不能从硝化作用获取反应底物，会造成对反硝化速率的低估（尤其是自然生态系统 $NO_3^-$ 含量较低的土壤）。

直接测定 $N_2$ 法是将土柱置于 He/Ar 环境的密闭系统进行厌氧培养，并使用高纯 He（或 Ar）和 $O_2$ 的混合气置换土柱内部的空气，然后以一定流速的混合气连续吹扫土柱顶部间，在一定时间间隔测气体中反硝化（$N_2O$ 和 $N_2$）浓度的变化来确定反硝化气体的排放速率的方法（Butterbach-Bahl et al., 2002）。

该方法在不严重破坏土壤结构以及不扰乱土壤微生物正常代谢的前提下可以实现反硝化过程产物的直接测定，但是该方法测定精度与培养装置的气密性和气体置换效率有密切联系。在相对理想的状态下，利用培养装置系统直接测定 $N_2$ 法相对于乙炔抑制法和

$^{15}$N 同位素示踪法来说，是一种简单可行的测定反硝化过程的方法，可用来定量测定各类生态系统的反硝化能力。目前，直接测定 $N_2$ 法在探究河流、湖泊反硝化脱氮能力方面已有很好的应用(Zhao et al., 2013, 2015)，但在旱地土壤中的应用甚少。

早在 20 世纪，许多学者开始使用流动气体土柱(gas-flow-soil-core)培养的方法直接测定旱地土壤反硝化产物 $N_2O$ 和 $N_2$ 的排放(Swerts et al., 1995)。直到 1997 年，英国洛桑试验站的 Scholefield 等人(Scholefield et al., 1997)进一步改进了流动气体土柱测定方法，研发出开放式气体流动的培养装置 Dennis(denitrification system)系统。该装置可以很大程度上降低置换过程中造成的底物消耗，同时可以实现对反硝化产生的 $N_2$ 的检测定量。后来，2002 年德国卡尔斯鲁厄大气环境研究所的 Butterbach-Bahl 等人(Butterbach-Bahl et al., 2002)以及 2003 年洛桑试验站的 Cárdenas 等人(Cárdenas et al., 2003)在 Dennis 系统的基础上分别对装置的气密性以及检出限做出了改进，可以满足对于陆地生态系统的反硝化过程 $N_2O$ 和 $N_2$ 的定量研究。

2015 年，德国哥廷根大学以及 Thünen Institute of Climate-Smart Agriculture(TICSA)的 Senbayram 等人在 Dennis 系统的基础上结合直接测定 $N_2$ 的方法开发出一套旱地土壤反硝化培养测定系统——ROFLOW(Senbayram et al., 2018)。相对于前人开发的培养装置，该系统具有置换时间短，$N_2$ 渗漏率低(低至 0.07 $\mu mol \cdot mol^{-1} \cdot h^{-1}$)以及检测精度高(每小时每千克干土中可检出 N 0.27 $\mu g$)等优势，大幅提高了反硝化研究的测定分析精度。此外，由于该系统具有开放式的特点，在装置的出口端采集培养罐内气体，测定 $N_2O$ 排放同时可以结合同位素比质谱仪与 $N_2O$ 同位素异构体(site preference, SP)测定分析技术(Lewicka-Szczebak et al., 2017; Toyoda et al., 2005)，可以实现对反硝化产物 $N_2O$ 的溯源分析。2017 年，中国科学院南京土壤研究所颜晓元课题组通过跟 Senbayram 等人合作，对 ROFLOW 旱地土壤反硝化培养测定系统的气路控制、置换方法做了进一步的改进，同时也实现了对 NO 的在线测定。在此章节中笔者将系统介绍基于直接测定 $N_2$ 法研发的 ROFLOW 旱地土壤反硝化培养测定系统在研究旱地生态系统反硝化过程的应用。

## 4.3 ROFLOW 旱地土壤反硝化培养测定系统的原理、构造和方法

### 4.3.1 测定原理

ROFLOW 系统采用负压式的气体置换方式将培养容器内的空气置换为高纯 He 气(或配着一定比例的 $O_2$)，使得土壤空气全部为 He(和 $O_2$)所替代，然后以设定流速的氦氧混合气体吹扫和罐内风扇的运转以及气路阀门的控制实现顶部空间气体的混匀，以一定时间间隔测定容器内土柱顶部空间的 $N_2$、$N_2O$、$CO_2$ 和 NO 的实时浓度变化来确定其排放。整个测定过程主要包括气体置换、平衡以及采样监测三个部分，进而完成土壤反硝化过程排放的 $N_2$、$N_2O$、$CO_2$ 和 NO 的直接测定。

### 4.3.2 系统构造

ROFLOW 系统构造如图 4-1 所示，该测定系统包括培养系统、气路系统和分析检测

系统。培养系统主要是由树脂玻璃容器组成，即图中的 Vessel 部分，将培养罐置于恒温气(水)浴中，由此控制土壤培养的温度。气路系统由气源和混合标气，气体质量流量控制计、真空泵以及转换阀组成。气体分析检测系统主要是通过 Agilent7890B 气相色谱和 Thermo Scientific™ Model 42i 光化学发光氮氧化物分析仪在线测定。

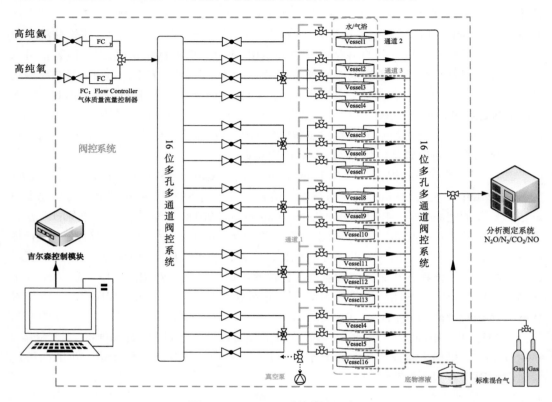

图 4-1　ROFLOW 系统构造示意图

### 4.3.2.1　培养系统

培养系统主要是由 16 个完全相同的树脂玻璃容器(内径 14 cm，高 15 cm)组成，且每个培养容器最多可装填 1.5 kg(干土计)过 2 mm 网筛新鲜土壤(装土后罐内顶部空间体积约为 1000 mL)，其具体构造如图 4-2 所示。通过培养容器顶部连续的 He/$O_2$ 气流吹扫，同时采用多通道分气转换阀对气路进行调控，实现培养装置多通道的同时培养。培养容器的温度控制可通过水浴槽或室内空调进行设定调控，以控制土壤培养温度。此外，培养罐内装有红外控制的迷你风扇(Sunon，中国台湾)，可达到顶部空间气体混匀的目的；培养罐底部配有特殊材质的聚酰胺滤膜(ecoTech，德国波恩；孔隙 0.45 μm)，可以配合真空泵的使用调节土壤湿度和去除多余的土壤溶液。

该培养系统可采用"气压差法"将反应底物加入培养容器内。在装填土样后用橡胶密封圈、硅脂油将容器达到完全密封的状态，利用真空泵将培养容器抽成真空状态然后通入氦气洗去残留的气体再次抽真空，以进行罐内气体的多次置换。然后将反应底物溶液（例如 KNO₃ 溶液）从培养罐的底部通过真空泵造成的压力差以及土壤的毛细管力加入土体。该做法的优点是，可以均匀地将底物添加到体系中，同时可以排除土壤孔隙间残留的空气，并且可以在加入反应物后及时测定得到氮气以及其他气体的在线数据。该设计可以大幅缩短整个培养系统的气体置换时间以及降低在气体置换过程中造成的底物消耗。

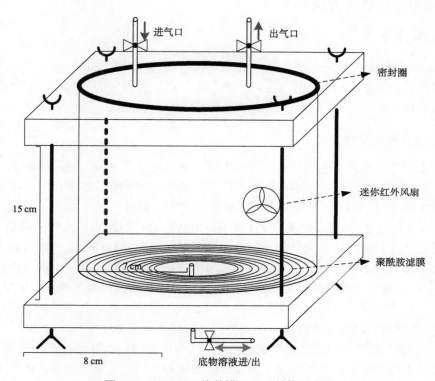

图 4-2　ROFLOW 培养罐 Vessel 结构示意图

#### 4.3.2.2　气路系统

气路系统由气源[高纯 He(99.999%)、高纯 O₂(99.999%)和混合标气(5 μmol·mol⁻¹ N₂O, 3000 μmol·mol⁻¹ CO₂, 100 μmol·mol⁻¹ N₂, 180000 μmol·mol⁻¹ O₂, 3 μmol·mol⁻¹ CH₄, He 为底气)]、气体质量流量计、真空泵以及转换阀组成。各种气体的含量由质量流量控制计(HORIBA，日本)控制调节，可以根据实验需要，调节不同气体的流速以控制其含量，例如我们可通过 O₂ 流速的调节控制有氧和厌氧的培养调节。整个气路通过 2 个多孔位的转换阀连接(VICI，美国休斯敦)，经 Trilution 软件控制系统(Trilution, 吉尔森股份有限公司，美国麦迪逊)以及一个终端接口模块(508 Interface Module, 吉尔森股份有限公司，美国麦迪逊)进行在线控制。

### 4.3.2.3 分析检测系统

分析检测系统的气相色谱配备有 3 个检测器，分别为热导检测器(TCD)用来定量 $CO_2$ 和 $N_2$，电子捕获检测器(ECD)检测 $N_2O$ 以及氢火焰离子化检测器(FID)检测 $CH_4$。此外，配备有光化学发光氮氧化物分析仪(Thermo 42i NO-$NO_2$-$NO_x$ analyzer)检测 NO。

## 4.3.3 培养系统操作方法

### 4.3.3.1 操作步骤

ROFLOW 系统主要是通过吉尔森的 Trilution 软件发出和接收电信号控制多孔位转换阀的切换以及气相色谱的工作状态，达到气体样品在线测定的目的。本章节中编者以过筛土壤的培养实验为例，介绍主要的实验操作步骤。

**1. 气体置换与底物添加**

由于采用"负压式"底物溶液的添加方法，通过配备多孔板与滤膜等装置既可以有效地避免管道堵塞，同时能够实现土壤湿度的控制和底物溶液的添加。将过筛土壤从培养罐的顶部装入反应容器，用密封圈将培养罐体密封。此时，打开通道 1 所有的进气口阀门，并保持通道 2、3 的其他阀门常闭状态，用高纯 He 气(配以不同含量的 $O_2$)置换培养罐内(顶部空间和土柱内)的气体，使得容器内空气为高纯 He 和 $O_2$ 气所替代，置换用混合气体流速约为 250 mL·$min^{-1}$。气体置换采用的是负压式置换方法，通过真空泵同时抽除 16 个培养罐内气体直至达到真空状态，然后再通入高纯混合气源以平衡罐内气压。

重复上述"抽气—置换—平衡"步骤 5 次后，将罐体内抽成真空状态，然后通过通道 3 的底物添加阀门连接底物溶液添加装置。通过真空泵持续抽气，将底物溶液(例如 $NO_3^-$)加入土壤中直至液面没过土柱表层，使得底物添加均匀和驱除孔隙内的空气。待溶液充分浸润土壤平衡后，使用真空泵抽除过多的溶液。底物溶液添加后，再次重复上述"抽气—置换—平衡"步骤，整个气体置换与底物添加的过程时间约为 10 h。

**2. 气体吹扫与平衡建立**

ROFLOW 系统不同于 Molstad 等(2007)开发的 Robot(自动采集气体样品自动测定培养体系中排放通量)密闭培养系统，而 ROFLOW 系统是模拟野外条件下土壤表面上层空气自然流动状态的开放系统。为建立罐内土柱顶部自然的浓度梯度，气体置换和底物添加完成后，高纯 He 和 $O_2$ 的混合气源以 25 mL·$min^{-1}$(其中 He 流速为 20 mL·$min^{-1}$，$O_2$ 为 5 mL·$min^{-1}$)的流速吹扫土柱的顶部空间(此时通道 1、2 所有阀门打开，通道 3 阀门关闭)，同时开启红外控制的迷你风扇，以便混匀顶空气体和平衡罐内压力。

### 4.3.3.2 采样分析与通量计算

ROFLOW 系统通过 Trilution 软件的模块化程序语言以及编写的 Agilent 气相色谱测定序列联合控制培养系统的循环测定和浓度标定以及数据录入，每个循环的测定周期为

3.5 h。具体的循环序列如下："2 次标气标定—16 个培养容器的气体测定—2 次标气标定"，每个气体样品的气相色谱仪测定时长为 10 min。相邻培养罐气体样品之间，标准气体和样品气体的测定之间都设有一定的气体吹扫时间间隔，以避免交叉污染。同时，在设计实验的同时将其中 3 个培养容器设为 $N_2$ 背景值对照，用于校正培养试验中 $N_2$ 测定浓度。

将气相色谱测得的各气体浓度进行分类整理后，代入公式(4-1)计算排放速率。

**1. 按质量计算排放通量**

$$F = \frac{c \times \text{flow rate} \times 60 \times 24}{1 \times 10^6} \times \rho \tag{4-1}$$

式中，$F$ 为 $N_2O$、$N_2$ 以及 $CH_4$、$CO_2$ 的排放通量，$mg \cdot kg^{-1} \cdot d^{-1}$ ($CH_4$) 和 $mg \cdot kg^{-1} \cdot d^{-1}$ ($N_2O$)，如需计算 C、N 的通量，则用相应原子的摩尔质量除以相应分子的摩尔质量；$c$ 为校正后的单位气体浓度，$\mu mol \cdot mol^{-1}$，flow rate 为吹扫气体流速，$mL \cdot min^{-1}$，常数 60、24 为时间转换值，分别为分转小时、小时转天，常数 1 为 1 kg 干土，$10^6$ 为体积单位 $\mu mol \cdot mol^{-1}$ 与 $mol \cdot mol^{-1}$ 的换算系数值。$\rho$ 为 $N_2O$、$N_2$ 以及 $CH_4$、$CO_2$ 气体的密度，$g \cdot L^{-1}$ 或 $mg \cdot mL^{-1}$，可根据式(4-2)计算得出：

$$\rho = \frac{m \times P \times 10^{-3}}{R(273 + T)} \tag{4-2}$$

式中，$m$ 为气体的摩尔质量，$g \cdot mol^{-1}$；$R$ 为普适气体常数，8.314 $J \cdot mol^{-1} \cdot K^{-1}$ 或 $Pa \cdot m^3 \cdot mol^{-1} \cdot K^{-1}$；$T$ 为培养罐的平均温度，℃；$P$ 为采样点的大气压力，通常视为标准大气压，即 $P=1.013 \times 10^5$ Pa；常数 $10^{-3}$ 为 $m^3$ 与 mL 之间的换算系数值。

**2. 按面积计算排放通量**

$$F = \frac{c \times \text{flow rate} \times 60 \times 24}{\pi \times \left(\dfrac{d}{2}\right)^2 \times 10^5} \times \rho \tag{4-3}$$

式中，$F$ 为 $N_2O$、$N_2$ 以及 $CH_4$、$CO_2$ 的排放通量，$g \cdot m^{-2} \cdot d^{-1}$ ($CH_4$) 和 $g \cdot m^{-2} \cdot d^{-1}$ ($N_2O$)；$\pi$ 为圆周率；$d$ 为培养罐内土体的直径，cm；$10^5$ 为体积比转换与面积比转换的乘积，$\mu mol \cdot mol^{-1}$ 转 $mol \cdot mol^{-1}$ 和 $cm^2$ 转 $m^2$；其他参数与前述等式相同。

## 4.4 ROFLOW 旱地土壤反硝化培养测定系统的应用案例

直接测定 $N_2$ 法研究土壤反硝化过程最早出现于 20 世纪 50～70 年代，但由于空气中 78%的 $N_2$ 含量，该方法的实际应用一直面临着巨大的难题。

2007 年 Molstad 等开发的 Robot 系统可以同步测定微生物以及土壤悬液纯培养条件下 NO、$N_2O$ 和 $N_2$ 的排放，该系统使用密闭性良好的 120 mL 的顶空瓶，但是在采样及测定的过程中可能会造成对样品气体的污染，使用该系统需要谨慎的操作以及大量空白的校正。许多学者应用该直接 $N_2$ 测定装置进行土壤反硝化过程的研究（Liu et al., 2010; Qu et al., 2014; Senbayram et al., 2012）。

2015 年 Senbayram 等在前人研究的基础上开发了一套开放式气体流动的 ROFLOW 系统，通过对培养容器的气密性控制以及气路调整，实现了对 $N_2$ 实时高分辨率测定的系统优化，在相对自然条件下可以实现对陆地生态系统的土壤反硝化过程的监测。目前有诸多学者应用该系统探究不同生态系统土壤反硝化过程以及产物比值的相关关系（Köster et al., 2015; Senbayram et al., 2018; Wu et al., 2017, 2018）。如图 4-3 和表 4-1 所示，氧气的浓度对果园土壤反硝化过程和产物有显著的影响；外源硝酸盐（氮源）和秸秆（碳源）的同时添加在适合反硝化的条件下可以促进 $N_2O$ 的排放，但同时也降低了整体的 $N_2O/(N_2O+N_2)$ 产物比值。应用 ROFLOW 系统开展模拟自然条件的培养实验，通过对产物比值的测定结合其他因子，可以估算出野外条件下的反硝化造成的氮素损失，这对于解释农田生态系统未知的氮损失途径提供了科学的依据。

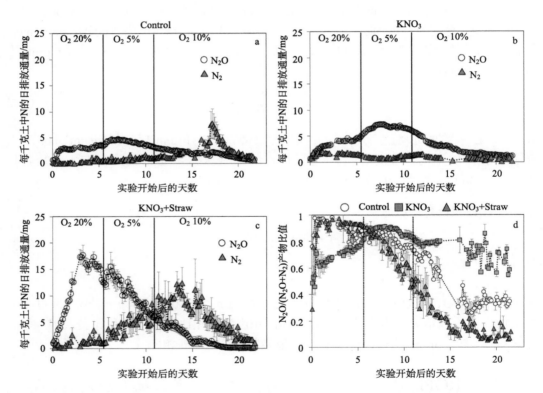

图 4-3　实验不同处理的 $N_2O$ 和 $N_2$ 排放通量以及产物比值随时间的变化（Wu et al., 2018）

a.Control 为无任何底物添加处理；b.KNO₃ 为仅添加硝酸盐底物处理；c.KNO₃+Straw 为同时添加硝酸盐与秸秆的处理；d.各实验处理培养过程中 $N_2O/(N_2O+N_2)$ 的产物比值随时间的变化过程。误差线显示每个处理的平均值的标准误差（$n$=3）

**表 4-1　实验各阶段不同处理的 $N_2O$ 和 $N_2$ 累计排放量及显著性分析**（Wu et al., 2018）

| 处理方式 | $N_2O/(mg \cdot kg^{-1})$ | | | | $N_2/(mg \cdot kg^{-1})$ | | | |
| --- | --- | --- | --- | --- | --- | --- | --- | --- |
| | Oxic | Anoxic | Semi-oxic | Total $N_2O$ | Oxic | Anoxic | Semi-oxic | Total $N_2$ |
| Control | 19.7±2.1[b] | 20.2±2.1[c] | 20.4±0.8[a] | 60.2±5.0[c] | 2.5±0.8[b] | 4.5±0.5[b] | 24.7±2.8[b] | 31.7±4.1[b] |
| $KNO_3$ | 22.8±0.5[b] | 33.4±1.3[b] | 26.4±2.7[a] | 82.5±2.8[b] | 8.3±1.2[a] | 4.4±0.6[b] | 6.2±0.7[c] | 18.9±2.5[c] |
| $KNO_3$+Straw | 76.4±4.0[a] | 50.3±4.6[a] | 19.3±4.7[a] | 146.0±3.8[a] | 6.0±0.8[a] | 22.4±7.9[a] | 63.3±9.4[a] | 91.7±3.7[a] |

注：Control 为无任何底物添加处理；$KNO_3$ 为仅添加硝酸盐底物处理；$KNO_3$+Straw 为同时添加硝酸盐与秸秆的处理；Oxic 为培养实验设定的第一阶段，即 $O_2$ 含量为 20%；Anoxic 为培养实验设定的第二阶段，即 $O_2$ 含量为 5%；Semi-oxic 为培养实验设定的第三阶段，即 $O_2$ 含量为 10%；Total $N_2O$ 和 Total $N_2$ 分别为各处理三阶段累积 $N_2O$ 和 $N_2$ 排放总和。同一列中数字的上标 a、b、c 代表处理间的均值差异显著性（$\alpha = 0.05$）。

## 4.5　方法展望

　　与传统的研究方法相比，直接测定 $N_2$ 法在研究土壤反硝化过程上是一种极具潜力的方法技术。而 ROFLOW 旱地土壤反硝化测定系统所具备的高检测限、低渗漏率可以满足陆地生态系统土壤反硝化脱氮的科学研究，该方法一定程度上弥补了以往对于陆地生态系统土壤反硝化过程定量分析的不足。

　　在未来的研究过程中，通过对 ROFLOW 旱地土壤反硝化测定系统的继续优化，可以解决更多的关于旱地土壤反硝化的科学问题。另外，在使用 ROFLOW 培养测定系统时需要充分考虑土壤的异质特性以及实验操作的系统误差，结合平行辅助实验验证测定结果的准确性。同时可以结合其他科学技术手段来佐证系统的准确性，例如，我们可以尝试将培养系统与激光光谱仪、同位素比质谱仪联用，结合 $N_2O$ 同位素异位体法判断 $N_2O$ 的产生途径，可以对土壤含氮气体的产生进行定量和溯源定性分析。同时结合 Robot 系统以及微生物相关的分析技术手段，可以对土壤反硝化脱氮过程的机制进行研究阐释。此外，目前 ROFLOW 系统主要是基于土壤的纯培养实验，并没有考虑植物在土壤氮素循环中发挥的关键作用。在之后的研究中，我们也会考虑通过对培养装置以及气体置换过程的改进，以实现对种植植物系统中反硝化速率的测定。这对于研究陆地生态系统土壤氮素循环（反硝化过程）具有重要的科学意义。

## 参 考 文 献

Bouwman A F, 1998. Nitrogen oxides and tropical agriculture. Nature, 392: 866.

Butterbach-Bahl K, Willibald G, Papen H, 2002. Soil core method for direct simultaneous determination of $N_2$ and $N_2O$ emissions from forest soils. Plant Soil, 240(1): 105-116.

Cárdenas L M, Hawkins J M B, Chadwick D, et al., 2003. Biogenic gas emissions from soils measured using a new automated laboratory incubation system. Soil Biology and Biochemistry, 35(6): 867-870.

Davidson E A, Keller M, Erickson H E, et al., 2000. Testing a conceptual model of soil emissions of nitrous and nitric oxides: using two functions based on soil nitrogen availability and soil water content, the hole-in-the-pipe model characterizes a large fraction of the observed variation of nitric oxide and nitrous oxide emissions from soils. BioScience, 50(8): 667-680.

Galloway J N, Dentener F J, Capone D G, et al., 2004. Nitrogen cycles: past, present, and future.

Biogeochemistry, 70(2): 153-226.

Groffman P M, Altabet M A, Bohlke J K, et al., 2006. Methods for measuring denitrification: diverse approaches to a difficult problem. Ecological Applications, 16(6): 2091-2122.

Köster J R, Cardenas L M, Bol R, et al., 2015. Anaerobic digestates lower $N_2O$ emissions compared to cattle slurry by affecting rate and product stoichiometry of denitrification: an $N_2O$ isotopomer case study. Soil Biology & Biochemistry, 84: 65-74.

Lewicka-Szczebak D, Augustin J, Giesemann A, et al., 2017. Quantifying $N_2O$ reduction to $N_2$ based on $N_2O$ isotopocules: validation with independent methods(helium incubation and $^{15}N$ gas flux method). Biogeosciences, 14(3): 711-732.

Liu B, Mørkved P T, Frostegård Å, et al., 2010. Denitrification gene pools, transcription and kinetics of NO, $N_2O$ and $N_2$ production as affected by soil pH. Fems Microbiology Ecology, 72(3): 407-417.

Molstad L, Dörsch P, Bakken L R, 2007. Robotized incubation system for monitoring gases($O_2$, NO, $N_2O$ $N_2$) in denitrifying cultures. Journal of Microbiological Methods, 71(3): 202-211.

Qu Z, Wang J G, Almøy T, et al., 2014. Excessive use of nitrogen in Chinese agriculture results in high $N_2O/(N_2O+N_2)$ product ratio of denitrification, primarily due to acidification of the soils. Global Change Biology, 20(5): 1685-1698.

Scholefield D, Hawkins J M B, Jackson S M, 1997. Development of a helium atmosphere soil incubation technique for direct measurement of nitrous oxide and dinitrogen fluxes during denitrification. Soil Biology & Biochemistry, 29(9-10): 1345-1352.

Seitzinger S, Harrison J A, Bohlke J K, et al., 2006. Denitrification across landscapes and waterscapes: a synthesis. Ecological Applications, 16(6): 2064-2090.

Senbayram M, Chen R, Budai A, et al., 2012. $N_2O$ emission and the $N_2O/(N_2O + N_2)$ product ratio of denitrification as controlled by available carbon substrates and nitrate concentrations. Agriculture Ecosystems & Environment, 147: 4-12.

Senbayram M, Well R, Bol R, et al., 2018. Interaction of straw amendment and soil $NO_3^-$ content controls fungal denitrification and denitrification product stoichiometry in a sandy soil. Soil Biology & Biochemistry, 126: 204-212.

Swerts M, Uytterhoeven G, Merckx R, et al., 1995. Semicontinuous measurement of soil atmosphere gases with gas-flow soil core method. Soil Science Society of America Journal, 59(5): 1336-1342.

Toyoda S, Mutobe H, Yamagishi H, et al., 2005. Fractionation of $N_2O$ isotopomers during production by denitrifier. Soil Biology and Biochemistry, 37(8): 1535-1545.

Wang R, Willibald G, Feng Q, et al., 2011. Measurement of $N_2$, $N_2O$, NO, and $CO_2$ emissions from soil with the gas-flow-soil-core technique. Environmental Science & Technology, 45(14): 6066-6072.

Wu D, Senbayram M, Well R, et al., 2017. Nitrification inhibitors mitigate $N_2O$ emissions more effectively under straw-induced conditions favoring denitrification. Soil Biology and Biochemistry, 104(Supplement C): 197-207.

Wu D, Wei Z J, Well R, et al., 2018. Straw amendment with nitrate-N decreased $N_2O/(N_2O+N_2)$ ratio but increased soil $N_2O$ emission: a case study of direct soil-born $N_2$ measurements. Soil Biology and Biochemistry, 127: 301-304.

Zhao Y Q, Xia Y Q, Kana T M, et al., 2013. Seasonal variation and controlling factors of anaerobic ammonium oxidation in freshwater river sediments in the Taihu Lake region of China. Chemosphere, 93(9): 2124-2131.

Zhao Y Q, Xia Y Q, Ti C P, et al., 2015. Nitrogen removal capacity of the river network in a high nitrogen loading region. Environmental Science & Technology, 49(3): 1427-1435.

# 第 5 章　密闭培养-氦环境法在土壤氮气
# 排放测定中的应用

## 5.1　导　　言

在微生物或化学作用下，存在于土壤中的活性含氮(N)化合物[如：硝酸根($NO_3^-$)、亚硝酸根($NO_2^-$)、铵($NH_4^+$)与氧化亚氮($N_2O$)等]可经过一系列复杂反应，最后转化为惰性氮气($N_2$)并排出土壤。土壤 $N_2$ 排放过程是 Haber-Bosch 过程的反过程，在陆地生态系统氮循环中具有极其重要的作用。第一，该过程起到闭合整个氮循环的作用，是整个土壤氮循环过程的关键一环；第二，土壤 $N_2$ 排放过程与温室气体 $N_2O$ 的还原与排放过程紧密耦合，土壤排出的 $N_2$ 大部分来源于温室气体 $N_2O$ 的微生物还原过程，因此土壤 $N_2$ 排放对全球温室气体 $N_2O$ 的排放通量起到关键的调控作用；第三，对于农田土壤来说，土壤 $N_2$ 排放是氮肥损失的主要途径之一，因此是影响农田氮素利用效率的重要过程。相对于土壤氮素循环的其他方面，土壤 $N_2$ 排放过程方面的研究还显得很薄弱。目前，土壤 $N_2$ 排放通量的观测，特别是田间原位无扰动土壤 $N_2$ 排放通量的观测，还只有零星报道。对土壤 $N_2$ 排放过程的调控机制还缺乏深入研究。这是因为大气中的 $N_2$ 背景浓度很高，如第 3、4 章所述，大气中 $N_2$ 体积浓度约为 78%，在如此高的 $N_2$ 背景浓度下测定土壤 $N_2$ 排放通量一直是国际土壤学领域公认的方法学难题。密闭培养-氦环境法是较晚发展起来的用以研究土壤 $N_2$ 排放的方法。本章主要阐述密闭培养-氦环境法的发展以及运用密闭培养-氦环境法研究土壤 $N_2$ 排放调控机制方面的最新进展。

## 5.2　密闭培养-氦环境法发展简史与密闭培养-氦环境法的原理与适用条件

密闭培养-氦环境法的原理是在室内控制条件下人为制造密闭环境，然后用氦气(He)置换密闭环境中的 $N_2$，达到降低 $N_2$ 背景浓度的目的，以便直接测定土壤中排出的微量 $N_2$。Scholefield 等在 20 多年前将密闭培养-氦环境法成功运用于土壤 $N_2$ 排放速率的测定(Scholefield et al., 1997b)，但当时的检测限(以 N 计)较高，约为 50 $g \cdot ha^{-1} \cdot d^{-1}$ (Scholefield et al., 1997a)。因此，当时的密闭培养-氦环境法只能测定氮素含量较高、反硝化作用比较强烈的土壤 $N_2$ 排放速率，如施过肥的农田土壤。Butterbach-Bahl 等于 2002 年对密闭培养-氦环境法的密封系统与前处理系统进行了改进，使该系统的操作更加简便、密封性更高，成功把土壤 $N_2$ 通量的检测限(以 N 计)降到 24 $g \cdot ha^{-1} \cdot d^{-1}$ (Butterbach-Bahl et al., 2002)。由于降低了土壤 $N_2$ 的检测限，密闭培养-氦环境法能够用于非农业土壤 $N_2$ 排放通量的测定，如森林土壤。

Bakken 等在 2007 年研发了一套可自动采集气体样品并同时自动测定微生物纯培养体系中 $N_2$、$O_2$、$CO_2$、$CH_4$ 与 NO 排放通量的系统——Robot 系统（Molstad et al., 2007），该系统的原理是通过精确控制气相色谱管路中的气体流向与流速，用高纯 He 冲洗进气管路，避免残留在管路中的 $N_2$ 污染气体样品而影响测定结果，从而实现微生物培养液中微量 $N_2$ 排放量的测定（Molstad et al., 2007）。由于最初的 Robot 系统主要被用来测定微生物菌液而非土壤排出的 $N_2$，因此，其检测限表述为 150～200 nmol $N_2$ 每取样间隔。该系统的优点是培养装置与测定装置分离，只有在采样的时候才通过自动采样系统将培养装置与测定装置相连，在培养阶段两者可分开放置，因此可以大批量测定土壤样品的 $N_2$ 排放通量。该系统同时具有自动化程度高的特点，其采样时间、采样频率与采样量、回补气体量等均可以通过集成软件预先设定，实现气体采样过程与测定过程的自动化。另外，该系统还可以同时监测 $N_2$、$O_2$、$CO_2$、$CH_4$ 与 NO 五种气体组分，在实时追踪硝化、反硝化气体组分变化、不同温室气体排放的耦合过程方面具有较大优势。最后，Robot 系统利用抽取密闭系统中的气体，然后注入无 $N_2$ 的人工合成气的方式来降低 $N_2$ 背景浓度，加快了样品的前处理过程，对于扰动土壤样品来说（密闭体积少于 200 mL，土样量少于 100 g），气体置换前处理时间一般少于 15 min。目前，该系统已经被广泛运用于土壤 $N_2$ 排放速率或通量的测定之中，这些研究深化了对土壤 $N_2$ 排放通量的调控机制方面的认识（Liu et al., 2010; Qin et al., 2012, 2013, 2014, 2017a, 2017b, 2017c, 2017d; Qu et al., 2014; Senbayram et al., 2012; Wu et al., 2013; Yuan et al., 2019a）。

Robot 系统虽然能够测定土壤 $N_2$ 排放速率，但是在大多数情况下只能测定窄口瓶中扰动土壤样品的 $N_2$ 排放速率。$N_2$ 通过密封器件的扩散和泄漏的问题阻碍了 Robot 系统用于原状土柱 $N_2$ 排放通量的测定。为了解决这一难题，Qin 等（2017a）提出了气室缓冲-Robot 系统，该系统利用双层培养罐之间的夹层来制造一个低 $N_2$ 的气体缓冲层，将内层罐体的原状土柱包裹在气体缓冲层中，达到降低大气高背景浓度 $N_2$ 泄漏对土壤微量 $N_2$ 排放通量测定的影响，从而实现原状土柱 $N_2$ 排放通量的直接测定（Qin et al., 2017a）。气室缓冲-Robot 系统的优点是摆脱了大气 $N_2$ 泄漏的问题，能够扩大待测原状土柱的直径。由于土壤是一个空间变异巨大的介质，用过小的土柱直径（<15 cm）测定土壤 $N_2$ 排放速率会导致测定结果变异系数较大，而将原状土柱直径增大到 20 cm 以上可以有效降低土壤 $N_2$ 排放通量的变异。

目前，密闭培养-氦环境法已经发展出了上述多种各具特点的子系统，但是这些子系统都各自具有内在的无法克服的缺点与潜在的系统误差。首先，需要人为制造密闭空间，这决定了密闭培养-氦环境法不能用于田间原位无扰动土壤 $N_2$ 排放通量的测定。另外，人为将 $N_2$ 背景浓度降低数个数量级是否会影响与 $N_2$ 产生相关的化学或生物化学反应（如反硝化、厌氧氨氧化等）的速率与方向，进而对土壤 $N_2$ 排放速率测定产生显著影响？目前，这一科学问题还未见相关研究报道。因此目前密闭培养-氦环境法还需要与土壤 $N_2$ 排放测定的其他方法联合运用，如乙炔抑制法、氮同位素示踪法、膜进样-质谱法等，才能较可靠地推断田间原位土壤的 $N_2$ 排放通量。与乙炔抑制法和氮同位素示踪法相比，密闭培养-氦环境法具有不需要添加抑制剂与氮素，而且可直接测定 $N_2$ 产生量的特点。因此，目前密闭培养-氦环境法在土壤 $N_2$ 排放过程的室内机理研究方面被广泛使用（Liu et al., 2010; Qin et al., 2012, 2013, 2014, 2017a, 2017b, 2017c, 2017d; Qu et al., 2014; Senbayram et al., 2012; Wu et al., 2013; Yuan et al., 2019a)。另外，作为一种直接定量 $N_2$ 法，可作为参照标准在人为控制条件下评估并校正其他测定土壤 $N_2$ 排放的方法。

## 5.3　密闭培养-氦环境法的具体操作步骤

### 5.3.1　实验准备

密闭培养-氦环境法测定扰动土壤 $N_2$ 排放速率或者原状土柱 $N_2$ 排放通量需要的主要仪器设备包括：①Robot 自动进样分析系统，②窄口培养瓶(用于扰动土 $N_2$ 排放速率测定)或者双密闭气体缓冲装置(用于原状土柱 $N_2$ 排放通量测定)，③真空清洗系统等几个部分。Robot 自动进样分析系统由气相色谱(型号为 Agilent 7890B)、蠕动泵和配有恒温水浴培养箱的自动采样臂等部件组成。其中气相色谱检测器包括热导检测器(TCD，型号为 Agilent 19095P-Q04：US16140505 HP-PLOT/Q#8-60 ℃-270 ℃)和电子捕获检测器(ECD，型号为 Agilent 19095P-MSD：C-002 HP-PLOT Molesieve 0 ℃-300 ℃)，ECD 运行温度为 340 ℃；TCD 运行温度为 200 ℃。蠕动泵(品牌为 Gilson)通过定制管(型号为 id=1 mm od=3 mm, part no 902.0016.016)连接进样系统和检测器，在泵与进样口之间还连接了过滤器(型号为 External sample filter art no 736729)以避免微粒对气相色谱仪产生干扰，自动进样系统和蠕动泵由计算机相应软件控制。进样针型号为：0.4 mm× 40 mm(276×11/2)，取样时进样针每次在橡胶塞上的不同位置刺穿，最大程度上降低机械泄漏风险，同时能控制蠕动泵进样方向、速度和时间。

双密闭气体缓冲装置由丁基橡胶圈、内外层亚克力材质罐体、螺栓和盖板组成。通过置换内外罐体之间的夹层中的气体来制造一个无 $N_2$ 缓冲层，以减少 $N_2$ 泄漏。内层罐体与夹层中均安装有可拆卸微型风扇，该风扇可遥控开启，使夹层内与内层罐体中的气体在培养过程中保持均匀，该气体缓冲装置的结构简图如图 5-1 所示。

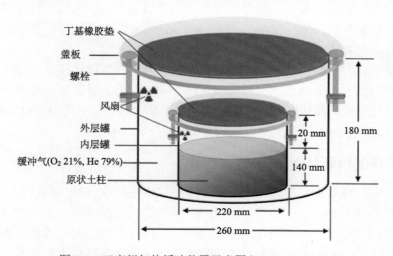

图 5-1　双密闭气体缓冲装置示意图(Qin et al., 2017a)

### 5.3.2　土壤样品采集与准备

密闭培养-氦环境法既可测定扰动土壤 $N_2$ 排放速率，也可测定原状土柱 $N_2$ 排放通量。用密闭培养-氦环境法测定扰动土壤 $N_2$ 排放速率时，首先将一定质量的土壤置于窄口瓶中，然后用橡胶塞封住瓶口，并用铝盖扣紧瓶口以便增加橡胶塞与瓶口的贴合度，增加气密性。土壤的用量与窄口瓶的体积需要根据被研究土壤的 $N_2$ 排放速率大小来调整，土壤 $N_2$ 排放速率越大，所需的土壤量就越小，对于农田土壤来说，一般用 10～30 g 土壤样品置于 120 mL 窄口瓶中来测定扰动土壤 $N_2$ 排放速率，可达到较理想的实验结果。如果被测土壤 $N_2$ 排放速率较低，可以考虑适当增加土壤用量，同时减少培养瓶体积，以便放大 $N_2$ 浓度增加幅度，降低检测限。随后用气体置换装置将密封好的窄口瓶中的气体置换成目标气体，根据实验目的不同，可以将瓶内空气置换成高纯 He（用于厌氧实验），也可置换成不同 $O_2$ 含量的目标气体。

用密闭培养-氦环境法测定原状土柱 $N_2$ 排放通量时，首先将原状土柱置于上述气体缓冲装置的内层罐中，然后用橡胶垫、螺栓与盖板将内层罐密封，接着将内层罐置于外层罐中并用橡胶垫、螺栓与盖板将外层罐密封。然后用气体置换装置将内层罐体与夹层中的气体置换成目标气体。气体置换时应同时抽取内层罐体与夹层中的气体，当达到一定真空度后，同时向内层罐体与夹层中注入目标气体，防止内层罐与外层罐存在压力差而干扰气体置换过程。

### 5.3.3　顶空气体置换

用密闭培养-氦环境法测定扰动土壤 $N_2$ 排放速率时，首先用五号注射针头将密封好的、盛有土壤样品的窄口瓶与气体置换装置相连，开启抽真空按钮，监测真空表，当真空表读数约为 100 Pa 时（此过程一般需 2～4 min，视真空泵功率而变），按停止键停止抽真空操作。前期实验证明：短时间内抽真空至 100 Pa 对土壤微生物活性无显著影响（Qin et al., 2012）。然后按注气按钮，将目标气体注入窄口瓶中，注入气体的压强略高于一个大气压强。反复抽真空与注气操作，循环 3～5 次，最后一次注入目标气体后用盛有水并连有针头的注射器插入窄口瓶，调节瓶内气压至一个大气压。

用密闭培养-氦环境法测定原状土柱 $N_2$ 排放通量时，气体置换过程与扰动土壤实验类似，但是用时较长，完成五次气体置换需时 2～4 h。由于罐体体积显著大于窄口瓶，因此，每次抽气操作所能达到的真空度比扰动土实验显著偏低，约为 1000 Pa。后续实验操作与扰动土壤实验相同。

### 5.3.4　土壤样品培养与 $N_2$ 排放速率测定

将置换好顶空气体的培养瓶或密封罐置于恒温水浴箱中，在一定温度下培养（具体培养温度视研究目的而定）。培养时间需要根据土壤性质而定，如果土壤有机质含量较高，$O_2$ 消耗较快的土壤，培养时间不宜过长，以免 $O_2$ 浓度变化过大对实验造成影响。对于北方农田土壤来说，一般培养时间以 5～10 h 为宜。在培养过程中定期用 Robot 系统测定顶空气体中的 $N_2$、$O_2$、$CO_2$、NO 与 $N_2O$ 浓度。Robot 系统仪器硬件与软件配置、关键参数及操作步骤同 Molstad 等(2007)。一般测定五次,将测定的 $N_2$ 浓度与培养时间进行线性拟合,计算 $N_2$ 排放速率。每次测定前首先打开气相色谱仪测定软件,同时运行蠕动泵控制程序和自动采样臂程序,然后根据样品数量和测定位置设置序列表,将样品按照设置好的进样顺序依次放入恒温水浴箱中,运行进样程序,开始测定。气相色谱仪运行自动取样程序时,首先控制蠕动泵对管道中的气体进行反排,避免残留气体干扰,之后自动取样臂将移动到预先设定好的样品位置,控制器在蠕动泵开始抽取瓶中气体前启动,触发气相色谱仪取样针扎入样品瓶中,向检测器中泵入气体,持续运转 50 s 后,蠕动泵停止转动,同时程序控制进样针离开样品瓶,最后由取样臂和蠕动泵控制进行气体清洗和反排。一个样品的测定时间为 5.5 min,每个样品测试时都会生成一个由采样时间和测定位点组成的独立序列文本,气相色谱仪数据采集系统为除无峰值外所有气体峰值提供合集文件,该程序将每一个出峰图对应到单个样品上,并在表格中对结果进行分类显示。

### 5.3.5　结果计算

原状土柱的 $N_2$ 排放通量计算公式如下:

$$F_{N_2} = (C_1 - C_2) \times V \div \left[ 22.4 \times \left( \frac{273 + T}{273} \right) \times A \times t \right] \tag{5-1}$$

式中, $F_{N_2}$ 为 $N_2$ 排放通量,$\mu mol \cdot m^{-2} \cdot h^{-1}$;$C_1$ 为培养结束时内罐顶空 $N_2$ 浓度,$\mu L \cdot L^{-1}$;$C_2$ 为培养初始时内罐顶空 $N_2$ 浓度,$\mu L \cdot L^{-1}$;$V$ 为内罐顶空体积,L。

## 5.4　密闭培养–氦环境法应用案例

### 5.4.1　运用密闭培养–氦环境法评估乙炔抑制法

长期以来,乙炔抑制法一直是测定土壤反硝化 $N_2$ 排放的最常用的方法。该方法的原理是利用分压大于 0.1 kPa 的高浓度乙炔来抑制土壤中 $N_2O$ 还原酶的活性,进而阻止 $N_2O$ 还原为 $N_2$ 这一反应,最后通过测定 $N_2O$ 的累积量来间接表征土壤 $N_2$ 排放通量(Yoshinari and Knowles, 1976; 张志君等, 2018)。乙炔抑制法具有操作过程简单、不需要复杂的前处理与昂贵的测定设备等优点(Groffman et al., 2006; Tiedje et al., 1989)。因此,该方法在过去很长一段时间中被广泛用于土壤反硝化速率及 $N_2$ 排放通量的测定,发表了许多相关文献,积累了大量室内控制条件或者是田间原位条件下土壤 $N_2$ 排放速率的数据(张志君等, 2018)。

作为一种广泛使用的间接测定土壤反硝化 $N_2$ 排放速率的方法,乙炔抑制法本身具有以下难以克服的内在缺陷:第一,乙炔不仅抑制土壤 $N_2O$ 还原酶活性,同时还会对土壤硝化过程产生明显的抑制作用,从而造成反硝化底物(硝酸盐)供给减少,进而影响土壤反硝化总速率(Seitzinger et al., 1993)。第二,一部分反硝化微生物对乙炔不敏感,在土壤有机碳含量较高并且硝酸盐浓度较低(<10 $\mu mol \cdot L^{-1}$)的条件下,这些耐乙炔的反硝化微生物能够分泌 $N_2O$ 还原酶,并在乙炔存在的条件下将 $N_2O$ 还原为 $N_2$(Simarmata et al.,

1993），这会造成乙炔对 $N_2O$ 还原过程抑制不彻底，导致实验误差。第三，一些土壤中的微生物甚至可将乙炔当做碳源而将其分解利用，这会使加入到土壤中的乙炔由于被分解而随培养时间逐渐降低其浓度，进而减弱乙炔对土壤 $N_2O$ 还原酶的抑制作用（Nielsen et al., 1996）。第四，理论上来说，只有乙炔扩散到某一特定土壤微域，才能对该点的 $N_2O$ 还原为 $N_2$ 的过程产生抑制作用，而乙炔没有扩散进去的其他区域则不会产生相应的抑制作用。但是在实际情况中，由于土壤是多孔且空间异质性很高的复杂基质，因此加入土壤的乙炔很难均匀地扩散到所有土壤微小空隙之中，如果有一部分土壤空隙中没有乙炔，则会导致该处 $N_2O$ 被还原为 $N_2$（Jordan et al., 1998），这对土壤 $N_2$ 排放速率测定会产生实验误差。第五，在好氧条件下，乙炔会起到类似催化剂的作用，促使反硝化的中间产物（NO）氧化为二氧化氮（$NO_2$）而不是进一步被还原为 $N_2O$，从而导致 $N_2$ 排放通量被低估（Bollmann and Conrad, 1997a, 1997b; Yuan et al., 2019b）。

　　运用密闭培养-氦环境法定量评价乙炔抑制法的系统误差可为乙炔抑制法确定适用范围，同时还为深入挖掘分析已经发表的用乙炔抑制法测定的有关土壤反硝化与 $N_2$ 排放的大量相关文献提供理论依据。一些科学家比较了氮同位素示踪法与乙炔抑制法，Fotis Sgouridis 等研究发现：氮同位素标记法测定的反硝化总量比乙炔抑制法测定的反硝化总量高四倍（Sgouridis et al., 2016）。但是，添加的标记硝酸盐可能对土壤微生物具有一定程度的激发效应，同时添加的标记硝酸盐可能在土壤中分布不均匀，这些可能会造成氮同位素示踪法本身存在一些偏差。运用密闭培养-氦环境法（Robot 系统），已经有研究深入分析了乙炔抑制法的系统误差及其在不同类型土壤中的分布规律，发现：在厌氧条件下乙炔抑制法产生系统误差的主要原因是高浓度乙炔（体积分数为 10%）无法完全抑制 $N_2O$ 还原酶的活性，导致乙炔抑制法严重低估了土壤反硝化速率与 $N_2$ 排放速率（Qin et al., 2012, 2013, 2014）。在厌氧条件下，乙炔抑制法的系统误差大小随土壤性质改变而改变，其变化范围 8%~98% 不等（Qin et al., 2013）。此外，对 26 种北方旱地土壤中乙炔抑制法的系统误差与土壤性质的相关性进行的深入分析，表明乙炔抑制法的系统误差与土壤有机质含量、养分含量与黏粒含量呈现显著的负相关关系，与土壤 pH 无显著相关关系。微生物群落结构的差异以及不同微生物对乙炔的敏感性不同导致了不同类型土壤具有不同的乙炔抑制法系统误差。以上结果表明：在厌氧条件下，乙炔抑制法在有机质与养分含量较高的土壤中具有较小的系统误差，而在沙粒含量较高、养分贫瘠的土壤中，用乙炔抑制法测定土壤反硝化速率或者潜势会造成较大的系统误差（Qin et al., 2013）。

　　在好氧条件下，除了不完全抑制 $N_2O$ 还原酶活性导致测定误差以外，添加到土壤中的乙炔还可以通过改变反硝化中间产物的反应途径从而造成乙炔抑制法的系统误差。在无乙炔存在的条件下，反硝化产生的 NO 大部分被进一步还原为 $N_2O$，少部分氧化为 $NO_2$ 或者被排出土体。而在乙炔存在的条件下，乙炔可以促进 NO 与 $O_2$ 的结合，进而导致 NO 还原为 $N_2O$ 的量减少，为乙炔抑制法测定土壤反硝化速率带来巨大误差。Conrad 等（Bollmann and Conrad, 1997b）研究了好氧条件下乙炔对 29 种土壤的反硝化速率、NO 的生成量和氧化速率以及 $N_2O$ 的净释放速率的影响，结果表明：乙炔能够加速 NO 氧化为 $NO_2$ 的速率，产生的 $NO_2$ 被土壤吸收，不能再进一步转换为 $N_2O$，从而造成对反硝化速率的低估。硝酸盐浓度可以影响土壤 NO 的产生过程与排放通量，而含水量与黏粒含量则可以影响乙炔在土壤中的扩散，这些都会最终影响到好氧条件下乙炔抑制法的系统误差。秦树平等研究了好氧条件下乙炔抑制法的系统误差对土壤硝酸盐、水分与黏粒含量的响应，结果表明：与厌氧条件下的结果相反，好氧条件下的乙炔抑制法系统误差与土壤硝酸盐含量呈显著正相关（Yuan et al., 2019b）。 在好氧条件下，乙炔抑制法系统误差有两个主要来源：一个来源是由乙炔不完全抑制 $N_2O$ 还原酶活性导致的，另一个来源则是由乙炔催化 NO 转化为 $NO_2$ 而产生的。前一种来源约占 40%，后一种约占 60%（Yuan et al., 2019b）。由于存在巨大的系统误差，在有 $O_2$ 存在的条件下，需谨慎使用乙炔抑制法测定土壤反硝化速率与反硝化产物构成（Yuan et al., 2019b）。综上所述，不管是在厌氧还是在好氧条件下，乙炔抑制法都存在一定的系统误差，这会对土壤反硝化速率的测定带来影响。乙炔抑制法的系统误差大小随土壤性质变化而变化，因此很难用矫正系数的方法来消除乙炔抑制法的系统误差（Qin et al., 2013）。

## 5.4.2　运用密闭培养-氦环境法验证田间原位无扰动土壤 $N_2$ 通量测定方法（氮同位素自然丰度法）

目前，大部分基于密闭培养-氦环境法的子系统，如气流-土柱法、Robot 系统、气室缓冲-Robot 系统等，都只能测定室内控制条件下的扰动土壤或原状土柱的 $N_2$ 排放速率或通量，不能测定田间原位无扰动土壤的 $N_2$ 排放通量。田间原位无扰动土壤 $N_2$ 排放通量的监测对于陆地生态系统氮平衡研究与模型模拟具有重要的意义。秦树平等提出了一种田间原位无扰动土壤 $N_2$ 排放通量的测定方法，该方法根据反硝化产 $N_2$ 过程中的自然丰度 $^{15}N_2O$ 同位素分馏理论，利用气室缓冲-Robot 系统，在 $^{15}N_2O$ 同位素丰度值与 $N_2O/(N_2O+N_2)$ 排放比率之间建立经验函数关系，首先测定土壤 $N_2O$ 通量与 $^{15}N_2O$ 同位素自然丰度值，然后利用前期建立的经验函数来推算田间原位无扰动 $N_2$ 排放通量（Qin et al., 2017a）。该方法的原理简图如图 5-2 所示。

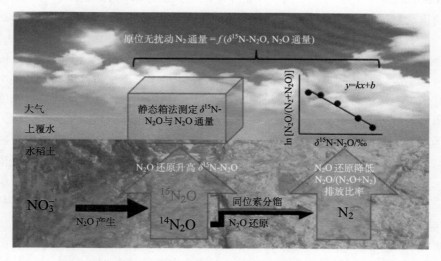

图 5-2　氮同位素自然丰度法测定原位土壤 $N_2$ 通量原理简图（Qin et al., 2017a）

　　该方法的优点是测定过程对被测定的土壤系统的扰动很小，测定的 $N_2$ 排放通量反映田间原位无扰动土壤的实际 $N_2$ 排放通量。该方法有以下三个缺点：第一，$^{15}N_2O$ 同位素自然丰度值与 $N_2O/(N_2O+N_2)$ 排放比率之间的经验函数随不同土壤类型及环境条件有一定变异性，这可能是由不同土壤类型的土壤微生物群落结构差异造成的，在还原 $N_2O$ 为 $N_2$ 的过程中，不同种类的微生物具有不同的同位素分馏系数。因此，目前很难找到一个广适性的 $^{15}N_2O$ 同位素自然丰度值与 $N_2O/(N_2O+N_2)$ 排放比率之间的函数。这一缺点限制了 $^{15}N_2O$ 氮同位素自然丰度法的大规模运用。第二，$^{15}N_2O$ 同位素自然丰度值与 $N_2O/(N_2O+N_2)$ 排放比率这两个指标的变化范围差异很大，导致氮同位素自然丰度法的精度较低。$\delta^{15}N\text{-}N_2O$ 同位素自然丰度值的变化范围较小，而 $N_2O/(N_2O+N_2)$ 排放比率变化范围可从 0.01% 到 100%。因此，这两个指标变化范围的不匹配导致用 $\delta^{15}N\text{-}N_2O$ 同位素自然丰度值无法通过经验函数精确推算 $N_2O/(N_2O+N_2)$ 排放比率。因此，目前的氮同位素自然丰度法只能用来推测田间原位无扰动土壤的 $N_2$ 排放通量的数量级，无法精确到具体数值。第三，除反硝化途径以外，其他过程，如厌氧氨氧化、共反硝化等，在理论上都有可能产生 $N_2$。但是氮同位素自然丰度法无法测定土壤中除反硝化途径以外其他途径产生的 $N_2$，而在某些特定类型的土壤中，这些过程可能会对 $N_2$ 排放产生不可忽略的贡献，因此 $\delta^{15}N\text{-}N_2O$ 氮同位素自然丰度法可能存在土壤 $N_2$ 排放通量的低估问题。目前，$\delta^{15}N\text{-}N_2O$ 氮同位素自然丰度法只能运用于硝酸盐含量较高，反硝化占主导的土壤中，比如受氮污染的湿地生态系统土壤。从理论上来说，只要量化了 $N_2O$ 生成途径对 $\delta^{15}N\text{-}N_2O$ 同位素自然丰度值的影响，氮同位素自然丰度法可以拓展运用于旱地土壤。

### 5.4.3　运用密闭培养-氦环境法研究土壤氮素循环过程

　　目前，密闭培养-氦环境法已越来越多地运用于土壤反硝化机制的室内控制实验中（Dannenmann et al., 2008; Phillips et al., 2015; Roobroeck et al., 2010; Saggar et al., 2013; Scheer et al., 2009）。得益于密闭培养-氦环境法直接测定 $N_2$ 的优点，土壤反硝化潜势与反硝化速率的精度与准确性得到提高（Liao et al., 2013; Qin et al., 2012, 2014; Wang et al., 2011）。一些科学家利用密闭培养-氦环境法研究了土壤 pH 对土壤 $N_2O/(N_2O+N_2)$ 排放比率的影响机制，发现持续多年高氮肥投入会降低土壤 pH，低 pH 显著提高了土壤 $N_2O/(N_2O+N_2)$ 排放比率，进而使更多的氮肥转化为 $N_2O$ 排出土壤（Qu et al., 2014; Raut et al., 2012; Russenes et al., 2016）。而长期高氮肥投入还会通过提高土壤硝酸盐浓度来抑制 $N_2O$ 还原酶活性，进而导致更多的氮肥转化为 $N_2O$ 排出土壤（Qin et al., 2017b）。另一些科学家运用密闭培养-氦环境法研究了土壤碳源对土壤反硝化速率与反硝化产物构成的影响机制，发现：根层以下的深层土壤仍然存在相当数量的反硝化微生物与反硝化功能基因（Chen et al., 2018; Wang et al., 2018）。碳源匮乏是限制旱地农田根层以下土壤反硝化脱氮的主要因素（Yuan et al., 2019a），引入碳源可显著提高深层土壤反硝化速率（Qin et al., 2017c），而电极可以作为电子供体部分替代可溶性有机碳，激发深层土壤反硝化脱氮（Qin et al., 2017e）。传统土壤学认为土壤产生 $N_2$ 的过程是严格的厌氧过程，$O_2$ 的存在会抑制土壤 $N_2$ 的产生，但是最近的研究发现：土壤微生物能够在好氧条件下产生 $N_2$（Qin et al., 2017d; Wu et al., 2013），具体机制还有待进一步研究。值得注意的是用密闭培养-氦环境法测定的反硝化总量往往比乙炔抑制法高一个数量级，我们用气室缓冲–Robot 系统测定的华北平原旱地土壤反硝化损失总量(N)约为 20～110 kg·ha$^{-1}$·a$^{-1}$，而 N$_2$O/(N$_2$O+N$_2$)排放比率(一般小于 10%)则比乙炔抑制法测得的结果显著偏低(未发表数据)。因此，一些生态模型需要根据最新的研究结果将 N$_2$O/(N$_2$O+N$_2$)排放比率加以修正。

## 5.5　方法展望

目前，密闭培养–氦环境法已经衍生出一系列适用于不同土壤条件与研究目的的子系统，这些子系统已经被越来越多地运用于土壤氮循环机制的研究，为深化土壤活性氮转化为惰性氮的过程的认识提供了新的有效工具。但是大部分相关文献还只是运用密闭培养–氦环境法在室内控制条件下测定土壤 N$_2$ 排放速率或通量，缺乏典型生态系统(如旱地农田、稻田、森林、草地与湿地)的土壤 N$_2$ 排放通量的田间原位观测。由于人为扰动，在室内控制条件下测定的土壤 N$_2$ 排放通量往往与田间原位 N$_2$ 排放通量存在较大差异。因此，研发新的田间原位无扰动测定技术仍然是土壤 N$_2$ 排放研究的瓶颈。在田间原位无扰动土壤 N$_2$ 通量测定技术发展成熟之前，将密闭培养–氦环境法与其他相关方法，如稳定同位素标记法、膜进样–质谱法等多种方法联合运用是提高土壤 N$_2$ 排放通量测定精度的一种有效策略。

## 参 考 文 献

张志君, 秦树平, 袁海静, 等, 2018. 土壤氮气排放研究进展. 中国生态农业学报, 26: 182-189.

Bollmann A, Conrad R, 1997a. Acetylene blockage technique leads to underestimation of denitrification rates in oxic soils due to scavenging of intermediate nitric oxide. Soil Biology and Biochemistry, 29: 1067-1077.

Bollmann A, Conrad R, 1997b. Enhancement by acetylene of the decomposition of nitric oxide in soil. Soil Biology and Biochemistry, 29: 1057-1066.

Butterbach-Bahl K, Willibald G, Papen H, 2002. Soil core method for direct simultaneous determination of N$_2$ and N$_2$O emissions from forest soils. Plant & Soil, 240: 105-116.

Cao N, Wang R, Liao T T, et al., 2015. Characteristics of N$_2$, N$_2$O, NO, CO$_2$ and CH$_4$ emissions in anaerobic condition from sandy loam paddy soil. Environmental Science, 36: 3373.

Chen S, Wang F, Zhang Y, et al., 2018. Organic carbon availability limiting microbial denitrification in the deep vadose zone. Environmental Microbiology, 20: 980-992.

Dannenmann M, Butterbach-Bahl K, Gasche R, et al., 2008. Dinitrogen emissions and the N$_2$：N$_2$O emission ratio of a Rendzic Leptosol as influenced by pH and forest thinning. Soil Biology and Biochemistry, 40: 2317-2323.

Dittert K, Lampe C, Gasche R, et al., 2005. Short-term effects of single or combined application of mineral N fertilizer and cattle slurry on the fluxes of radiatively active trace gases from grassland soil. Soil Biology & Biochemistry, 37: 1665-1674.

Groffman P M, Altabet M A, Böhlke J, et al., 2006. Methods for measuring denitrification: diverse approaches to a difficult problem. Ecological Applications, 16: 2091-2122.

Jordan T E, Weller D E, Correll D L, 1998. Denitrification in surface soils of a riparian forest: effects of water, nitrate and sucrose additions. Soil Biology and Biochemistry, 30: 833-843.

Liao T, Wang R, Zheng X, et al., 2013. Automated online measurement of $N_2$, $N_2O$, NO, $CO_2$, and $CH_4$ emissions based on a gas-flow-soil-core technique. Chemosphere, 93: 2848-2853.

Liu B, Rkved P T, Frosteg A, et al., 2010. Denitrification gene pools, transcription and kinetics of NO, $N_2O$ and $N_2$ production as affected by soil pH. FEMS Microbiology Ecology, 72: 407-417.

Molstad L, Dörsch P, Bakken L R, 2007. Robotized incubation system for monitoring gases ($O_2$, NO, $N_2O$ and $N_2$) in denitrifying cultures. Journal of Microbiological Methods, 71: 202-211.

Nielsen T H, Nielsen L P, Revsbech N P, 1996. Nitrification and coupled nitrification-denitrification associated with a soil-manure interface. Soil Science Society of America Journal, 60: 1829-1840.

Phillips R, McMillan A, Palmada T, et al., 2015. Temperature effects on $N_2O$ and $N_2$ denitrification end-products for a New Zealand pasture soil. New Zealand Journal of Agricultural Research, 58: 89-95.

Qin S, Hu C, Oenema O, 2012. Quantifying the underestimation of soil denitrification potential as determined by the acetylene inhibition method. Soil Biology and Biochemistry, 47: 14-17.

Qin S, Yuan H, Dong W, et al., 2013. Relationship between soil properties and the bias of $N_2O$ reduction by acetylene inhibition technique for analyzing soil denitrification potential. Soil Biology and Biochemistry, 66: 182-187.

Qin S, Yuan H, Hu C, et al., 2014. Determination of potential $N_2O$-reductase activity in soil. Soil Biology and Biochemistry, 70: 205-210.

Qin S, Clough T, Luo J, et al., 2017a. Perturbation-free measurement of in situ di-nitrogen emissions from denitrification in nitrate-rich aquatic ecosystems. Water Research, 109: 94-101.

Qin S, Ding K, Clough T J, et al., 2017b. Temporal in situ dynamics of $N_2O$ reductase activity as affected by nitrogen fertilization and implications for the $N_2O/(N_2O + N_2)$ product ratio and $N_2O$ mitigation. Biology and Fertility of Soils, 53: 723-727.

Qin S, Hu C, Clough T J, et al., 2017c. Irrigation of DOC-rich liquid promotes potential denitrification rate and decreases $N_2O/(N_2O+N_2)$ product ratio in a 0–2 m soil profile. Soil Biology and Biochemistry, 106: 1-8.

Qin S, Pang Y, Clough T, et al., 2017d. $N_2$ production via aerobic pathways may play a significant role in nitrogen cycling in upland soils. Soil Biology and Biochemistry, 108: 36-40.

Qin S, Zhang Z, Yu L, et al., 2017e. Enhancement of subsoil denitrification using an electrode as an electron donor. Soil Biology and Biochemistry, 115: 511-515.

Qu Z, Wang J, Almøy T, et al., 2014. Excessive use of nitrogen in Chinese agriculture results in high $N_2O/(N_2O+N_2)$ product ratio of denitrification, primarily due to acidification of the soils. Global Change Biology, 20: 1685-1698.

Raut N, Dörsch P, Sitaula B K, et al., 2012. Soil acidification by intensified crop production in South Asia results in higher $N_2O/(N_2+N_2O)$ product ratios of denitrification. Soil Biology and Biochemistry, 55: 104-112.

Roobroeck D, Butterbach-Bahl K, Brüggemann N, et al., 2010. Dinitrogen and nitrous oxide exchanges from an undrained monolith fen: short-term responses following nitrate addition. European Journal of Soil Science, 61: 662-670.

Russenes A L, Korsaeth A, Bakken L R, et al., 2016. Spatial variation in soil pH controls off-season $N_2O$ emission in an agricultural soil. Soil Biology and Biochemistry, 99: 36-46.

Saggar S, Jha N, Deslippe J, et al., 2013. Denitrification and $N_2O:N_2$ production in temperate grasslands: processes, measurements, modelling and mitigating negative impacts. Science of the Total Environment, 465: 173-195.

Scheer C, Wassmann R, Butterbach-Bahl K, et al., 2009. The relationship between $N_2O$, NO, and $N_2$ fluxes from fertilized and irrigated dryland soils of the Aral Sea Basin, Uzbekistan. Plant and Soil, 314: 273.

Scholefield D, Hawkins J M B, Jackson S M, et al., 1997a. Development of a helium atmosphere soil incubation technique for direct measurement of nitrous oxide and dinitrogen fluxes during denitrification. Soil Biology & Biochemistry, 29: 1345-1352.

Scholefield D, Jmb H, Jackson S M, 1997b. Use of a flowing helium atmosphere incubation technique to measure the effects of denitrification controls applied to intact cores of a clay soil. Soil Biology & Biochemistry, 29: 1337-1344.

Seitzinger S P, Nielsen L P, Caffrey J, et al., 1993. Denitrification measurements in aquatic sediments: a comparison of three methods. Biogeochemistry, 23: 147-167.

Senbayram M, Chen R, Budai A, et al., 2012. $N_2O$ emission and the $N_2O/(N_2O+N_2)$ product ratio of denitrification as controlled by available carbon substrates and nitrate concentrations. Agriculture Ecosystems & Environment, 147: 4-12.

Sgouridis F, Stott A, Ullah S, 2016. Application of the $^{15}N$ gas-flux method for measuring in situ $N_2$ and $N_2O$ fluxes due to denitrification in natural and semi-natural terrestrial ecosystems and comparison with the acetylene inhibition technique. Biogeosciences, 13: 1821-1835.

Simarmata T, Benkiser G, Ottow J, 1993. Effect of an increasing carbon: nitrate-N ratio on the reliability of acetylene in blocking the $N_2O$-reductase activity of denitrifying bacteria in soil. Biology and Fertility of Soils, 15: 107-112.

Tiedje J M, Simkins S, Groffman P M, 1989. Perspectives on measurement of denitrification in the field including recommended protocols for acetylene based methods. Plant and Soil, 115: 261-284.

Wang F, Chen S, Wang Y, et al., 2018. Long-term nitrogen fertilization elevates the activity and abundance of nitrifying and denitrifying microbial communities in an upland soil: implications for nitrogen loss from intensive agricultural systems. Frontiers in Microbiology, 9: 2424.

Wang R, Willibald G, Feng Q, et al., 2011. Measurement of $N_2$, $N_2O$, NO and $CO_2$ emissions from soil with the gas-flow-soil-core technique. Environmental Science & Technology, 45: 6066-6072.

Wu D, Dong W, Oenemad O, et al., 2013. $N_2O$ consumption by low-nitrogen soil and its regulation by water and oxygen. Soil Biology & Biochemistry, 60: 165-172.

Yoshinari T, Knowles R, 1976. Acetylene inhibition of nitrous oxide reduction by denitrifying bacteria. Biochemical & Biophysical Research Communications, 69: 705-710.

Yuan H, Qin S, Dong W, et al., 2019a. Denitrification rates and controlling factors for accumulated nitrate in the 0–12 m intensive farmlands: A case study in the North China Plain. Pedosphere, 29: 516-526.

Yuan H, Zhang Z, Qin S, et al., 2019b. Effects of nitrate and water content on acetylene inhibition technique bias when analysing soil denitrification rates under an aerobic atmosphere. Geoderma, 334: 33-36.

# 第6章 农田氨挥发测定方法

## 6.1 导 言

农田氮素损失包括氨挥发、硝化-反硝化、土壤径流和淋溶损失等途径,其中氨挥发的发生主要是氮肥施入土壤后,在土壤固相-液相-气相界面上发生的一系列变化,氨挥发进程和速率取决于 $NH_4^+$ 和 $NH_3$ 在固、液、气三相之间的平衡状态,其平衡过程如下(朱兆良和文启孝, 1992):

$$NH_4^+{}_{(代换性)} \rightleftharpoons NH_4^+{}_{(液相)} \rightleftharpoons NH_3{}_{(液相)} \rightleftharpoons NH_3{}_{(土壤气相)} \rightleftharpoons NH_3{}_{(大气)}$$

对于旱地土壤,液相指土壤溶液,气相指土壤空气,氨挥发直接通过土表进行。从化学平衡式可以发现,凡是能使上述化学平衡向右进行的因素,都将促进氨挥发排放。因此,农田氨挥发受土壤性质[土壤 pH、土壤水分、土壤温度、铵态氮($NH_4^+$-N)硝化能力等]、气象因素(温度、风速、光照等)、农业管理措施(氮肥品种、氮肥施用量、施肥方法等)等多重因素影响,这些因素之间还存在着相互影响,造成农田氨挥发损失存在较大变异性(Pan et al., 2016)。因此,获取更多的农田氨挥发监测数据可减少农田氨排放因子的不确定性,有助于准确估算农田氨挥发量(Ti et al., 2019)。

## 6.2 农田氨挥发测定方法简介

农田氨挥发测定方法分为直接法和间接法。直接法是结合氨气采集和测定技术直接测定氨挥发速率。常用的直接测定法大致可分为三类:箱式法、微气象法和可调二极管激光吸收光谱-反向拉格朗日随机扩散模型法(以下简称 TDLAS-BLS 法)。间接法主要指土壤平衡法,该方法基于质量守恒原理,由施肥量与作物吸收量、土壤残留量、淋失量的差值估算氨挥发,忽略其他气态氮素损失。间接法需要测定的项目多、耗时长,测定结果误差较大,很少有研究采用土壤平衡法测定农田氨挥发,本书不做介绍。

目前常见的农田土壤氨挥发方法主要是箱式法和微气象学法,其中箱式法可细分为密闭室法和通气式法,微气象学法可细分为梯度扩散法、涡度相关法和质量平衡法。箱式法所用器材简单,易操作,国内测定农田氨挥发时,多采用此法。微气象学法在大块农田上方采样,不改变自然环境,也不干涉挥发过程,测定的是土壤-水体-植物整个系统的氨挥发,比箱式法更有空间代表性(Denmead,1995; Sommer and Misselbrook, 2016),是主流的氨挥发测定方法。但微气象学法需要面积大、地势平坦的试验区,以及昂贵的测定仪器,对气象条件有较高的要求,这限制了微气象学法的广泛应用(Denmead, 1983),国内采用微气象学法测定农田氨挥发多为简单的质量平衡法(李贵桐等, 2001;田玉华等, 2019)。

可调谐二极管激光吸收光谱技术 (Tunable Diode Laser Absorption Spectroscopy, TDLAS) 是利用可调谐半导体激光器窄线宽 (<10 MHz) 和波长可调谐特性，通过检测吸收分子的一条孤立转吸收线，获得被测气体特征吸收光谱范围内的吸收光谱，实现对气体浓度的快速检测，通过与长光程技术相结合，能够实现痕量气体 ($10^{-12} \sim 10^{-9}$) 实时在线监测 (陈东等，2007)。目前体积小、便于操作、价格低廉的 TDLAS 气体在线分析仪已投入市场，广泛应用于大气化学研究和污染气体监测。国内有学者开发了基于开放光程 TDLAS 技术的农田氨挥发实时监测方法，为农田氨挥发观测提供了新的方法 (杨文亮，2014)。

上述农田氨挥发测定方法都有各自的优缺点 (表 6-1)，研究者可根据实验条件和目的，选择合适的测定方法。

表 6-1　常用农田氨挥发测定方法比较

| 方法名称 | 优点 | 缺点 |
| --- | --- | --- |
| 密闭室法 | 器材简单，可移动，操作简便，适合田间多点观测 | 密闭室内环境条件 (温度、湿度、风速等) 与真实环境相差较大，变异性大，劳动量大 |
| 通气室法 | 室内外环境条件相差较小，适合小田块多点观测，费用较低 | 灵敏度低，排风速率对氨挥发有影响，室内微环境人为影响大，无法覆盖植物时，只能测定土表氨挥发 |
| 微气象学法 | 对农田无扰动，可真实测定农田氨排放 | 需要大面积均一农田、高灵敏度仪器、良好气象条件，设备昂贵 |
| TDLAS-BLS法 | 对农田无扰动，实时在线监测 | 需要大面积均一农田、良好气象条件、设备较贵 |

## 6.3　箱　式　法

箱式法包括密闭室法和通气室法。密闭室法完全依赖于氨浓度梯度驱动的扩散作用，由于与室外空气隔绝，密闭室内气压、温度、湿度、风速、水分蒸发率等与真实环境相差很大，会影响氨挥发，尤其是取样时间较长的静态密闭室法，长时间覆盖会导致密闭室内温度高于室外温度，改变氨气挥发过程，造成测定误差 (Pape et al., 2009)。此外，氨气化学性质十分活跃，易溶于水，也易吸附于密闭室上。因此，密闭室法在农田氨挥发测定中应用较少。通气室法则保持箱内气体一定的流速，以此驱动氨扩散。与密闭室法相比，通气室法室内外环境条件差异小，对氨挥发过程影响有限，常用于农田氨挥发测定。

### 6.3.1　密闭室法

密闭室法原理是直接测定一定时间内密闭采样箱内氨气浓度增加值，计算氨挥发速率。根据采集方法可将密闭室法细分为静态密闭室法和动态密闭室法。

#### 6.3.1.1 静态密闭室法

静态密闭室法是在密闭室内放置盛有氨气吸收液(一般为酸液)的取样装置, 持续吸收密闭室内土壤释放的氨气, 一定时间后(一般为 24 h)取出取样装置, 测定吸收液中 $NH_4^+$-N 浓度(图 6-1)。氨挥发速率计算公式如下:

$$F = \frac{c \times V \times 10^{-2}}{t \times s} \tag{6-1}$$

式中, $F$ 为氨挥发通量(以 N 计), $kg·ha^{-1}·d^{-1}$; $c$ 为吸收液中 $NH_4^+$-N 浓度, $μg·mL^{-1}$; $V$ 为氨吸收液体积, mL; $t$ 为采样时间, d; $s$ 为密闭室面积, $m^2$; $10^{-2}$ 为单位转换系数值。

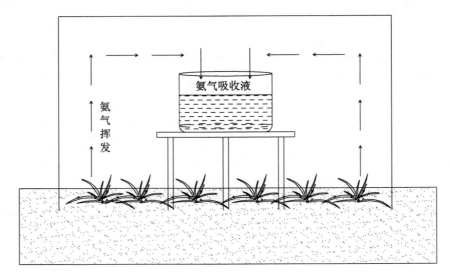

图 6-1  静态密闭室法采样装置

静态密闭室法装置简单, 无需抽气, 采样周期较长使得方法灵敏度较高, 当氨挥发速率较低时, 静态密闭室法和微气象法测定结果差异很小, 但在氨挥发速率较高时, 静态箱式法会低估氨挥发(Rochette et al., 1992; Sommer et al., 2004)。

杜建军等(2007)采用静态密闭室法测定保水剂对氨挥发的影响, 具体过程如下:

称取过 2 mm 筛风干土壤 500 g, 分别加入 0、0.05%、0.10%、0.20%、0.40%和 0.80%保水剂, 混匀, 置于广口瓶中, 加去离子水, 使土壤含水量达到田间持水量的 75%和 100%, 每处理 4 次重复, 以尿素为氮源, 氮肥用量为 600 $mg·kg^{-1}$。广口瓶内部放入盛 10 mL 硼酸指示剂溶液(2%)的称量瓶, 用于广口瓶内氨气。室温下培养, 分别于试验开始后第 2、3、4、5、6、7、10、13、16、19、25、31 d 取出称量瓶, 用 0.1 $mol·L^{-1}$ 硫酸滴定氨吸收量, 计算氨挥发速率。

#### 6.3.1.2 动态密闭室法

动态密闭室法假定密闭室内氨气浓度随时间线性升高, 通过测定单位时间内密闭室内氨气浓度增加值，计算氨挥发速率，公式如下：

$$F = \frac{(c_2 - c_1) \times V}{t \times s} \tag{6-2}$$

式中，$F$ 为氨挥发通量(以 N 计)，$kg \cdot m^{-2} \cdot s^{-1}$；$c_1$ 为取样开始时密闭室内 $NH_3$ 浓度，$kg \cdot m^{-3}$；$c_2$ 为取样结束时密闭室内 $NH_3$ 浓度，$kg \cdot m^{-3}$；$V$ 为密闭室体积，$m^3$；$t$ 为采样时间，s；$s$ 为密闭室面积，$m^2$。

　　动态密闭室法基于密闭室内氨气浓度随时间线性升高的假定，但很多研究表明密闭室内氨气经过一定时间后气体浓度升高会增加气体分压，氨气浓度并不是线性升高，从而抑制了氨挥发(Sommer et al., 2004)。采用较短的取样时间可以降低气体浓度非线性增加导致的误差，但由于氨气浓度测定技术的限制，难以将取样时间压缩到足够小的范围。因此，动态密闭室法多用于 $CO_2$、$CH_4$、$N_2O$ 等气体的定量监测，极少用于农田氨挥发测定。

## 6.3.2　通气室法

### 6.3.2.1　密闭室-间歇抽气法

　　密闭室-间歇抽气法的原理是用抽气泵作为动力源，使空气以稳定流速通过土-水界面，将密闭室内氨气带出，被氨气吸收液捕获，通过测定吸收液中 $NH_4^+$-N 浓度，计算氨挥发速率，计算公式如下：

$$F = \frac{c \times V \times 24 \times 10^{-2}}{t \times s} \tag{6-3}$$

式中，$F$ 为氨挥发通量(以 N 计)，$kg \cdot ha^{-1} \cdot d^{-1}$；$c$ 为吸收液中 $NH_4^+$-N 浓度，$\mu g \cdot mL^{-1}$；$V$ 为氨吸收液体积，mL；$t$ 为采样时间，h；$s$ 为密闭室的面积，$m^2$；24 为 $24\ h \cdot d^{-1}$；$10^{-2}$ 为单位转换系数值。

　　密闭室-间歇抽气法整套装置包含换气杆(材质可为聚氯乙烯，中空)、波纹管、密闭室、洗瓶、调节阀、流量计、抽气泵及乳胶管等。如图 6-2 所示，密闭室顶部气孔通过波纹管与左侧换气杆连接，另一个通气孔通过乳胶管与洗气瓶连接，再通过乳胶管依次与流量调节阀、流量计、缓冲瓶和抽气泵相连。换气杆高度为 2.5 m，通常认为此高度空气受当时地面氨挥发影响较小(廖先苓，1983)。测定时空气由换气杆进入密闭室，挥发出来的氨随气流进入吸收瓶中，被瓶中氨气吸收液捕获，常以含有混合指示剂的硼酸(2%)或稀硫酸溶液($0.05\ mol \cdot L^{-1}$)作为氨吸收液(周伟等，2011)。田间测定结束后，将氨吸收液取样带回，通过酸碱滴定法或分光光度法测定氨浓度，计算土壤表面挥发氨量及累积量。

　　密闭室-间歇抽气法以几个时段氨挥发速率代表全天氨挥发速率，因此需通过用不同时段氨挥发值计算全天氨挥发量，并与各时段氨挥发的加权平均值比较，找出最接近平均值的时段，作为适宜的氨挥发监测采样时间。国内采用该法测定农田氨挥发多选择 7：00～9：00 和 15：00～17：00 作为适宜的氨挥发采样时间，以此来计算日氨挥发量(Cao et al., 2013；张翀等，2016)。氨挥发受风速影响较大，在农田氨挥发测定中常选用换气频率为 15～20 次·min⁻¹ 作为抽气速率(朱兆良等, 1985)。

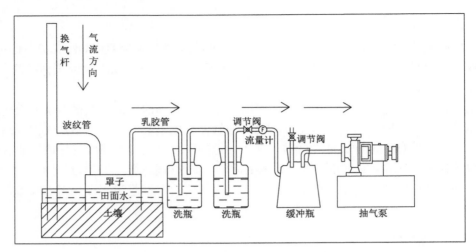

图 6-2 密闭室-间歇抽气法装置示意图

密闭室间歇抽气法装置简单, 成本较低, 移动性好, 在田间可同时进行多点测定, 是国内测定农田氨挥发最常用的方法。但密闭室内环境条件如温度、风速与自然环境存在较大差异, 测定的并不是田间实际氨挥发, 而是氨挥发的潜力。因此, 密闭室间歇抽气法多用于小区对比实验。此外, 农田氨挥发空间变异大, 而密闭室的面积较小, 需要较多数量的采样箱同时测定, 才能使测定结果具有代表性, 但在田间实际测定过程中会增加工作量。

Cao 等(2013)利用密闭室抽气法测定了太湖地区稻季氨挥发损失, 实验在中国科学院常熟农业生态实验站进行, 所用密闭室为透明有机玻璃材料制成, 内径 19 cm、高 15 cm, 底部开放, 顶部留有两个通气孔, 直径为 25 mm 的通气孔用波纹管与 2.5 m 高的通气管连通, 以保证进气口氨浓度一致。另一采气孔通过硅胶管与装有稀硫酸吸收液的孟氏洗气瓶相连, 最后连接至真空泵, 通过抽气减压, 使空气依次通过密闭室、洗气瓶, 以捕获挥发氨。采样时将有机玻璃罩嵌入表土中, 形成一个密闭气室, 控制真空泵的抽气速度, 使密闭室内的换气频率为 15～20 次·min⁻¹。每天 9：00～10：00 和 4：00～5：00 进行测定, 用靛酚蓝比色法测定吸收液中 $NH_4^+$-N 浓度, 以这 2 h 的氨挥发量作为每日氨挥发平均通量, 估算每日氨挥发总量。每次施肥后即开始采样, 直至施氮处理与对照氨挥发通量无显著差异为止。

### 6.3.2.2 通气室-氨捕获法

通气室-氨捕获法是利用氨浓度梯度驱动的扩散作用,空气中的氨自然向上扩散时经过氨捕获装置被截获,通过测定氨捕获装置中氨浓度,计算氨挥发速率。通气室-氨捕获法通常在通气室上部加装氨捕获装置,以隔绝空气中的氨。

通气室-氨捕获法装置主要由采样罩和氨捕获装置两部分组成。采样罩通常以圆柱形管材制成,采样罩一般布置在作物行间的土壤区域,避免作物对采样产生干扰。因此,采样罩直径一般≤作物种植行距。研究者多采用直径 15 cm、高 20 cm 的 PVC 或有机玻璃材质管材作为采样罩(图 6-3),顶部加装有透明材质的遮雨板,底部磨尖,方便插入土壤,以固定采样罩(Yang et al., 2015; 王朝辉和刘学军, 2002; 杨淑莉等, 2010)。采样罩可分为 3 部分,第 1 部分位于顶部,用于放置氨捕获装置,第 2 部分为气室,为采样罩与地表形成的空间,以容纳土表挥发的氨,第 3 部分插入土壤以固定采样罩。

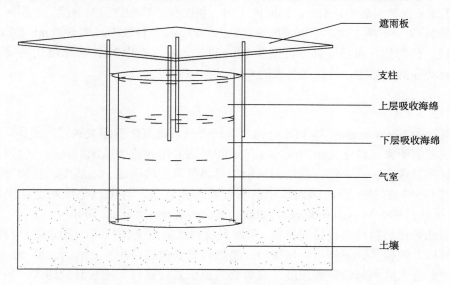

遮雨板

支柱

上层吸收海绵

下层吸收海绵

气室

土壤

图 6-3　通气室法测定氨挥发示意图

氨捕获装置多以浸泡有酸液的海绵作为吸收介质,通常放置两层海绵,上层海绵用于隔绝外界空气中的氨,下层海绵用于捕获气室内的氨。海绵直径略小于采样罩内径,以便于将海绵放置采样室内,海绵厚度的选择要兼顾氨吸收效率和通气性,过薄会造成氨吸收不完全,过厚会影响空气自然流通,从而低估田间的实际氨挥发,研究者多采用厚度为 2～5 cm 的海绵(Yang et al., 2015; 董文旭等, 2006)。实验开始前, 先利用注射器将 20 mL 磷酸和甘油的混合液(磷酸浓度为 0.8 mol·L$^{-1}$,甘油浓度为 0.7 mol·L$^{-1}$)注入海绵中,用于捕获空气中的氨。

氨挥发的测定通常于施肥后的当天开始,采样频率通常以 2～3 天更换一次为宜,实际测定时也可根据施肥后时间长短和天气状况适当调整。取样时,将通气装置下层的海绵取出,迅速装入自封袋中,密封,同时换上另一块刚浸过磷酸甘油(50 mL 磷酸+40 mL 丙三醇,定容至 1000 mL)的海绵。将封存好的海绵带回实验室,转入 500 mL 塑料瓶中,加入 300 mL 1.0 mol·L$^{-1}$ 的 KCl 溶液,使海绵完全浸没在 KCl 溶液中,振荡 1 h 后,取适量浸提液留存,利用靛酚蓝比色法测定 $NH_4^+$-N 浓度。氨挥发速率计算公式同式(6-1)。

通气室-氨捕获法克服了传统密闭法与自然环境隔绝的缺陷,且不需要高精密度的检测仪器,操作简便易行,回收率高,变异小。但该法未完全遮盖住采样装置,用于吸收氨挥发的海绵容易受到降雨污染,从而影响准确性,在多雨的季节和地区,该法的应用受到限制。因此,通气室-氨捕获法多应用于旱地农田土壤氨挥发测定。

　　王朝辉和刘学军(2002)利用通气室-氨捕获法测定了施肥后麦田土壤氨挥发,通气室由 1 个聚氯乙烯硬质塑料管和 2 片海绵构成。塑料管内径 15 cm,高 10 cm,将两块厚 2 cm,直径 16 cm,浸泡有磷酸甘油溶液的海绵分别置于硬质塑料管中,其中下层海绵距管底 5 cm,上层海绵与管顶部相平。土壤氨挥发测定于施肥后当天开始,在小区不同位置,分别放置 5 个捕获装置,次日上午 8:00 取样。取样时,将通气装置下层海绵取出,迅速装入塑料袋中,密封,同时换上另一块刚浸过磷酸甘油的海绵。上层海绵视其干湿情况 3～7 天更换 1 次。把取下的海绵装入 500 mL 塑料瓶中,加 300 mL 1.0 mol·L$^{-1}$ KCl 溶液,使海绵完全浸于其中,振荡 1 h,过滤,浸提液中 $NH_4^+$-N 浓度用蒸馏定氮法或连续流动分析仪测定,计算氨挥发速率。

### 6.3.2.3　风洞法

　　风洞法由 Bouwmeester 和 Vlek(1981)等在研究稻田氨挥发损失时首次提出,是基于通气室法发展而来,该法采用田间实际风速的平均值作为流经风洞的风速,能较为准确地估算氨挥发速率。目前较为先进的风洞法可调节风洞内风速、温湿度、光照等环境因子,使其与外界保持一致,因此该法具有较好的回收率,与微气象法测定结果相一致(Loubet et al., 1999; Misselbrook et al., 2005; van der Weerden et al., 1996)。

　　风洞法采样装置通常包括测定箱、采样系统和控制系统(图 6-4)。测定箱(也称风洞)包括进气口、试验区、采样箱、出气口。进气口处叠放直径为 3 cm、长 20 cm 的 PVC管,以降低进入风洞气流的紊流度,也可将气流引直。进气口还装有风速仪,用于测定实时流速。进气箱的两侧各布设 2 个采样孔,收集的气体样品作为环境背景值。试验区由有机玻璃板制成,带有可开启的盖子,采样时关闭。第 3 部分是采样区,经试验区的气流被充分混匀,流至采用区,采样区靠近出气口两侧各有 4 个不同高度的采样孔,使采样更具代表性,在一定程度上减小由于浓度分布不均匀造成的误差。第 4 部分是出气口,出气口装有轴流可调速风扇,用于调节风洞内的风速,使之工作在固定风速或与外界风速相一致。

　　采样系统按气体流程大致可分为 3 部分,第 1 部分是气体流向控制阀,第 2 部分是装有稀硫酸(0.025 mol·L$^{-1}$)的氨收集瓶,第 3 部分是采样泵。在采样泵的作用下,流经采样箱的气体样品经采样孔并在气体流向控制阀的作用下被气体收集瓶吸收,经过流量计,最后通过气泵排出。经进气口和出气口的气体样品被收集瓶中的稀硫酸溶液吸收,通过靛酚蓝比色法测定吸收液 $NH_4^+$-N 浓度。

　　控制系统是风洞法采样装置的中枢系统,主要包括两部分:①通过超声风速仪获取风洞外自然环境风速,并与风洞内部的风速进行比较,根据比较的结果向可调速风扇控制系统发送控制信号,保证风洞内风速与外界一致,也可设为恒定风速。②获取气温、相对湿度、地温等微气象资料,用以解释影响氨挥发的气象因子。控制系统还可控制采样的时间间隔或者进行人工采样。

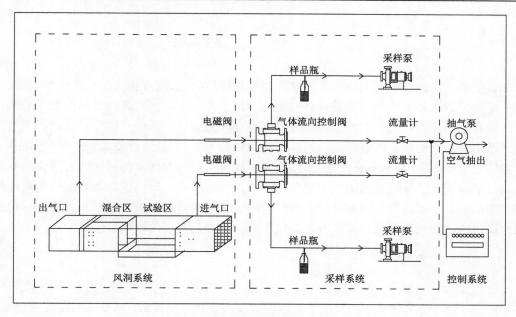

图 6-4　风洞法氨挥发测定系统

　　测定时控制系统基于外界风速，通过控制出气口的风扇，使风洞内风速与外界保持一致，采样系统分别从进气箱和采样箱采样，测定空气氨浓度，根据采样泵流量和风洞风速计算采气体积占流经风洞气体体积的比例。通过采样箱、进气箱空气氨浓度差值可计算试验箱内土壤氨挥发速率。风洞法氨挥发速率计算公式如下：

$$F = \frac{(c_2 - c_1) \times V \times 10^{-2} \times 24 \times Q_1}{t \times s \times Q_2} \tag{6-4}$$

式中，$F$ 为氨挥发通量(以 N 计)，$kg \cdot ha^{-1} \cdot d^{-1}$；$c_1$ 为进气口吸收液中 $NH_4^+$-N 浓度，$\mu g \cdot mL^{-1}$；$c_2$ 为出气口吸收液中 $NH_4^+$-N 浓度，$\mu g \cdot mL^{-1}$；$V$ 为氨吸收液体积，mL；$Q_1$ 为风洞进风口流量，$L \cdot min^{-1}$；$Q_2$ 为采样泵流量，$L \cdot min^{-1}$；$t$ 为采样时间，h；$s$ 为密闭室的面积，$m^2$；24 为 $24\ h \cdot d^{-1}$；$10^{-2}$ 为单位转换系数值。

　　风洞法采样箱内微气象条件、土壤条件与生物状况与外界条件基本一致，比较适合于小尺度多处理、多重复测量，尤其适用于多因子对比实验，在欧洲有着广泛应用(Ni et al., 2015; Pacholski et al., 2008)。但由于风洞法测定系统设备昂贵，目前国内研究案例有限(龚巍巍等，2011；黄彬香等，2006；苏芳等，2007)。此外，采样箱内壁易出现水分凝结，使得氨气溶于水中，导致实验误差。

　　张翀等(2016)利用风洞法测定了紫色土夏玉米氨挥发，其所使用风洞装置参照 Matin Kogge 等所设计的风洞自制，通过控制系统调节风洞内部风速与外界一致，回收率能达到 90%以上。在风扇的驱动下，气流稳定流过风洞洞体，在真空泵驱动下，由转子流量计控制流速，进气口和出气口空气分别经过 150 mL 浓度为 0.025 $mol \cdot L^{-1}$ 稀硫酸，用以吸收大气中的氨。每天在固定时间更换氨吸收液。收集的氨吸收液用靛酚蓝比色法测定 $NH_4^+$-N 浓度，计算氨挥发速率。

# 6.4 微气象学法

目前测定农田氨挥发的微气象方法主要有梯度扩散法、涡度相关法和质量平衡法等。其中梯度扩散法和涡度相关法假设挥发源地面均一、平坦、挥发源内气体挥发率均匀一致，没有空间变异，气体浓度仅在垂直方向存在梯度差异。因此，梯度扩散法、涡度相关法适于测定大面积农田氨挥发，但其所需田块面积大（一般至少要求 150 m×150 m），多数情况下难以实现(Denmead, 2008)。此外，梯度扩散法和涡度相关法对气象仪器要求较高，涡度相关法还需快速响应的氨气分析仪，价格昂贵，国内仅少数高校和科研单位将其应用于农田氨挥发测定研究。质量平衡法所需试验区面积相对较小，可在 20 m×40 m 的地块进行，对气象、气体浓度测定要求不高，是最为常用的微气象法。

## 6.4.1 梯度扩散法

梯度扩散法是基于气体运动梯度扩散原理，假设在农田上空存在垂直方向上的氨气浓度梯度，通过测定两个不同高度氨气浓度以及一系列气象参数，从而计算氨挥发速率。根据扩散系数计算方法的不同，梯度扩散法分为空气动力学法、示踪通量法和能量平衡法。

### 6.4.1.1 空气动力学法

空气动力学法是通过测定一系列气象参数直接估算气体扩散系数，结合两个高度气体浓度可得到氨挥发速率，计算公式如下：

$$F = -\frac{k \times u_* \times Z}{\varphi} \times \frac{dc}{dz} \tag{6-5}$$

式中，$F$ 为氨挥发通量（以 N 计），$kg \cdot m^{-2} \cdot s^{-1}$; $k$ 为卡曼常数，0.4; $u_*$ 为摩擦风速，由气象数据计算得到，$m \cdot s^{-1}$; $z$ 为测定高度，m; $\varphi$ 为大气稳定度修正函数，由气象数据计算得到; $c$ 为氨气浓度，$kg \cdot m^{-3}$。空气动力学法的准确性取决于摩擦风速和大气稳定度，在低摩擦风速或极端大气稳定度时空气动力学法准确性较低。

### 6.4.1.2 示踪通量法

示踪通量法是通过测定示踪物的扩散系数以测定氨气的挥发率，常用示踪物有水蒸气和 $CO_2$，因其扩散速率可准确测定，氨挥发速率由以下公式计算：

$$F = F_{示踪} \times \frac{(c_1 - c_2)}{(\chi_1 - \chi_2)} \tag{6-6}$$

式中，$F$ 为氨挥发通量（以 N 计），$kg \cdot m^{-2} \cdot s^{-1}$; $F_{示踪}$ 为示踪法的扩散速率，$kg \cdot m^{-2} \cdot s^{-1}$; $c_1$ 为第一高度处氨气浓度，$kg \cdot m^{-3}$; $c_2$ 为第二高度处氨气浓度，$kg \cdot m^{-3}$; $\chi_1$ 为第一高度处示踪物浓度，$kg \cdot m^{-3}$; $\chi_2$ 为第二高度处示踪物浓度，$kg \cdot m^{-3}$。

### 6.4.1.3　能量平衡法

能量平衡法基于农田显热传递系数与气体扩散系数相似的原理，通过 Bowen（鲍恩）比仪测定气象参数，得到能量传递系数，计算氨挥发速率，因此能量平衡法也称 Bowen 比法，具体测定步骤可参考李贵桐等（2001）所述。能量平衡法氨挥发速率由以下公式计算：

$$F = \frac{U \times (R_n - G - S) \times (c_1 - c_2)}{(1 + U) \times d \times C_P \times (T_1 - T_2)} \tag{6-7}$$

式中，$F$ 为氨挥发通量（以 N 计），$kg \cdot m^{-2} \cdot s^{-1}$；$U$ 为显热传递与湿热传递之比，一般情况下 $U = 0.66 \dfrac{T_1 - T_2}{e_1 - e_2}$；$R_n$ 为地表净辐射，$W \cdot m^{-2}$；$G$ 为地表向下传导热通量，由 Bowen 比仪测量得到；$S$ 为土壤热储能，由 Bowen 比仪测量得到；$c_1$ 为第一高度处氨浓度，$kg \cdot m^{-3}$；$c_2$ 为第二高度处氨浓度，$kg \cdot m^{-3}$；$d$ 为空气密度，$kg \cdot m^{-3}$；$C_P$ 为空气比热容量，$MJ \cdot kg^{-1} \cdot ℃^{-1}$；$T_1$ 为第一高度处空气温度，由 Bowen 比仪测量得到，℃；$T_2$ 为第二高度处空气温度，由 Bowen 比仪测量得到，℃；$e_1$ 为第一高度处空气温度，由 Bowen 比仪测量得到，℃；$e_2$ 为第二高度处空气温度，由 Bowen 比仪测量得到，℃。能量平衡法在测定农田氨挥发速率的同时，还可通过 Bowen 比仪系统同时测定气温、风速、农田蒸发率、显热和潜热扩散等影响氨挥发的参数，特别适合农田氨挥发影响因素的研究（Denmead, 2008）。但能量平衡法在净辐射较低时不适用，因此，在夜间或冬季，测量结果误差往往较大。

李贵桐等（2001）利用 Bowen 比仪测定了农田土壤氨挥发，其所用 Bowen 比仪为美国 Campbell 公司生产的 CSI 系列产品。试验布置在中国农业大学河北曲周实验站冬小麦/夏玉米试验田。试验地面积 1.0 ha，南北长 80 m，东西长 130 m。Bowen 比仪架设在试验田的几何中心处，氨吸收装置也架设在该处附近。每次施肥后进行氨挥发的测定，自 1999 年 7 月～2000 年 10 月，共进行了 5 次测定。测定时，根据 Bowen 比仪风向的指示，随时移动氨吸收装置，以保证风掠过距离尽量大。

测定步骤：①施肥前 1～2 d 安装 Bowen 比仪和氨吸收装置，调试好仪器，开始记录气象数据。②夏季测定时，每天 6: 00 开始进行氨气浓度的测定，每 2 h 更换一次吸收管，20: 00 结束。秋冬季测定时，每天 8: 00 开始，18: 00 结束。③每天测定结束后，清洗氨吸收管，测定氨浓度，烘干吸收管。④每天检查仪器运行情况，每 4～5 d 下载一次气象数据，直至测定结束。⑤全部结束后，利用 PC208W 软件包处理数据，计算氨挥发通量。

## 6.4.2　涡度相关法

涡度相关法原理是通过直接测定气体的垂直运动以估算气体挥发，气体瞬时挥发率是瞬时垂向风速与气体浓度的乘积，一定时间内气体挥发速率即为风速与浓度乘积的均值，其氨挥发速率由以下公式计算：

$$F = \overline{wc} + \overline{w'c'} \tag{6-8}$$

式中，$F$ 为氨挥发通量(以 N 计)，$kg \cdot m^{-2} \cdot s^{-1}$；$w$ 为瞬时垂向风速，$m \cdot s^{-1}$；$c$ 为氨浓度，$kg \cdot m^{-3}$；$\overline{w'c'}$ 为风速和氨浓度波动的协方差；早期应用涡度相关法时假设 $\overline{w}=0$，气体垂直通量变为 $F = \overline{w'c'}$。但 Webb 等(1980)指出热通量、水汽会导致气体浓度的变化，$\overline{w} \neq 0$，并提出利用温度和湿度波动估算 $\overline{w}$：

$$F = \overline{w'c'} + \frac{m_a}{m_v} \times \frac{\overline{c}}{\overline{c_a}} \times \overline{w'c_v'} + \left(1 + \frac{\overline{c_v}}{\overline{c_a}} \frac{m_a}{m_v}\right) \times \frac{\overline{c}}{\overline{T}} \times \overline{w'T'} \tag{6-9}$$

式中，$m_a$ 为空气摩尔质量，$g \cdot mol^{-1}$；$m_v$ 为水汽摩尔质量，$g \cdot mol^{-1} \cdot L^{-1}$；$c_a$ 为空气浓度，$mol \cdot L^{-1}$；$c_v$ 为水汽浓度，$mol \cdot L^{-1}$；$T$ 为气温，℃。

测定时，如采用开路光谱仪测定气体浓度，热通量、水汽会影响气体通量，需采用 WPL 校正。如采用闭路分析仪，在闭路管道内采取换热器、干燥器等技术可以消除热通量、水汽等对气体通量的影响，此时气体垂直通量即为 $\overline{w'c'}$，无需 WPL 校正(Leuning and Judd, 1996)。

虽然涡度相关法直接测定气体挥发通量，不受大气稳定度影响，也没有理论假设。但涡度相关法需用快速响应的传感器测定风速和气体浓度，一般要求测定频率为 10～20 Hz。同时需要精密仪器快速测定热通量、水汽等气象参数。但氨气化学性质活跃，易吸附于管道内壁，导致闭路分析仪低估气体浓度(Massman and Lee, 2002)。因此，目前涡度相关法主要应用于 $CO_2$、$CH_4$、$N_2O$ 等气体的监测，极少用于农田氨挥发测定。

### 6.4.3　质量平衡法

质量平衡法的原理是同时测定挥发源下风向和上风向处氨气通量，以其差值估算氨挥发速率。根据挥发源的形状，质量平衡法可分为矩形试验区法和圆形试验区法。矩形试验区法氨气水平剖面通量测定点位于挥发源下风向，为计算取样距离需同时测定风向，在风向变换较大时需要移动测定点位置，以保证测定点位于挥发源下风向，加大了实验的难度。圆形试验区法采样点位于试验区中心，取样距离保持不变，且不受风向影响。圆形试验区半径一般为 15～25 m，此时试验区中心挥发烟羽高度为 2～4 m 便于田间测定，并且试验区大小既有较好的空间代表性，又便于做对比试验，因此应用更为广泛(Beauchamp et al., 1978; Denmead, 2008)。

质量平衡法通常要求测定不同高度风速和氨浓度，工作量比较大，对仪器设备也有较高要求。Leuning 等(1985)发明了一种迎风采样器，可根据采样器吸收的氨气量，得到平均风速与平均浓度的乘积，不需要测定风速，简便实用。迎风采样器和圆形试验区的出现使得质量平衡法成为一个比较成熟、准确性较高的微气象方法，常被用作验证新方法的标准方法。下面以迎风采样器为例，对质量平衡法进行详述。

采样前，先选择直径 30～50 m 均一圆形观测区，在圆心位置竖立一根高 3 m 的管柱，在离地面 0.2、0.4、0.8、1.6、2.6 m 处各安装一个迎风采样器(图 6-5)。

采样器包含头小尾大的 PVC 管(长 28 cm，内径 6.3 cm)，在 PVC 管中部安装有枢轴，尾部安装有两个鳍片(材质为聚氯乙烯或聚甲基丙烯酸甲酯)，使 PVC 管在风力作用下，在垂直枢轴方向自由转动。PVC 管中心位置，安装有封口不锈钢管，在其四周安装有薄型不锈钢鳍片和固定鳍片的定位条。气流流经采样器时，氨气被采样器内吸附

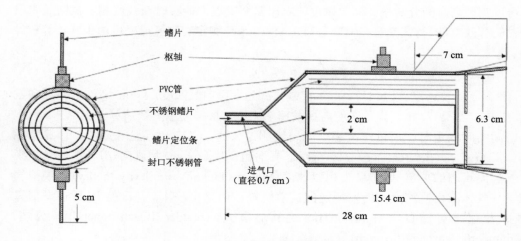

图 6-5　迎风采样器示意图

的草酸(2%)吸收固定。采样结束后，换取下氨采样器，用塞子封闭采样器尾部的开孔，从采样器进气口加入蒸馏水 40 mL，用塞子封闭进气口，沿采样器工作时的气流方向用力晃动 20 s，取下进气口塞子，倒出洗脱液待测。根据实际情况，选择合适的间隔时间，建议每间隔 6 h 更换 1 次采样器，采样时间为 00：00~24：00。氨气挥发速率可由下式计算：

$$F = \frac{1}{r} \times \sum_{i=1}^{n} \left( \int_{0}^{z} \frac{V \times c_i}{s} \, \mathrm{d}z \right) \tag{6-10}$$

式中，$F$ 为氨挥发通量(以 N 计)，$kg \cdot ha^{-1} \cdot d^{-1}$；$r$ 为采样区半径，m；$n$ 为每天采样次数；$i$ 为当天第 $i$ 次采样；$z$ 为采样点高度，m；$V$ 为洗脱液体积，mL；$c_i$ 为洗脱液 $NH_4^+$-N 浓度，$\mu g \cdot mL^{-1}$；$s$ 为取样器有效横截面积，$m^2$。

宋勇生等(2004)利用质量平衡法研究了太湖地区农田氨挥发及其影响因素。试验于 2002 年在江苏省常熟市辛庄镇东塘村的稻田中进行，实验大田长 158 m，宽 69 m。在大田布设两个半径为 12.5 m 的圆形地块作为试验区，沿圆周筑埂，埂高约 15 cm。 施氮 135 kg·ha$^{-1}$ 为低氮处理和施氮 270 kg·ha$^{-1}$ 为高氮处理，两区相隔约 47 m，肥料分三次施入。采用微气象学技术测定氨挥发损失，具体做法是在每个圆形区的中心设一竖杆，在竖杆距地面 0.4、0.8、1.2、1.6、2.0 m 处安装氨采样器装置。氨采样装置为一连通的火箭筒形状，内吸附 2.5%的草酸溶液，用于吸收空气中的氨气。每天取样 1~2 次，利用靛酚蓝比色法测定吸收液中氨的浓度，计算氨挥发量。

## 6.5　可调二极管激光吸收光谱-反向拉格朗日随机扩散模型法 (TDLAS-BLS 法)

反向拉格朗日随机扩散模型(BLS)是通过反向模拟气体运动轨迹估算挥发源气体挥发速率的方法(Flesch et al., 1995)。可调二极管激光吸收光谱技术(TDLAS)与 BLS 模型结合可以实现高时间分辨率、高灵敏度的农田氨挥发速率的实时在线监测，是监测农田氨挥发的有效方法（杨文亮等，2012）。TDLAS-BLS 法测定农田氨速率可由下式计算：

$$F = \frac{c_2 - c_1}{(c_2 / F)_{sim}} \tag{6-11}$$

式中，$F$ 为氨挥发通量（以 N 计），$kg·ha^{-1}·d^{-1}$；$c_1$ 为上风向氨浓度，$kg·m^{-3}$；$c_2$ 为下风向氨浓度，$kg·m^{-3}$；$(c_2/F)_{sim}$ 为氨浓度与挥发速率比值，根据气象参数估算。

　　田间实际测定时，通过三维超声风扇仪测定风速、风向和气温等参数，计算摩擦风速（$u_*$，$m·s^{-1}$）、大气稳定度（$1/L$，$m^{-1}$）、表面粗糙度（$z_0$，m）和风向（$\beta$），然后基于模拟大气湍流状态的莫宁-奥布霍夫相似理论（Monin-Obukhov similarity theory），模拟气体粒子从气体浓度监测点向挥发源逆向扩散轨迹，估算 $(c/F)_{sim}$。目前 BLS 模型估算气体挥发速率可通过软件 WindTrax 2.0（加拿大 Thunder Beach Scientific 公司，www.thunderbeachscientific.com）完成。

　　杨文亮等（2012）利用 TDLAS-BLS 法测定夏玉米农田氨挥发，试验于 2010 年 7 月 26 日至 8 月 5 日在中国科学院封丘农业生态试验站外玉米地进行。为避免周围农田氨挥发的影响，试验区追肥比农民追肥时间后移 20 天，于 7 月 26 日 6：00～7：00 地表撒施尿素，施肥量为每公顷 375 kg 尿素（折合纯氮量为 174 $kg·ha^{-1}$）。所用 TDLAS 系统由中国科学院安徽光学精密机械研究所研制，可实时在线监测空气氨浓度。如图 6-6 所示，TDLAS 系统包含 3 套氨浓度测定系统，分别用于监测背景氨浓度和试验区氨浓度。当风向为 0°～75°和 285°～360°时，1 号为试验区，2 号为背景区；当风向为 75°～90°和 270°～285°时，3 号为试验区，2 号为背景区；当风向为 90°～105°和 255°～270°时，3 号为试验区，1 号为背景区；当风向为 105°～255°时，2 号为试验区，1 号为背景区；数据采集频率为 2～3 次·$s^{-1}$。施肥后从 7 月 26 日 8：00 至 8 月 5 日 8：00 连续监测 10 天，直至

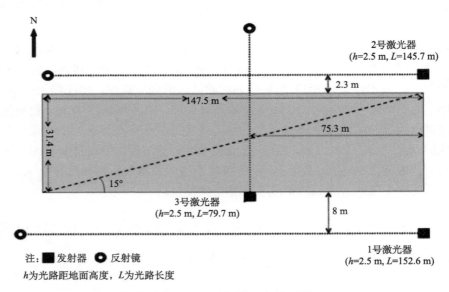

图 6-6　TDLAS 系统田间布设图

监测结果与背景值相近为止。田间测定的同时，利用三维超声风扇仪（CSAT3，美国 Campbell 公司）测定摩擦风速、大气稳定度、表面粗糙度和风向，周期为 30 min。氨挥发速率由软件 WindTrax 2.0 计算完成。

# 参 考 文 献

陈东, 刘文清, 张玉钧, 等, 2007. 开放光程 TDLAS 系统对北京城区 $NH_3$ 浓度的连续检测. 光学技术, 33: 311-314.

董文旭, 胡春胜, 张玉铭, 2006. 华北农田土壤氨挥发原位测定研究. 中国生态农业学报, 14: 46-48.

杜建军, 苟春林, 崔英德, 等, 2007. 保水剂对氮肥氨挥发和氮磷钾养分淋溶损失的影响. 农业环境科学学报, 26: 1296-1301.

龚巍巍, 张宜升, 何凌燕, 等, 2011. 菜地氨挥发损失及影响因素原位研究. 环境科学, 32(2):345-350.

黄彬香, 苏芳, 丁新泉, 等, 2006. 田间土壤氨挥发的原位测定——风洞法. 土壤, 38: 712-716.

李贵桐, 李保国, 陈德立, 2001. 利用 Bowen 比仪测定大面积农田土壤氨挥发的方法研究. 中国农业大学学报, 6: 56-62.

廖先苓, 1983. 氮肥气态损失的研究方法. 土壤学进展, 5: 51-57.

宋勇生, 范晓晖, 林德喜, 等, 2004. 太湖地区稻田氨挥发及影响因素的研究. 土壤学报, 41: 265-269.

苏芳, 丁新泉, 高志岭, 等, 2007. 华北平原冬小麦-夏玉米轮作体系氮肥的氨挥发. 中国环境科学, 27: 409-413.

田玉华, 曾科, 尹斌, 2019. 基于不同监测方法的太湖地区稻田基蘖肥期氨排放研究. 土壤学报, 56(5): 1180-1189.

王朝辉, 刘学军, 2002. 田间土壤氨挥发的原位测定——通气法. 植物营养与肥料学报, 8: 205-209.

杨淑莉, 朱安宁, 张佳宝, 等, 2010. 不同施氮量和施氮方式下田间氨挥发损失及其影响因素. 干旱区研究, 27: 415-421.

杨文亮, 2014. 基于开放光程 TDLAS 技术的农田氨挥发实时监测方法研究. 南京: 南京农业大学.

杨文亮, 朱安宁, 张佳宝, 等, 2012. 基于 TDLAS-bLS 方法的夏玉米农田氨挥发研究. 光谱学与光谱分析, 32: 3107-3111.

张翀, 李雪倩, 苏芳, 等, 2016. 施氮方式及测定方法对紫色土夏玉米氨挥发的影响. 农业环境科学学报, 35: 1194-1201.

周伟, 田玉华, 曹彦圣, 等, 2011. 两种氨挥发测定方法的比较研究. 土壤学报, 48: 1090-1095.

朱兆良, 1998. 中国土壤的氮素肥力与农业中的氮素管理//沈善敏. 中国土壤肥力. 北京: 中国农业出版社: 160-211.

朱兆良, 文启孝, 1992. 中国土壤氮素. 南京: 江苏科学出版社 .

朱兆良, 蔡贵信, 徐银华, 等, 1985. 种稻下氮肥的氨挥发及其在氮素损失中的重要性的研究. 土壤学报, 22: 320-328.

Beauchamp E, Kidd G, Thurtell G, 1978. Ammonia volatilization from sewage sludge applied in the field 1. Journal of Environmental Quality, 7: 141-146.

Bouwmeester R J, Vlek P L, 1981. Wind-tunnel simulation and assessment of ammonia volatilization from ponded water 1. Agronomy Journal, 73: 546-552.

Cao Y, Tian Y, Yin B, Zhu Z, 2013. Assessment of ammonia volatilization from paddy fields under crop management practices aimed to increase grain yield and N efficiency. Field Crops Research,147: 23-31.

Denmead O T, 1983. Micrometeorological methods for measuring gaseous losses of nitrogen in the field, Gaseous loss of nitrogen from plant-soil systems //Freney J R,Simpson J R.Gaseous Loss of Nitrogen from Plant-Soil Systems. Berlin: Springer: 133-157.

Denmead O, 1995. Novel meteorological methods for measuring trace gas fluxes. Philosophical Transactions of the Royal Society A: Physical and Engineering Sciences, 351: 383-396.

Denmead O, 2008. Approaches to measuring fluxes of methane and nitrous oxide between landscapes and the atmosphere. Plant and Soil, 309: 5-24.

Flesch T K, Wilson J D, Yee E, 1995. Backward-time Lagrangian stochastic dispersion models and their application to estimate gaseous emissions. Journal of Applied Meteorology, 34: 1320-1332.

Leuning R, Judd M J, 1996. The relative merits of open and closed path analysers for measurement of eddy fluxes. Global Change Biology, 2: 241-253.

Leuning R, Freney J, Denmead O, et al., 1985. A sampler for measuring atmospheric ammonia flux. Atmospheric Environment (1967), 19: 1117-1124.

Loubet B, Cellier P, Flura D, et al., 1999. An evaluation of the wind-tunnel technique for estimating ammonia volatilization from land: Part 1. analysis and improvement of accuracy. Journal of Agricultural Engineering Research, 72: 71-81.

Massman W J, Lee X, 2002. Eddy covariance flux corrections and uncertainties in long-term studies of carbon and energy exchanges. Agricultural and Forest Meteorology, 113(1-4): 121-144.

Misselbrook T H, Nicholson F A, Chambers B J, et al., 2005. Measuring ammonia emissions from land applied manure: an intercomparison of commonly used samplers and techniques. Environmental Pollution, 135: 389-397.

Ni K, Köster J R, Seidel A, et al., 2015. Field measurement of ammonia emissions after nitrogen fertilization: a comparison between micrometeorological and chamber methods. European Journal of Agronomy, 71: 115-122.

Pacholski A, Cai G X, Fan X H, et al., 2008. Comparison of different methods for the measurement of ammonia volatilization after urea application in Henan Province, China. Journal of Plant Nutrition and Soil Science, 171: 361-369.

Pan B, Lam S K, Mosier A, et al., 2016. Ammonia volatilization from synthetic fertilizers and its mitigation strategies: a global synthesis. Agriculture, Ecosystems & Environment, 232: 283-289.

Pape L, Ammann C, Nyfeler-Brunner A, et al., 2009. An automated dynamic chamber system for surface exchange measurement of non-reactive and reactive trace gases of grassland ecosystems. Biogeosciences, 6: 405-429.

Rochette P, Gregorich E, Desjardins R, 1992. Comparison of static and dynamic closed chambers for measurement of soil respiration under field conditions. Canadian Journal of Soil Science, 72: 605-609.

Sommer S G, Misselbrook T H, 2016. A review of ammonia emission measured using wind tunnels compared with micrometeorological techniques. Soil Use and Management, 32: 101-108.

Sommer S G, McGinn S M, Hao X, et al., 2004. Techniques for measuring gas emissions from a composting stockpile of cattle manure. Atmospheric Environment, 38: 4643-4652.

Ti C P, Xia L L, Chang S X, et al., 2019. Potential for mitigating global agricultural ammonia emission: a meta-analysis. Environmental Pollution, 245: 141-148.

van der Weerden T J, Moal J F, Martinez J, et al., 1996. Evaluation of the wind-tunnel method for measurement of ammonia volatilization from land. Journal of Agricultural Engineering Research, 64: 11-13.

Webb E K, Pearman G I, Leuning R, 1980. Correction of flux measurements for density effects due to heat and water vapour transfer. Quarterly Journal of the Royal Meteorological Society, 106: 85-100.

Yang Y, Zhou C, Li N, et al., 2015. Effects of conservation tillage practices on ammonia emissions from Loess Plateau rain-fed winter wheat fields. Atmospheric Environment, 104: 59-68.

# 第7章 农田氮径流和淋溶研究方法

## 7.1 导 言

径流和淋溶是农田氮素损失的主要途径。降雨条件下，当降雨强度小于土壤入渗率时，表层土壤氮素特别是硝态氮在土壤深层沉积；当降雨强度超过土壤下渗速度时产生径流并逐渐汇集，形成地表径流。降雨直接作用于旱地土壤表层时，地表土壤水分含量较低，雨滴打击使干燥土粒溅起；随后土粒逐渐被水分饱和，土壤氮素被水浸提；在击溅的同时，土壤团粒和土体被粉碎和分散。在这个过程中，土壤溶液中的铵态氮和硝态氮向雨水中释放，吸附于土粒中的铵态氮和与土粒结合的有机氮也随着不同粒径的溅蚀而分离于土体（王全九等，1998；黄满湘等，2001）。而当雨滴直接作用于田面水层时，雨滴带来的动能在接触水层时转化成动态压力，引起田面水土界面产生压力扰动，这一压力扰动进一步促使土壤孔隙水中养分的释放（Kleinman et al., 2006; Higashino et al., 2009；张鸿睿，2012；焦瑞锋，2012；Higashino and Stefan, 2014）。由此可见，降水作用于土壤表层和田面水层时，不仅有降水、田面水的混合推流过程，而且还有土壤颗粒分离和土壤孔隙水养分释放过程。土壤颗粒分离—输移过程和土壤养分释放—输移过程同时发生，且伴随着溶解—沉淀—吸附等过程，形成复杂的径流流失。

农田氮淋溶是指在农田土壤中未被作物吸收利用的氮素随着降雨或灌溉水淋洗到根系活动层以下的过程。氮肥施入土壤后，在土壤微生物等因素的作用下可以转化为供植物吸收利用的铵态氮、硝态氮等形态。其中铵态氮易被表层土壤颗粒吸附，而硝态氮易随水流进入深层土壤甚至浅层地下水，成为农田土壤氮淋溶的主要形态。农田土壤中氮淋溶发生的两个基本条件：①土壤层中有易移动性氮素（主要是硝态氮），这受农田生态系统中氮源和氮汇，以及土壤中不同形态氮素转化过程的控制。②土壤中存在水分运动。土壤水分运动是土壤溶质运移的主要影响因素，也是土壤氮素淋溶运移的媒介和驱动力。农田氮素淋溶损失是在土壤中以硝态氮为主的易溶性氮素含量较高和水分运移状况良好的条件下发生的，任何促进或削弱这两个条件之一的因素都会影响氮素淋溶损失的发生与否及其程度（左海军等，2008）。

农田氮肥施用作为农田土壤氮输入的主要来源，是制约农田氮素淋溶损失的主要因素。在同等管理条件下，随氮肥用量的增加，硝态氮淋失量显著增大（Xue et al., 2014）。此外，氮肥种类、施用方式、施肥时间等也显著影响着土壤氮素淋溶损失量和淋失强度。在各种常规氮肥中，施用硝酸钾产生的氮淋溶量大于尿素，而硫酸铵和碳铵产生的氮淋溶量较小（张庆利等，2001）。与单独施用化肥相比，化肥和有机肥混合施用也能够减少农田氮淋溶量（Xue et al., 2014; Zhou et al., 2014）。不同施肥方式和施肥时间主要通过影响作物氮素吸收利用率从而影响农田氮素淋失。李庆逵等（1998）等实验结果发现，与撒施相比，肥料深施情况下将大大提高肥料利用率，从而使得氮肥损失量从39%～53% 降到 11%～21%。此外，作物快速生长期施用氮肥要比在生长初期施用氮肥更好地促进氮肥的吸收利用，可使氮肥损失量从 24%～53% 降低到 20%～30%。

降水和灌溉引起的土壤水分运动是氮淋溶的驱动力。淋溶的强度和深度随着降水量和灌溉量的增加而增加(Guillaume et al., 2016)。王辉等(2005)采用人工模拟降雨和天然降雨观测方法研究黄土坡地氮素淋溶过程，发现降雨量与硝态氮淋溶深度和淋失量均呈正相关，每增加 4 mm 降雨量可使土壤中硝态氮下渗增加 1 cm。高强度的灌溉可短时间内淋洗大量硝态氮，从而增大氮素淋溶(Fan et al., 2010)。灌水量相同的情况下，漫灌方式下硝态氮淋失量显著高于滴灌(Wang et al., 2012)。另外，降水和灌溉可能决定着淋溶率的边际效应(ΔLR)，例如，Katharina 等(2012)发现在年降水量大于 281 mm 的情况下，ΔLR 会随之增大。

土壤理化性质，如土壤容重、黏粒含量、有机碳含量(soil organic carbon content，SOC)、pH 等，也影响农田氮素淋溶损失。较大的土壤容重和较高的土壤黏粒含量会减少氮淋溶，由于土壤黏粒会阻碍水分和氮向土壤深层和地下水层的移动(Bouwman et al., 2002; Perlman et al., 2014; Zhou et al., 2006)。基于欧洲国家的实验结果，De Willigen (2000)、Nolan 和 Hitt(2006)指出淋溶率与土壤温度、黏粒含量以及 SOC 呈现出明显的负相关关系。此外，在中性和微碱性土壤中，硝化过程中自养硝化细菌的生长和代谢最旺盛，增加土壤硝态氮的累积以及淋溶风险(Dancer et al., 1973; Yi et al., 2004)。

## 7.2　氮径流研究方法

### 7.2.1　野外观测方法

目前的农田氮径流流失研究还难以脱离野外实地监测，实地监测可分析污染物流失特征，提示污染风险，量化污染程度，探索防控措施；实地监测也可为相关径流模型的模拟提供基础数据，预测径流动态和污染物流失风险。基于氮和水土流失的地表径流监测，实施难度大、影响因素多，而基于模型模拟的径流监测工作量相对较小，比较灵活，易于开展，但也必须有连续系统的地表径流监测数据支持。对典型农田进行连续监测，并利用模型以点推面，是目前面源污染研究的大趋势，但对其进行以点推向面时，可能因为区域之间的部分因素的差异而使监测结果出现偏差。地表径流监测的重点是监测设施(包括取样装置)的建设，径流场、径流小区或径流池是目前普遍采用的装置，农业部发布了《农田面源污染监测技术规范》，为农田面源污染监测技术体系的形成打下坚实的基础。

#### 7.2.1.1　监测小区与监测设施建设

农田面源污染监测(包括氮磷)的目的在于把握常规生产措施下农田面源污染状况，或比较某一项或多项农业生产措施条件下农田面源污染的排放状况。因此，根据不同的监测目标，每个农田面源污染监测试验可由 1 个或多个采用特定农业生产措施的试验处理组成。为减少误差，提高精度，对于多个处理组成的监测试验，可采用随机区组设计，每个处理设置 2 次或多次重复。每个监测小区面积不小于 30 m²。

　　以氮为例，采用田间径流池法监测农田氮的地表径流。每个监测小区配套建设一个田间径流池，监测小区及田间径流池建设详见 2014 年农业部规范《坡耕地径流面源污染监测设施建设技术规范》、《水旱轮作条件下农田地表径流面源污染监测设施建设技术规范》、《水田地表径流面源污染监测设施建设技术规范》和《平原区旱地农田地表径流面源污染监测设施建设技术规范》。监测期间加强对监测小区及田间径流池的管护，保证径流池设施完好、清洁、无外来杂物进入。

　　为便于施工和田间农事操作，水田各个监测小区及径流池的排列与田间设计，可根据监测地块的条件双行排列(图 7-1a)或单行排列(图 7-1b)。监测地块四周设保护行(保护行宽度一般不少于 3 m)，所种作物及栽培措施与试验区保持一致。

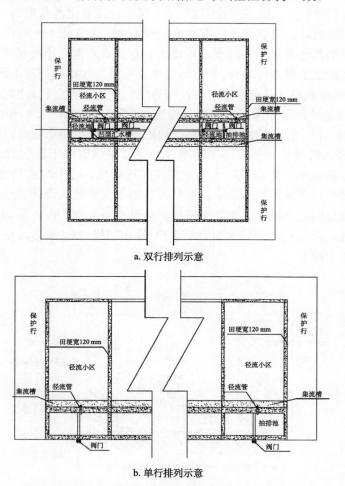

图 7-1　水田地表径流面源污染监测设施排列示意

### 7.2.1.2 径流收集池

每个监测小区均对应一个径流收集池,用于收集该监测小区地表径流。根据监测田块的条件,水田地表径流收集池可以位于双行监测小区的中间(图 7-1a),或位于监测小区的同一侧(图 7-1b)。

径流池容积以能够容纳当地单场最大暴雨所产生的径流量来确定。各个监测点应根据监测小区的面积、当地最大单场暴雨量及其产流量来确定径流收集池的大小。如小区面积 30 m²,单场最大暴雨以 100 mm、产流量按 40 mm 计(根据各地的气象资料以及产流系数确定),径流收集池容积为 30×(40÷1000) m³=1.2 m³。径流收集池的长、宽、深可根据实际情况而定。一般情况下,径流池地面以下池深为 80～100 cm,径流池地上部分高度与监测小区田埂持平,即高出地面 20 cm。每个径流收集池长度为小区宽度的一半,或者等于小区的宽度,径流收集池内部宽度一般为 80～120 cm。

径流池建设的基本要求是不漏水、不渗水、有效收集监测小区径流排水(图 7-2)。根据各地区的气候及土质条件差异,北方地区建议采用防水钢筋混凝土或素混凝土(不放置钢筋)修筑池壁和池底,避免冬季冻裂;南方地区采用砖混结构(池底必须为混凝土浇筑)修筑。径流收集池池壁如果采用混凝土浇筑,厚度一般为 20～25 cm;如采用砖砌筑,厚度应不小于 24 cm。径流池内外壁两侧、池底均需要进行防渗处理,涂抹防水砂浆,避免渗水、漏水。防渗处理要求:①池壁、池底都采用混凝土浇筑时,要求使用细石混凝土,并添加防水剂,提高混凝土的密实性和抗渗性,必要时增加池底及池壁厚度。②池壁采用砖砌时,严格控制砖及水泥质量,抗渗、强度达到设计要求,砖砌筑时,砂浆要饱满,砖墙与混凝土接触面混凝土底板要经过凿毛处理,内外面均做防渗处理。径流池底粉砂浆时,向池底中间排水凹型汇水槽(排水凹槽)找 2%坡,便于池底部水向排水凹槽汇集,便于排水。

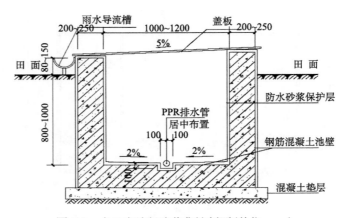

图 7-2 水田表地径流收集池剖面(单位:cm)

为快速排空径流收集池内的径流水,在每个径流池底部中间沿径流池串联方向,设置一条排水凹型汇水槽,排水凹槽规格为 10 cm×10 cm;同时,在相邻径流池的池壁,对应排水凹槽位置,埋设直径为 10 cm 带阀门的 PPR 管(注意阀门安装在靠近抽排池一侧），连通排水凹型槽至抽排池。每次取完径流样品后，抽空排水池径流水，依次打开各径流池排水管阀门，排空径流池内径流水，边排边清洗径流池。为方便排水凹槽能自流排水，修建排水凹槽时应尽可能向抽排池方向找 2%坡。排水凹槽用来自流排空径流池内径流水：每次取完径流样品后，先抽空抽排池径流水，再依次打开监测小区径流池收集池内排水管阀门，排空径流池内径流水，边排边清洗径流池，直到清洗完所有的径流池，以备下次采集径流时使用。

### 7.2.1.3　监测周期

农田面源污染监测以一年为一个监测周期，不仅包括作物生长阶段，也包括农田非种植时段。一般情况下，1 个监测周期从第 1 季作物播种前翻耕开始，到下一年度同一时间段为止。以作物收获的时间顺序来确定第 1 季作物，如南方水稻-小麦轮作制，小麦季先收获，则小麦季为第 1 季作物，水稻则为第 2 季作物，监测的周期则从小麦播种前的翻耕期开始，到下一年度的同一时间。

### 7.2.1.4　农田氮径流量计算

每次产流均单独计量、采样。每次产流后，准确测量田间径流池内水面高度（精确至毫米），计算径流水体积。计算公式如下：

$$V_i = (H_i \times S_1 + H_2 \times S_2) \times 1000 \tag{7-1}$$

式中，$V_i$ 为监测小区第 $i$ 次地表径流量，L；$H_i$ 为第 $i$ 次产流后的径流池水面高度，m；$S_1$ 为径流池底面积，$m^2$；$H_2$ 为径流池排水凹槽深度，m；$S_2$ 为径流池排水凹槽底面积，$m^2$。

在记录完产流量后即可采集地表径流水样。每个田间径流池每次采集 2 个混合样品。样品瓶为 500 mL 以上聚乙烯材质，采样前贴好用铅笔标明样品编号的标签。标签式样参见《农用水源环境质量监测技术规范》（NY/T 396—2000）中水样品标签式样。采样前，用洁净工具充分搅匀径流池中的径流水，然后用取样瓶在径流池不同部位、不同深度多点采样（至少 8 点），将多点采集的水样，置于清洁的聚乙烯塑料桶或塑料盆中，将水样充分混匀，取水样分装到已经准备好的 2 个样品瓶中。采集到的 2 份水样，1 份供分析测试用，另 1 份作为备用。取完水样后，拧开每个径流池底排水凹槽处的盖子或排水阀门，排空池内径流水；抽排过程中，应边排边洗，将径流池清洗干净。

监测周期内农田面源污染排放通量计算参见公式(7-2)。

$$F = \sum_{i=1}^{n} \frac{V_i \cdot C_i}{S} f \tag{7-2}$$

式中，$F$ 为农田面源污染排放通量，$kg \cdot hm^{-2}$；$n$ 为监测周期内的农田产流（地表径流或地下淋溶）次数；$V_i$ 为第 $i$ 次产流的水量，L；$C_i$ 为第 $i$ 次产流的氮等面源污染物浓度，$mg \cdot L^{-1}$；$S$ 为监测单元的面积，$m^2$，地表径流监测单元的面积即为监测小区的面积，地下淋溶监测单元的面积为田间渗滤池所承载的集液区（即目标监测土体）的面积（一般为 1.50 m× 0.80 m=1.2 $m^2$）；$f$ 为转换系数，系由监测单元面源污染物排放量($mg \cdot m^{-2}$)转换为每公顷面源污染物排放量($kg \cdot ha^{-1}$)时的换算系数，具体数值根据监测单元面积而定。

### 7.2.1.5　分析测试与质量控制

地表径流水样测试项目包括：总氮(TN)、硝态氮($NO_3^--N$)、铵态氮($NH_4^+-N$)。其中，总氮参见《水质　总氮的测定　碱性过硫酸钾消解紫外分光光度法》(HJ 636—2012)；硝态氮采用紫外分光光度法或流动注射分析仪分析法；铵态氮采用流动分析仪分析法或靛酚蓝比色法。

每次观测记录时，检查各小区的地表径流或地下淋溶量是否基本一致(特定的处理除外)。认真检查监测设备是否完好，田间径流池是否漏水、渗水，所有小区径流收集管的高度是否一致；实验室内分析测试项目的质量控制参见《农田土壤环境质量监测技术规范》(NY/T 395—2012)及《农用水源环境质量监测技术规范》(NY/T 396—2000)中相关规定。

## 7.2.2　人工模拟降雨方法

人工模拟降雨在以往研究中被广泛应用，包括识别降雨特征，如强度和持续时间，对碳、镉和细菌的径流损失，以及飞溅侵蚀和小麦的内源激素变化的影响。它还被用于评估特定降雨条件下农业管理的有效性。对特定地区的降雨事件进行模拟时，需结合当地历年降雨量及降雨强度的历史资料，以便使模拟研究结果更具有代表性。Zhang 等(2011)对黄土高原地区进行了降雨强度分别为60、100 和 140 mm·h$^{-1}$的降雨事件模拟。此外，降雨过程的内部结构(雨型)对径流过程也有重要影响(殷水清等，2014；陈晓鹏等，2016；杨永凡，2016)。人工降雨模拟试验时，设置与当地降雨特征相吻合的雨型(芝加哥雨型、Huff 雨型、不对称三角形雨型等)，更能接近天然降雨过程。因此，有必要对研究区历年降雨资料开展数据整理分析工作，总结降雨事件发生的特征，以便使人工设置的降雨事件更具有代表性。

以位于湖北荆州的北京大学稻田降雨试验平台为例。降雨模拟实验设计了 36 个小区，每个小区的面积为 6 m$^2$(2 m×3 m)，并用塑料覆盖和板块的堤坝完全隔离，相互间隔 0.5 m 距离。每个小区自地面以上 50 mm 高度安装了一个带供水和排水阀门的管子，连接到一个径流池和一个灌溉系统。连接到灌溉系统的阀门仅在灌溉时保持开启，而连接到径流池的阀门仅在灌溉时保持闭合。为确保人工模拟降雨系统的移动性，在试验地块之间铺设栈桥。

人工降雨模拟系统(南林电子，中国)有效降雨面积为 20 m$^2$(5 m×4 m)，高 2 m，底部带有可控制开闭的滑轮。有 12 组洒水喷头均匀分布，每组由 3 个洒水喷头组成，雨滴直径分别为 2.5、4.0 和 6.0 mm，使降雨强度从 50 mm·h$^{-1}$ 到 300 mm·h$^{-1}$。每个喷头都有一个过滤网，用于保护喷头并确保稳定的压力。内部带有钢圈的塑料管用于连接人工模拟降雨系统的水泵和水箱(容积 1 m$^3$)。喷头和水泵由自动监控系统控制。此外，每场降雨模拟试验使用雨量计，以 1 min 的时间间隔向自动系统反馈降雨强度。

模拟降雨试验进行前，将连接径流池的阀门和拟接受降雨试验的小区阀门打开，关闭其他所有阀门。降雨发生器和雨量计移至拟接受降雨试验的小区上，然后连接至自动监测系统。然后，在自动监测系统上选择所需的喷头、压力值和持续时间，并启动降雨发生器。在每次模拟降雨事件后，排干径流池，并用去离子水清洗喷头的过滤网。

### 7.2.3　模型模拟方法

#### 7.2.3.1　升尺度方法

近些年 GIS/RS（地理信息系统/遥感）技术的不断进步带来了大尺度数据收集与处理的便捷，土壤系统氮平衡模型的应用越来越广泛，基于不同的输出系数法建立的模型开始运用于农田氮径流流失量的估算，进而评估其对区域水环境的风险。氮平衡模型的建立将氮从田块流失及后续在区域地表迁移这两个过程区分开来，为源头控制措施实施效果的评估提供了技术上的可行性。

Wang 等（2014）曾基于《肥料流失系数手册》（2009 年）的肥料流失系数估算我国农田氮径流流失量，由于大尺度模拟的需要，Wang 等（2014）仅考虑了作物类型和区域（中国南方、北方和西北方）的影响。该系数法虽能根据不同作物类型、不同区域给出不同的氮流失系数，能够体现中国区域间一定的空间异质性，但是未能考虑气候、水肥管理方式、土壤属性等环境因素的影响，不能很好地反映年际差异（表 1.2）。Gu 等（2015）的肥料流失系数来源于 Xing 和 Zhu（2000），这套系数考虑了土地利用类型、肥料种类和南北区域的差异，再以人类–自然耦合系统氮的平衡收支为约束条件计算出 1980~2010 年中国农田总氮流失量。笔者认为，Gu 等（2015）的氮平衡模型是氮径流流失率为输出系数，考虑了施氮量对氮流失量的影响，相比 Wang 等（2014）以作物类型氮径流流失量为输出系数，在氮流失历史趋势的模拟上更加可靠，因为近些年我国氮肥消费量在迅速增长。我国农作物种类繁多，各地水肥管理方式和土壤属性差异巨大，而 Gu 等（2015）采用的氮流失系数比较单一，因而局地的计算结果可能存在较大的不确定性。此外，Gu 等（2015）对中国农田总氮流失量历史趋势的模拟仅考虑了肥料增长的影响，忽略了气候变化、灌溉和土壤属性变化的影响。

Hou 等（2018）搜集了中国农田总氮径流流失负荷田间观测数据，包括总氮径流流失负荷、观测期间气象（气温、降雨量、降雨强度等）、土壤属性（土壤黏粒、总氮、有机质含量和土壤 pH）、水肥管理措施（灌溉量、灌溉方式、施氮强度、施肥方式、施肥时间、耕作措施等）、地形和作物类型（农作物类型、物候期等）。对搜集到的观测数据进行查漏补缺，统一观测方法和技术，剔除不合理数据。在正确识别响应关系的非线性和空间异质性基础上，针对中国区域各地农田自然环境状况和人类活动的不同，利用贝叶斯递归回归树算法（BRRT）将其划分成不同的区域。在已划分出的区域内分别构建农田总氮径流流失量与施氮强度的二次响应方程，组建中国农田总氮径流流失升尺度模型，具体的模型形式如下：

$$R_{\mathrm{TN}_j} = \Delta \mathrm{RR}_j(\chi_k) \times N_{\mathrm{rate}}^2 + \mathrm{RR}_j^0(\chi_k) \times N_{\mathrm{rate}} + R_j^0(\chi_k) \tag{7-3a}$$

$$\mathrm{RR}_j = \Delta \mathrm{RR}_j(\chi_k) \times N_{\mathrm{rate}} + \mathrm{RR}_j^0(\chi_k) \tag{7-3b}$$

$$R_j^0 = f(\alpha, \chi_{kj}) \tag{7-3c}$$

其中，$R_{\mathrm{TN}}$ 是氮径流流失量，kg·ha$^{-1}$·a$^{-1}$；$R^0$ 是土壤残留氮引起的氮径流值，即施氮量为零时的氮径流量，kg·ha$^{-1}$·a$^{-1}$；RR 是氮径流流失率，%；$\Delta$RR 是单位施氮量的 RR 变化量,%(kg·ha$^{-1}$·a$^{-1}$)$^{-1}$;RR$^0$ 是氮径流流失率基准值,即施氮量为零时氮径流流失率,%;$N_{rate}$ 是氮肥施用量(以 N 计),kg·ha$^{-1}$·a$^{-1}$;$j$ 是方程的个数,不同方程下氮径流流失量($R_{TN}$)与氮肥施用量($N_{rate}$)的响应关系不同;$\chi_k$ 是影响氮径流流失的其他影响因子,包括降雨、气温、灌溉量、土壤 pH、施肥方式、作物品种、土壤黏粒含量、土壤有机质含量和土壤总氮含量等;$\alpha$ 为常数项。

模型校准是指利用中国旱地氮径流观测数据训练农田总氮径流升尺度模型,以确定模型结构、系数和常数项,从而得到最优的氮径流量与氮肥施用量响应关系。本研究主要应用贝叶斯递归回归树算法(Zhou et al.,2015)对模型进行校准。基于贝叶斯理论的最优参数估计能够根据观测数据来估计参数的后验概率以得到参数的最大后验概率估计。该算法可自行寻找最优的模型结构,即树的结构,从树的根节点开始逐步搜索至树的末节点。因此,树的每个末节点均可得到一个分段回归函数,这些末节点的集合就也是模型的所有函数集合,不同函数表示着不同的氮径流与施氮量函数响应关系,也就是具有空间异质性的响应关系。同时,函数的系数可以定量化氮径流的空间异质性。因此,本研究所得到的结果是一个最优的、具有空间异质性、系数能够反映出主要影响因子和氮径流关系的农田氮径流升尺度模型。

模型校准的结果显示水田 $R_{TN}$ 的 $R^2$ 和 CV(coefficient of variation,变异系数)分别达到 0.85 和 0.39(N=242,图 7-3a),旱地 $R_{TN}$ 的 $R^2$ 和 CV 分别达到 0.85 和 0.50(N=293,图 7-3b)。此外,本研究采用 5 倍交叉验证的方法对模型进行验证,模型对 $R_{TN}$ 校准与验证的结果相当(表 7-1),表明本模型对 $R_{TN}$ 的解释基本可信,在可接受的偏差范围内,没有过拟合的现象。

表 7-1　农田总氮径流升尺度模型五倍交叉验证结果

|  | 1 | 2 | 3 | 4 | 5 |
| --- | --- | --- | --- | --- | --- |
| $R^2$ | 0.88 | 0.90 | 0.83 | 0.79 | 0.81 |
| CV | 0.46 | 0.47 | 0.41 | 0.39 | 0.42 |

水田总氮流失率(RR)的 $R^2$ 和 CV 分别达到 0.71 和 0.72(N=75,图 7-3c),旱地 RR 的 $R^2$ 和 CV 分别达到 0.40 和 1.06(N=146,图 7-3d),RR 的模型表现进一步说明了本模型能够识别总氮径流流失量对施氮强度的敏感性。从 7 个子区域(华北、南部、中部、东部、西南、东北和西北)校准效果来看,$R_{TN}$ 的模型表现并没有明显差异,但是 RR 的模拟效果存在较大的区域差异,尤其在中国东部地区的旱地(图 7-3)。

### 7.2.3.2　模型的应用方法

主流的径流流失模型(比如 GLEAMS、SWMM、SWAT、HSPF 等)中对径流流失的估算,采用简化的径流负荷与径流量的经验公式($L=\alpha Q^{\beta}$,式中 $L$ 是流失负荷,$Q$ 是径流量,$\alpha$ 和 $\beta$ 是方程系数),因此只需根据水量平衡原理输入降水量、蒸发等参数,计算出径流量,即可估算径流流失(Higashino and Stefan,2014)。而降水强度与单位时间单位面积的流失负荷成正相关(Higashino and Stefan 2014;Yang et al.,2016),当降水量相同而降

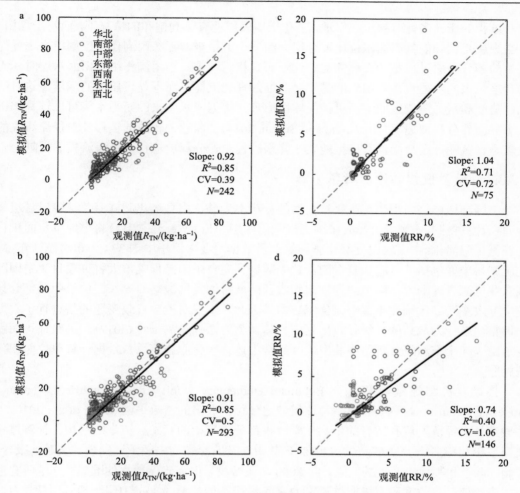

图 7-3　中国水田(图 a、c)和旱地(图 b、d)$R_{TN}$、RR 模型校准

斜率(Slope)、可决系数($R^2$)、变异系数(CV)和样本量($N$)标注于每张图的右下角，
图中不同颜色的圆圈代表中国不同区域的模型表现

雨强度不同时，流失负荷将有显著差异，因此这种单以径流量对流失负荷的估算将无法做出不同降水强度对径流流失的响应。降雨具体是通过什么对径流流失过程产生影响的呢？降雨作用于土壤表层时，假设土壤表层存在较薄的降雨、径流与土壤水的混合层，土壤颗粒分离，伴随着溶质释放和溶液的溅出，以有机氮从土壤颗粒中分离为主，氨态氮以从土壤胶体表面解吸及土壤孔隙水中氨态氮和硝态氮的释放为主。到达混合层后，发生吸附解吸和悬浮溶解，最后伴随着径流输移进而发生径流流失(Gao et al., 2005; Dong et al., 2013; Shi et al., 2011)。

因此，雨滴作用于水土界面使土壤中养分释放过程是径流流失的重要部分。关于降雨作用于水土界面发生的养分释放这一物理过程，目前比较经典的模型有：混合层模型、水土界面溶质扩散过程控制模型、水土界面溶质扩散和降雨的离散过程模型、经验模型(Shi et al., 2011)。这些模型主要区别于混合层深度及水土界面养分释放速率的估算。而这一过程的研究多针对裸土或旱地，是在土壤表层没有达到饱和的情况下，而对于稻田，土壤表层是饱和的且田面水位比混合层大约一个数量级，那么雨滴作用于稻田水土界面发生的养分释放过程是什么样的呢？这一研究相对较少。当雨滴作用于田面水层时，雨滴速度带来的动能直接作用到的是不可压缩的理想流体，而不是可压缩的土壤，这时动能、势能和压力势能之间遵循机械能守恒原理。根据降水带来的压力水头可以计算稻田水土界面养分释放速率(Higashino and Stefan, 2014)。而这一释放的输移及对径流流失的贡献是什么呢？至今尚没有模型能表达降雨过程中养分释放输移对径流流失的贡献。

### 7.2.3.3　模型模拟的输入数据来源

中国旱地单位面积化肥施氮量数据的分辨率为县，由县级化肥施氮总量除以县级播种面积计算得到，并基于 1 km 中国土地利用图层(Liu J Y et al., 2014)将旱地单位面积化肥施氮量空间化。中国农田县级化肥施氮总量数据主要来源于中国 334 个市级统计年鉴，化肥肥料类型包括纯氮肥和复合肥，缺失数据补充自中国工程院重大咨询项目"中国区域农业资源合理配置、环境综合治理和农业区域协调发展战略研究"。由于中国部分县发生行政变迁导致统计年鉴中缺化肥数据，因此，本书对发生行政变迁的县进行了数据的调整，统一为最新的县级行政区划，具体调整方法详见尚子吟(2017)。县级播种面积也是由 334 个市级统计年鉴中获取，并结合上述县级化肥施氮总量数据计算单位面积化肥施氮量。

县级有机肥施氮量来自于 Eubolism(elementary unit based nutrient balance modeling in agro-ecosystem)模型，该模型定量化了农田的氮流平衡(Chen et al., 2010)，并假定社会经济发展和所有的生物化学过程都处于平衡的状态。模型的结构、计算过程及模型参数详情请参见 Chen 等(2010)，其中涉及的参数均来源于已发表的文献、报告、实验、调查和其他未发表的文献，共 8000 多条数据，但为确保数据的准确性，本研究剔除了极端值。单位面积有机肥施氮量的空间化同样是基于 1 km 中国土地利用图层(Liu J Y et al., 2014)。

旱地单位面积的灌溉量通过灌溉量除以实际灌溉面积计算得到，分辨率为市。由于市级灌溉量在现有统计资料中只能获取少部分数据，大部分缺失数据主要通过在具有完整数据的省级灌溉量和播种面积之间建立线性回归模型的方法进行补充，模拟结果显示 $R^2$ 为 0.75，斜率达到 0.98，关于模型的详细介绍请参见尚子吟(2017)。

除上述人为管理数据外，PKU-NLeach 过程模型的驱动数据还包括影响氮淋溶的土地利用数据、气象数据、土壤属性数据等。

土地利用数据指中国旱地空间分布，1990、1995、2000、2005、2010 年 5 个年份的旱地分布数据来源于 Liu J Y 等(2014)，剩余年份则用其最近的年份数据替代。土壤属性数据是指土壤表层(0～20 cm)的属性，包括了土壤容重(BD)，黏粒含量(clay)、pH 和有机碳含量(SOC)。其中，有机碳含量数据来源于 Agro-C 模型，并重采样为 1 km 空间分辨率栅格图层；其他土壤属性数据均来源于 1 km 空间分辨率的全球土壤属性数据库 HWSD v1.2。

气象数据指年平均降水量和年平均气温。1990～2012 年的气象数据来源于

0.1°×0.1°中国区域高时空分辨率地面气象要素驱动数据集（China Meteorological Forcing Datase），并通过重采样到 1 km 空间分辨率。

## 7.3　氮淋溶研究方法

### 7.3.1　野外观测方法

#### 7.3.1.1　田间监测小区建设

农田地下淋溶面源污染监测点的选择应满足典型性、代表性、长期性和抗干扰性等几个方面的要求。①典型性：试验地块应位于粮食、蔬菜、园艺等作物主产区。②代表性：试验地块的地形、土壤类型、肥力水平、耕作方式、灌排条件、种植方式等具有较强的代表性。③长期性：试验地块应尽可能位于试验站、农场或园区内，避免土地产权纠纷，便于管理，确保监测工作能持续稳定开展。④抗干扰性：试验地块尽可能选择在地形开阔的地方，远离村庄、建筑、道路、河流、主干沟渠。

监测小区一般为长方形，小区规格一般为(6～8)m×(4～6)m，面积为 30～50 m²。中耕作物(如烤烟、玉米、棉花等)小区面积不小于 36 m²，密植作物(如小麦)小区面积不小于 30 m²。保护地蔬菜小区面积可根据实际情况进行适当调整。

监测小区一般采用随机区组排列。大田生产条件下，要确保在同行或同列上不出现相同的处理(图 7-4)；保护地(如温室、大棚等)生产条件下，应避免不同区组内处理间排列顺序相同，同时避免同一处理分布在设施的两端或集中分布在设施的中间地带。田间监测试验区四周均设保护行；保护地因地形狭长可在试验区两侧设置保护行。为防止小区之间、小区和周边地块之间的串水现象，各监测小区之间需用田埂分隔，田埂务必压紧、夯实，有条件的地方可建设水泥隔离墙或其他材料隔离墙，隔离墙露出地表高度以不影响墙两侧作物的正常生长为宜。

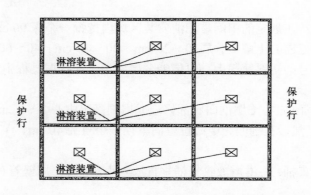

图 7-4　大田栽培条件下农田地下淋溶面源污染监测小区及淋溶装置排列示意

#### 7.3.1.2　田间渗滤池装置及安装

采用田间渗滤池法监测农田地下淋溶面源污染。安装田间渗滤池装置时，先将监测土体分层挖出、分层堆放，形成一个长方体土壤剖面，下部安装淋溶液收集桶，用集液膜将土壤剖面四周及底部包裹，然后分层回填土壤。田间渗滤池装置预置埋藏于地下，如图 7-5（地下部分）所示。

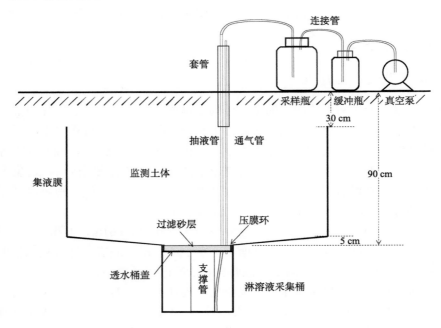

图 7-5　田间渗滤池（地下部分）及取水装置（地上部分）示意

划定监测目标土体：田间渗滤池的监测目标土体规格为长 150 cm×宽 80 cm×深 90 cm，一般安装在监测小区最有代表性的中部区域，长边垂直于作物种植行向。对于拥有多个区组、多个监测小区的地块，各区组、各监测小区的监测目标区域四边应保持平齐，方便田间管理。

挖掘土壤剖面：在划定的田间渗滤池安装区域内挖掘一个深 90 cm 的土壤剖面，剖面四周修平修齐。挖出的土壤应分层（0～20 cm、20～40 cm、40～60 cm、60～90 cm）堆放在标明土层编号的塑料薄膜上，以便能分层回填。在挖掘过程中，要保证土壤剖面四壁整齐不塌方。

修底、挖小剖面：先将土壤剖面底部修理成周围高出中心 3～5 cm 的倒梯形（以便淋溶液向中部汇集），然后在剖面正中心位置向下挖一个直径 40 cm、深 35 cm 的圆柱形小剖面。

放置淋溶液收集桶：将淋溶液收集桶垂直放入小剖面中，周壁若有缝隙用细土封填、压实。

连接抽液管：打开透水桶盖，将支撑管直立放置在收集桶的中部，使抽液管的下端处于收集桶的底部，抽液管上端从桶盖底部经大密封塞抽出到桶盖上，边盖桶盖边调整抽出的长度，桶盖盖严后，再把通气管从桶盖的上表面经小密封塞穿入桶中。穿管过程中注意不能让土壤掉入桶中。

铺集液膜：将尺寸为 3.5 m×1.2 m 的集液膜铺在与土壤剖面 80 cm 边平行方向的底部与侧壁，尺寸为 2.8 m×1.9 m 的另一张集液膜铺在与土壤剖面 1.5 m 边平行方向底部与侧壁，铺前在膜的中部对应位置打出略小于进气管与抽液管直径的小孔，把两管从孔中穿过，再把膜平铺在剖面底部与周围，剖面底部塑料膜为两层，剖面四壁拐角处互相重叠 20 cm。塑料膜上部多出剖面上沿约 10 cm，将其固定在地表上，使膜不下滑并与四面土壁紧贴。

压膜、裁膜：把透水桶盖上方的塑料膜用压膜环压到桶盖的下凹处，使膜与桶连接成一体，压紧后，用剪刀将连接环内的塑料膜沿压膜环内缘小心剪裁去除，注意不要剪伤尼龙网，随后再把准备好的石英砂平铺至桶盖上沿相平。

回填：按土壤挖出时的逆序分层回填，边回填边压实，并整理塑料膜使之与剖面四壁之间以及薄膜重叠部分之间均紧密连接，回填过程中可少量多次灌水，促使土层沉实。回填至距地表 30 cm 时，将集液膜沿回填土表面裁掉，把通气管与抽液管穿过套管，套管垂直立于土表，再回填最上层土壤，回填后将小区地表整平，即可进行农事操作。

## 7.3.2 控制试验方法

### 7.3.2.1 土钻取样技术

早在 1957 年，就有关于土钻应用于土壤水分测试的介绍，此后土钻成为农业研究的重要手段，常见的土钻较简易，方便携带(图 7-6 右图)，随着工业技术的发展，也有液压或电动土钻应用于土壤取样，但其成本高、对土壤扰动大，应用并不普遍。和亮等(2011)采用土钻取样方法，在北京市门头沟、房山、大兴和通州等 4 区选择 15 个典型设施菜地上，以 20 cm 为一个层次，采集了 0～400 cm 土层深度的土壤样品，阐明了种植甜玉米的环境效益，可有效减少土壤中的硝态氮含量，降低淋溶风险。肖列等(2013)采用土钻法对黄土丘陵区纸坊沟流域坡耕地、梯田和梯田果园雨季前后的土壤水分状况进行了连续测定，明确了梯田种植果树后对土壤水分的长期动态效应。孙美等(2012)采用 GPS 定位和土钻取样的方法，在北京市大兴区 14 个乡镇的农田土壤中选取了 91 个土壤剖面，分别在 0～20 cm、20～40 cm、40～60 cm、60～80 cm 四个不同深度采集土壤样品，分析了种植类型及土壤质地对硝态氮分布及累积情况的影响。

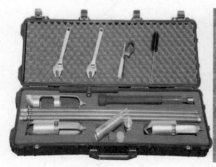
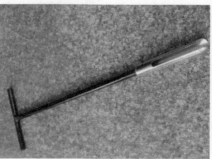

图 7-6　土壤取样器

该技术适用于任何农田条件，简单易行，但对土钻的质量要求较高，尤其是在旱地或深层取样时，易造成土钻折断或土体脱落；取样烦琐，只能被动确定取样时间，劳动强度大，而且将土壤样品从原位取出，土壤溶液的化学组成和平衡易发生变化，对土壤扰动大，无法进行长期定位研究。

### 7.3.2.2 渗漏池技术

渗漏池是水分研究的常用工具，也是进行溶质运移研究的工具，渗漏池中土壤可是原状的或未扰动的，也可为回填式或扰动的，为了满足水分、溶质运移研究的目的，也可增加各种各样的附加装置或加以改进。渗漏池监测技术应用广泛，我国科学家于1992~1994年先后在不同农区、不同气候带和不同土壤类型的吉林黑土、北京潮褐土、河南褐土、陕西黄绵土、四川紫色土和浙江水稻土 6 个土壤肥力监测基地建设了 6 套养分渗漏设施 216 个渗漏池(图 7-7)(毛达如，2005)，此后各地也有陆续建设，渗漏池监测为我国的养分淋洗研究积累了大量数据，主要集中在施氮后硝态氮和铵态氮的迁移分布规律、氮素变化移动对地下水的污染评价。纪雄辉等(2006)在渗漏池分层回填土壤，对天然降雨引起的稻田氮素径流损失进行了模拟研究，确定了有效控制氮素流失的最佳施肥管理措施。高忠霞等(2010)利用大型回填土渗漏池研究了关中平原小麦-玉米轮作垲土施肥后的氮素淋溶动态变化，结果显示，土壤淋溶的氮素以硝态氮为主，有机肥与化肥合理配合施用可以降低氮素的淋溶损失。姚磊(2012)利用养分渗漏池设施，研究了西南地区榨菜-玉米轮作体系下不同养分管理条件对作物产量、氮素吸收、氮素残留、氮素淋溶以及氮的挥发损失的影响，确定了优化的养分管理模式。唐振亚(2013)通过渗漏池微区试验，研究了施氮量对重庆冬季露地大白菜产量、品质、氮素吸收、土壤氮素残留、氮素淋溶的影响，确定了该区域冬季大白菜兼顾农学和环境效益的氮素投入阈值。

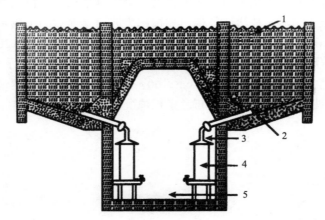

图 7-7　渗漏池装置断面

1—水泥池；2—锥形漏斗；3—输水管及制动阀；4—积水罐；5—地下通道和地下室

渗漏池技术开展时间较早，目前我国已有多年监测历史，监测结果较稳定，但这一技术建设时工程量大、施工难度高、耗时长，而且无论是原状土还是回填土，都要经过较长时间的沉积才能用于研究。由于渗漏池体积相对较小，其中作物生长往往受到抑制，只能采取育苗移栽的手段，但可栽种的作物数量也有限，很难代表真实的田间状况；相对较小的土地面积也造成作物生育期间的管理难度较大，不能按照传统方法进行管理，需制定精细管理方案。

### 7.3.2.3　抽滤技术

早在 1904 年 Briggs 和 McCall 就描述了用多孔陶瓷杯(suction cup)抽滤土壤溶液的原理，近一个世纪以来，新的采样技术不断涌现。吸杯法是美国环境保护署(EPA)规定的表征危险废物点的标准方法，并得到广泛应用(Brandi-Dohrn et al., 1996)，吸杯的采样系统通常由三部分组成：多孔材料制成的吸杯、采样瓶和抽气容器。这种方法与土钻取样方法相似，需要与张力计或中子仪连用测定水量移动。淋溶盘和淋溶桶也采用相似的原理，相对吸杯法有进一步的改进(图 7-8)，除了可抽滤淋溶水，测定水中污染物浓度外，可以用于淋溶水量的直接测定。

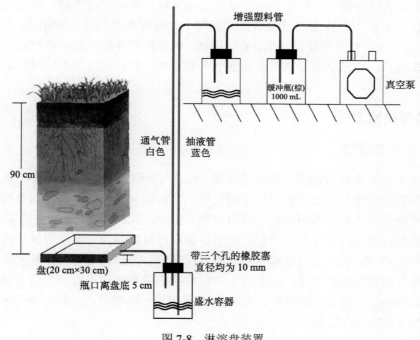

图 7-8　淋溶盘装置

以淋溶盘为主的地下淋溶原位监测是目前应用最广的技术，多用于不同种植模式、不同管理措施下氮等养分的动态特征研究。赵营等(2011)采用地下原位淋溶盘监测技术，以宁夏引黄灌区设施番茄-黄瓜为研究对象，研究了不同施肥措施对蔬菜产量、养分吸收利用及淋溶水量、淋溶氮量的动态影响。张春霞等(2013)采用地下原位淋溶盘监测技术，研究了施肥对番茄经济效益和土壤中硝态氮淋溶的影响，确定了优化的施肥管理措施。杨宪龙等(2013)连续 4 年采用地下原位淋溶盘监测，阐述了陕西关中小麦-玉米轮作区施氮和秸秆还田对土壤剖面 90 cm 处硝态氮淋溶的影响。

通过地下原位监测获取水氮淋失的动态变化数据，也可进行模型的校准和修正。李虎等(2009)采用田间原装淋溶盘测定了山东省济南市冬小麦季水分和氮素淋失量，并利用该监测数据对 DNDC 模型进行检验和敏感性分析，发展了适用于该区域的模拟模型，为制定最佳管理措施提供了工具。采用相同方法，在华北农田小麦-玉米轮作模式下利用淋溶盘原位监测氮素淋失，验证 DNDC 模型的适用性，并采用验证后的模型探索综合考虑作物产量、氮素淋失量等环境效应的农田调控策略(李虎等，2012)。

### 7.3.2.4 其他技术

除上述三种常用的监测技术外，还有田间排水系统技术、离子交换树脂包技术、稳定同位素示踪技术、非标记性指示离子技术等(陈子明，1996)。在排水系统健全的农田，可以收集和监测埋在地下排水瓦管中的水液(谢宗传等，1983)，研究相应农田的氮等养分的淋洗损失，受土壤及土体内各因素影响，瓦管排水的排水量相对渗漏池较低，但这种差异并不影响测定结果的趋势。离子交换树脂包置于一定土壤层次，可以截留淋洗下来的硝态氮，通过分析树脂包中的硝态氮积累量可以获得氮素淋失量，该方法可以直接测定硝态氮的累积值，该方法监测结果一般与土钻取样和渗漏池监测结果相吻合(陈子明，1996)。利用 $^{15}N$ 等稳定同位素、$Cl^-$ 和 $Br^-$ 等非标记性指示离子可以表征硝态氮在土体的迁移特征，通过监测这些元素向地下水的迁移过程，可量化农田氮对水体的影响程度。

## 7.3.3 模型模拟方法

### 7.3.3.1 升尺度方法

在绝大多数的观测数据中，氮肥施用量($N_{rate}$)与氮淋溶满足二次函数关系，因此，本研究提出的农田氮淋溶升尺度模型采用这种响应特征并兼顾这种响应的空间差异性。为了更清楚地揭示自然人为因素对氮淋溶过程的影响，本章将分别对氮淋溶率(LR)和土壤残留氮引起的氮淋溶($L^0$)进行模拟，也就是说农田氮淋溶升尺度模型包括两个部分，氮淋溶率模型(7-4b)和土壤残留氮引起的氮淋溶模型(7-4c)。模型中，氮淋溶不随氮肥施用量的变化而发生线性变化，影响这个非线性响应关系的因素可能包括多种人为和自然因素，如降雨、气温、土壤容重、土壤 pH、灌溉量、施肥方式、肥料种类等。具体的模型形式如下(Gao et al., 2016)：

$$L_j = \Delta LR_j(\chi_k) \times N_{rate}^2 + LR_j^0(\chi_k) \times N_{rate} + L_j^0(\chi_k) \tag{7-4a}$$

$$LR_j = \Delta LR_j(\chi_k) \times N_{rate} + LR_j^0(\chi_k) \tag{7-4b}$$

$$L_j^0 = f(\alpha, \chi_{kj}) \tag{7-4c}$$

其中，$L$ 是氮淋溶量，$kg \cdot ha^{-1} \cdot a^{-1}$；$L^0$ 是土壤残留氮引起的氮淋溶值，即施氮量为零时的氮淋溶，$kg \cdot ha^{-1} \cdot a^{-1}$；LR 是氮淋溶率，%；$\Delta LR$ 是单位施氮量的 LR 变化量，%$(kg \cdot ha^{-1} \cdot a^{-1})^{-1}$；$LR^0$ 是氮淋溶率基准值，即施氮量为零时氮淋溶率，%；$N_{rate}$ 是氮肥施用量(以 N 计)，$kg \cdot ha^{-1} \cdot a^{-1}$；$j$ 是方程的个数，不同方程下氮淋溶($L$)与氮肥施用量($N_{rate}$)的响应关系不同；

$\chi_k$ 是影响氮淋溶的其他影响因子，包括降雨、气温、土壤容重、土壤黏粒含量、土壤有机碳含量、土壤 pH、灌溉量、施肥方式、肥料种类等；$\alpha$ 为常数项。

基于中国旱地氮淋溶观测网络数据集校准后的农田氮淋溶升尺度模型能够较好地模拟旱地氮淋溶过程(图 7-9)，模型对氮淋溶率和土壤残留氮引起的氮淋溶校准的 $R^2$ 分别达到 0.91 和 0.97，拟合线的斜率分别为 0.93 和 0.96，说明模型拟合效果较好，但略低于实测值。在氮淋溶率模型和土壤残留氮引起的氮淋溶模型系数的校准过程中，BRRT v2 分别进行了 30 次重启，每次重启 50000 次迭代，分别得到了具有 5 个末节点的最优回归树。这 5 个方程和其适用条件分别组成了氮淋溶率模型和土壤残留氮引起的氮淋溶模型。

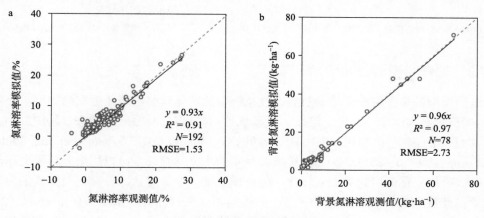

图 7-9　中国旱地氮淋溶模型校准

N—样本量；RMSE—均方根误差

为了验证模型模拟的空间格局是否合理，我们将 31 个农田站点观测到的地下水中总氮浓度转化得到的氮淋溶量与在该站点的模型模拟结果进行对比。农田站点观测数据来源于 Gu 等(2013)。尽管这并不能验证模型模拟的淋溶量大小的可靠性，但它能够在一定程度上反映模型的预测能力，证实农田氮淋溶升尺度模型对氮淋溶量空间格局的模拟准确性。

除个别地下水样本数据因该年份的水分输入或施肥量与 2008 年有显著差别外，农田氮淋溶升尺度模型的模拟结果与利用地下水总氮浓度计算得到的淋溶量空间分布格局几乎一致($R^2$=0.73，图 7-10a)，但仅考虑异质性而不考虑非线性存在的模型 2(M2)和仅考虑非线性而不考虑异质性的模型 3(M3)对氮淋溶空间格局的模拟效果较差，其 $R^2$ 分别为 0.26 和 0.04(图 7-10)。尽管这并不能验证模型模拟的淋溶量大小的可靠性，但它在某种程度上反映了模型的预测能力，说明农田氮淋溶升尺度模型对氮淋溶量空间格局的模拟比较准确。

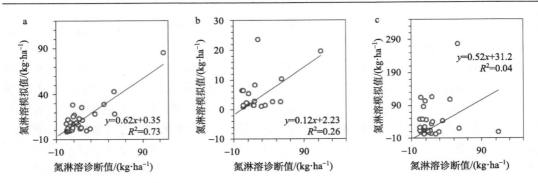

图 7-10　　不同模型对氮淋溶空间格局模拟能力的比较

a. PKU-NLeach 过程模型；b. 线性异质性模型（$LR_l = LR_0(\chi_k)$, $\forall l$）；c. 非线性单一模型（$LR = \Delta LR(\chi_k) \cdot N_{rate} + LR_0(\chi_k)$）

### 7.3.3.2　过程模型的应用方法

　　过程模型是基于氮在土壤-植物-大气系统中的转化运移过程所建立的模型，将环境因子（如反应底物浓度、温度、湿度、含氧量等）对氮转化与分配的动态过程定量化。基于水文过程的模型如 MIKESHE（DHI, 1999）、MODFLOW（Harbaugh et al., 2000）、SWAT（Glavan et al., 2015a, 2015b）等具有坚实的水文学基础，可以用来分析水文和流域农业管理措施变化而引起的氮素转化，但是模型输入参数复杂，并缺乏对氮素的生物地球化学循环过程的详细的描述。另外一些模型如 CENTURY、SOILN（Liu et al., 2000; Johnsson et al., 1987）等能模拟氮素的生物地球化学过程，但缺乏对氮素的水文迁移过程的模拟，因而在一定程度上限制了这些模型在模拟氮素淋失方面的推广应用。DNDC 模型虽然具有同时结合土壤水分运动与生物地球化学过程的优点，但由于只能模拟 0～50 cm 土壤中水分和氮的运移，模拟结果还存在一定的偏差（Li et al., 2014; Zhang et al., 2015）。

　　此外，能同时描述水分及氮迁移转化的模型如 RZWQM（Cameira et al., 2007; Ma et al., 2007）、PADDIMOD、ECM（Johnes, 1996）、HYPE、AnnAGNPS、APSIM、GLEAMS（Knisel, 1986; de Paz and Ramos, 2004）都能用来模拟估测氮淋溶量。但是，现阶段过程模型结构和参数率定会造成较大的不确定性，其响应关系往往只适用于某一区域尺度，通常不具有空间异质性，难以推广应用，模型对实测资料（降雨、径流、泥沙和水质同步监测数据等）的依赖程度高，很难用于无资料或资料条件较差的区域（Cherry et al., 2008）。并且现阶段过程模型忽视了降雨过程可能带来的其他物理作用，如稻田中雨滴撞击田面水层时带来的动能，在接触水层时转化成动态压力，引起水土界面产生压力扰动，这一动态的压力扰动促使土壤孔隙水中养分的释放（Kleinman et al., 2006; Higashino et al., 2009; 张鸿睿, 2012; 焦瑞锋, 2012; Higashino and Stefan, 2014）。

## 参 考 文 献

陈晓鹏, 周蓓蓓, 陶汪海, 等, 2016. 变雨强对黄土坡地水土养分流失机制研究. 水土保持学报, 30(4): 33-37.

陈子明, 1996. 氮素产量环境. 北京: 中国农业科技出版社.

高硕硕, 2018. 自然和人为因素对中国旱地氮淋溶的影响研究. 北京: 北京大学.

高忠霞, 杨学云, 周建斌, 等, 2010. 小麦-玉米轮作期间不同施肥处理氮素的淋溶形态及数量.农业环境科学学报, 29(8): 1624-1632.

和亮, 2011.京郊地下水硝态氮状况及设施菜地填闲作物利用研究. 河北: 河北农业大学.

后希康, 2019. 中国农田氮径流流失时空格局及驱动机制研究. 北京: 北京大学.

黄满湘, 章申, 唐以剑, 等, 2001. 模拟降雨条件下农田径流中氮的流失过程. 土壤与环境, 10(1): 6-10.

纪雄辉, 郑圣先, 鲁艳红, 等, 2006. 施用尿素和控释氮肥的双季稻田表层水氮素动态及其径流损失规律.中国农业科学, 39(12): 2521-2530.

焦瑞锋, 2012.田-塘系统对控制水田径流和氮磷转移的模拟研究——以太湖流域为例. 南京: 南京农业大学.

李虎, 王立刚, 邱建军, 2009. DNDC 模型在农田氮素渗漏淋失估算中的应用.应用生态学报, 20(7): 1591-1596.

李虎, 王立刚, 邱建军, 2012. 基于 DNDC 模型的华北典型农田氮素损失分析及综合调控途径.中国生态农业学报, 20(4): 414-421.

李庆逵, 朱兆良, 于天仁, 1998. 中国农业可持续发展中的肥料问题. 南昌: 江西科学技术出版社.

毛达如, 2005. 植物营养研究方法.北京: 中国农业大学出版社.

尚子吟, 2017. 中国农田氧化亚氮排放时空格局的驱动机制. 北京: 北京大学.

孙美, 蒙格平, 张晓琳, 等, 2012.集约化种植区硝态氮在土壤剖面中的分布与累积特征.环境科学学报, 32(4): 902-908.

唐振亚, 2013. 重庆市露地大白菜氮素去向及投入阈值研究.重庆: 西南大学.

王辉, 王全九, 邵明安, 2005. 降水条件下黄土坡地氮素淋溶特征的研究. 水土保持学报, 19(5): 61-64.

王全九, 王文焰, 沈冰, 等, 1998. 降雨-地表径流-土壤溶质相互作用深度. 水土保持学报, (2): 41-46.

王雪蕾, 王桥, 2015. 国家尺度面源污染业务评估与应用示范. 北京: 科学出版社.

吴亚, 2019. 稻田径流流失过程模型改进及湖泊取水的水生态效应. 北京: 北京大学.

肖列, 薛萐, 刘国彬, 2013.黄土丘陵区梯田果园土壤水分特征.植物营养与肥料学报, 19(4): 964-971.

谢宗传, 邹祖仁, 陈奕权, 等, 1983.应用放射性示踪方法探索苏南圩田地区暗管排水条件下大麦根系的活力.土壤通报, (5): 19-20.

杨宪龙, 路永莉, 同延安, 等, 2013. 施氮和秸秆还田对小麦-玉米轮作农田硝态氮淋溶的影响.土壤学报, 50(3): 564-573.

杨永凡, 2016. 降雨数学模型研究与趋势. 企业导报, (6): 72-73.

姚磊, 2012.不同养分管理条件下榨菜-玉米轮作氮素去向研究.重庆: 西南大学.

殷水清, 王杨, 谢云, 等, 2014. 中国降雨过程时程分型特征. 水科学进展, 25(5): 617-624.

张春霞, 文宏达, 刘宏斌, 等, 2013. 优化施肥对大棚番茄氮素利用和氮素淋溶的影响.植物营养与肥料学报, 19(5): 1139-1145.

张鸿睿, 2012. 稻田田面水氮磷动态及径流流失特征研究. 南京: 南京农业大学.

张庆利, 张民, 田维彬, 2001. 包膜控释和常用氮肥氮素淋溶特征及其对土水质量的影响. 生态环境学报, 10(2): 98-103.

张卫峰, 马林, 黄高强, 等, 2013. 中国氮肥发展、贡献和挑战. 中国农业科学, 46(15): 3161-3171.

赵营, 张学军, 罗健航, 等, 2011. 施肥对设施番茄-黄瓜养分利用与土壤氮素淋失的影响.植物营养与肥料, 17(2): 374-383.

左海军, 张奇, 徐力刚, 2008. 农田氮素淋溶损失影响因素及防治对策研究. 环境污染与防治, 30(12): 83-89.

Boers P C M, 1996. Nutrient emissions from agriculture in the Netherlands, causes and remedies. Water Science and Technology, 33: 183-189.

Bouwman A F, Boumans L J M, Batjes N H, 2002. Modeling global annual N₂O and NO emissions from fertilized fields. Global Biogeochemical Cycles, 16(4): 281-289.

Brandi-Dohrn F M, Dick R P, Hess M, et al., 1996. Field evaluation of passive capillary samplers. Soil Science Society of America Journal, 60: 1705-1713.

Cameira M R, Fernando R M, Ahuja L R, et al., 2007. Using RZWQM to simulate the fate of nitrogen in field soil-crop environment in the Mediterranean region. Agricultural Water Management, 90(1-2): 121-136.

Chen M, Chen J, Sun F, 2010. Estimating nutrient releases from agriculture in China: an extended substance flow analysis framework and a modeling tool. Science of the Total Environment, 408(21): 5123-5136.

Cherry K A, Shepherd M, Withers P J, et al., 2008. Assessing the effectiveness of actions to mitigate nutrient loss from agriculture: a review of methods. Science of the Total Environment, 406(1-2): 1-23.

Dancer W S, Peterson L A, Chesters G, 1973. Ammonification and nitrification of N as influenced by soil pH and previous N treatments. Soil Science Society of America Journal, 37(1): 67-69.

de Paz J M, Ramos C, 2004. Simulation of nitrate leaching for different nitrogen fertilization rates in a region of Valencia(Spain) using a GIS-GLEAMS system. Agriculture Ecosystems & Environment, 103(1): 59-73.

De Willigen P, 2000. An analysis of the calculation of leaching and denitrification losses as practised in the NUTMON approach. Wageningen, Plant Research International, Report 18, 21.

Dong W, Wang Q, Zhou B, et al., 2013. A simple model for the transport of soil-dissolved chemicals in runoff by raindrops. Catena, 101(3): 129-135.

Dubrovsky N M, Burow K R, Clark G M, et al., 2010. Nutrients in the nation's streams and groundwater: 1992–2004. U.S. Geological Survey Circular 1350, 174.

EU-Commission, 2013. Report from the Commission to the Council and the European Parliament on the Implementation of Council Directive 91/676/EEC Concerning the Protection of Waters against Pollution Caused by Nitrates from Agricultural Sources Based on Member State Reports for the Period 2008–2011, Brussels.

Fan F C, Li Z H, Zhang L F, et al., 2010. Study on the relationship between irrigation amount and $NO_3^-$-N leaching of tomato field in greenhouse. Plant Nutrition & Fertilizer Science, 16(5): 1161-1169.

Fewtrell L, 2004. Drinking-water nitrate, methemoglobinemia, and global burden of disease: a discussion. Environmental Health Perspectives, 112(14): 1371-1374.

Galloway J N, Townsend A R, Erisman J W, et al., 2008. Transformation of the nitrogen cycle: recent trends, questions, and potential solutions. Science, 320(5878): 889.

Gao B, Walter M T, Steenhuis T S, et al., 2005. Investigating raindrop effects on transport of sediment and non-sorbed chemicals from soil to surface runoff. Journal of Hydrology, 308(1-4): 313-320.

Gao S S, Xu P, Zhou F, et al., 2016. Quantifying nitrogen leaching response to fertilizer additions in China's cropland. Environmental Pollution, 211: 241-251.

Glavan M, Ceglar A, Pintar M, 2015a. Assessing the impacts of climate change on water quantity and quality modelling in small Slovenian Mediterranean catchment lesson for policy and decision makers. Hydrological Processes, 29(14): 3124-3144.

Glavan M, Pintar M, Urbanc J, 2015b. Spatial variation of crop rotations and their impacts on provisioning ecosystem services on the river Drava alluvial plain. Sustainability of Water Quality & Ecology, 5(1-2): 31-48.

Grizzetti B, Bouraoui F, Billen G, et al., 2011. Nitrogen as a threat to European water quality//Sutton M A, Howard C M, Erisman J W, et al. European Nitrogen Assessment. Cambridge: Cambridge University Press: 379-404.

Gu B, Ge Y, Chang S X, et al., 2013. Nitrate in groundwater of China: sources and driving forces. Global

Environmental Change, 23(5): 1112-1121.

Gu B, Ju X, Chang J, et al., 2015. Integrated reactive nitrogen budgets and future trends in China. Proceedings of the National Academy of Sciences of the United States of America, 112(28): 8792-8797.

Guillaume S, Bruzeau C, Justes E, et al., 2016. A conceptual model of farmers' decision-making process for nitrogen fertilization and irrigation of durum wheat. European Journal of Agronomy, 73: 133-143.

Harbaugh A W, Banta E R, Hill M C, et al., 2000. MODFLOW-2000, the U.S. geological survey modular ground-water flow model-user guide to modularization concepts and the ground-water flow process. U.S. Geological Survey Open-File Report 00-92..

Higashino M, Stefan H G, 2014. Modeling the effect of rainfall intensity on soil-water nutrient exchange in flooded rice paddies and implications for nitrate fertilizer runoff to the Oita River in Japan. Water Resources Research, 50(11): 8611-8624.

Higashino M, Clark J J, Stefan H G, 2009. Pore water flow due to near-bed turbulence and associated solute transfer in a stream or lake sediment bed. Water Resources Research, 45(12): W12414.1-W12414.17.

Hou X K, Zhan X Y, Zhou F, et al., 2018. Detection and attribution of nitrogen runoff trend in China's croplands. Environmental Pollution, 234: 270-278.

Johnes P J, 1996. Evaluation and management of the impact of land use change on the nitrogen and phosphorus load delivered to surface waters: the export coefficient modelling approach. Journal of Hydrology, 183(3-4): 323-349.

Johnsson H, Bergstrom L, Jansson P E, et al., 1987. Simulated nitrogen dynamics and losses in a layered agricultural soil. Agriculture Ecosystems & Environment, 18(4): 333-356.

Katharina W, Christine H, Erwin S, 2012. Groundwater nitrate contamination: factors and indicators. Journal of Environmental Management, 111(3): 178-186.

Kersebaum K C, Steidl J, Bauer O, et al., 2003. Modelling scenarios to assess the effects of different agricultural management and land use options to reduce diffuse nitrogen pollution into the river Elbe. Physics and Chemistry of the Earth, 28: 537-545.

Kleinman P J A, Srinivasan M S, Dell C J, et al., 2006. Role of rainfall intensity and hydrology in nutrient transport via surface runoff. Journal of Environmental Quality, 35: 1248-1259.

Knisel W G, Still D A, 1986. GLEAMS groundwater loading effects of agricultural management systems Version 2.10. Transactions of the American Society of Agricultural Engineers, 30(5): 1403-1418.

Li H, Wang L, Qiu J, et al., 2014. Calibration of DNDC model for nitrate leaching from an intensively cultivated region of Northern China. Geoderma, 223-225(4): 108-118.

Liu J Y, Kuang W H, Zhang Z X, et al., 2014. Spatiotemporal characteristics, patterns, and causes of land-use changes in China since the late 1980s. Journal of Geographical Sciences, 24: 195-210.

Liu R, Wang J, Shi J, et al., 2014. Runoff characteristics and nutrient loss mechanism from plain farmland under simulated rainfall conditions. Science of the Total Environment, 468-469: 1069-1077.

Liu S, Reiners W A, Keller M, et al., 2000. Simulation of nitrous oxide and nitric oxide emissions from tropical primary forests in the Costa Rican Atlantic Zone. Environmental Modelling & Software, 15(8): 727-743.

Ma L, Malone R W, Heilman P, et al., 2007. RZWQM simulated effects of crop rotation, tillage, and controlled drainage on crop yield and nitrate-N loss in drain flow. Geoderma, 140(3): 260-271.

Michalak A M, Anderson E J, Beletsky D, et al., 2013. Record-setting algal bloom in Lake Erie caused by agricultural and meteorological trends consistent with expected future conditions. Proceedings of the National Academy of Sciences of the United States of America, 110: 6448-6452.

Nolan B T, Hitt K J, 2006. Vulnerability of shallow groundwater and drinking-water wells to nitrate in the

United States. Environmental Science & Technology, 40: 7834-7840.

Perlman J, Hijmans R J, Horwath W R, 2014. A metamodelling approach to estimate global $N_2O$ emissions from agricultural soils. Global Ecology & Biogeography, 23(8): 912-924.

Robertson G P, Bruulsema T W, Gehl R J, et al., 2013. Nitrogen-climate interactions in US agriculture. Biogeochemistry, 114(1-3): 41-70.

Rodríguez-Lado L, Sun G, Berg M, et al., 2013. Groundwater arsenic contamination throughout China. Science, 341(6148): 866.

Shi X, Wu L, Chen W, et al., 2011. Solute transfer from the soil surface to overland flow: a review. Soil Science Society of America Journal, 75(4): 1214.

Solley W B, 1993. Water-use trends and distribution in the United States, 1950-1985. Hortscience A Publication of the American Society for Horticultural Science.

Sun M, Huo Z, Zheng Y, et al., 2017. Quantifying long-term responses of crop yield and nitrate leaching in an intensive farmland using agro-eco-environmental model. Science of the Total Environment, 613: 1003-1012.

Vries W D, Leip A, Reinds G J, et al., 2011. Comparison of land nitrogen budgets for European agriculture by various modeling approaches. Environmental Pollution, 159(11): 54-68.

Wang C, Mao X, Hatano R, 2014. Modeling ponded infiltration in fine textured soils with coarse interlayer. Soil Science Society of America Journal, 78(3): 745-753.

Wang X J, Wei C Z, Zhang J, et al., 2012. Effects of irrigation mode and N application rate on cotton field fertilizer N use efficiency and N losses. The Journal of Applied Ecology, 23(10): 2751.

WHO, 2011. Guidelines for drinking-water quality. World Health Organization.

Xing G X, Zhu Z L, 2000. An assessment of N loss from agricultural fields to the environment in China. Nutrient Cycling in Agroecosystems, 57(1): 67-73.

Xue L, Yu Y, Yang L, 2014. Maintaining yields and reducing nitrogen loss in rice-wheat rotation system in Taihu Lake region with proper fertilizer management. Environmental Research Letters, 9(11): DOI: 10.1088/1748-9326/9/11/115010.115010.

Yang T, Wang Q, Wu L, et al., 2016. A mathematical model for soil solute transfer into surface runoff as influenced by rainfall detachment. Science of the Total Environment, 557-558: 590-600.

Yi S L, Shi X J, Wen M X, et al., 2004. Nitrogen transference and leaching loss in growth period of wheat in purple soil. Journal of Soil Water Conservation, 18(4): 46-49.

Zhang G H, Liu G B, Wang G L, et al., 2011. Effects of vegetation cover and rainfall intensity on sediment-associated nitrogen and phosphorus losses and particle size composition on the Loess Plateau. Journal of Soil & Water Conservation, 66(3): 192-200.

Zhang Y, Wang H, Liu S, et al., 2015. Identifying critical nitrogen application rate for maize yield and nitrate leaching in a haplic luvisol soil using the DNDC model. Science of the Total Environment, 514: 388-398.

Zheng C, Liu J, 2013. China's "love canal" moment? Science, 340(6134): 810.

Zhou F, Ziyin S, Zeng Z Z, et al., 2015. New model for capturing the variations of fertilizer-induced emission factors of $N_2O$. Global Biogeochemical Cycles, 29(6): 885-897.

Zhou J B, Xi J G, Chen Z J, et al., 2006. Leaching and transformation of nitrogen fertilizers in soil after application of N with irrigation: a soil column method. Pedosphere, 16(2): 245-252.

Zhou M, Zhu B, Brüggemann N, et al., 2014. $N_2O$ and $CH_4$, emissions, and $NO_3^-$, leaching on a crop-yield basis from a subtropical rain-fed wheat–maize rotation in response to different types of nitrogen fertilizer. Ecosystems, 17(2): 286-301.

# 第 8 章 大气氮沉降测定方法

## 8.1 导 言

大气氮沉降包括干沉降和湿沉降两个过程。大气氮干沉降是指大气中气态和颗粒态活性氮在没有降水(雨或雪)事件情况下,通过大气过程传输到地表的过程。干沉降易受到化学和环境因素的影响,如相对湿度、气温、活性氮组分的物理化学属性、边界层湍流传输过程、下垫面对活性氮组分的捕获或吸收能力等(Tarnay et al., 2001),因此定量较为困难。而且许多大气活性氮(如 $NH_3$、HONO、$NO_2$)具有双向流动的特点,当它们的地表浓度高于大气浓度时,以排放为主(Flechard et al., 2013; Oswald et al., 2013; Xu et al., 2018a)。因此,大气氮干沉降通量的测定具有较大的不确定性。当前已有一些方法来估算干沉降量,主要包括推算法、微气象学法(如通量梯度法、涡度相关法和松弛涡度累积法)、穿透水法和替代面法等。在这些方法中,微气象学法最适合用于测定 $NH_3$ 干沉降量(Fowler and Duyzer, 1989)。

大气氮湿沉降是指大气中气态和颗粒态活性氮通过降雨或降雪的冲刷到达地表。大气氮湿沉降包括两个过程:第一个是云下清除过程,指大气中气体或气溶胶漂浮在排放源附近并在云层下方,然后通过降雨(或雪)而清除;第二个是云内清除过程,指云滴将气体或气溶胶合并进降水凝结物或直接通过降水凝结物清除。湿沉降量通常取决于云的微物理学和降水量,这会影响云内和云下清除效率化及活性氮组分的特征(如浓度、吸水性/溶解度、颗粒大小等)。对于气体和颗粒物,它们被清除的效率强烈取决于它们的吸水性和溶解度。不溶性的颗粒物可能通过扩散、撞击和拦截被清除,这依赖于颗粒物的尺寸和浓度(Samara and Tsitouridou, 2000)。气溶胶清除对降水化学的重要性随着环境、气体和颗粒物的大气浓度而变化。活性氮组分湿沉降量可表示为它们在雨水中的浓度与降水量的乘积,相对于干沉降,湿沉降量比较容易测得较可靠的结果。

大气干、湿沉降受到多个因素影响,包括活性氮的大气排放、气象条件、地形和土地利用类型等环境因子。总体而言,湿沉降相对稳定,主要受降雨量和排放量的影响,尤其是在排放相对稳定条件下,主要受降雨量及降雨频率的影响(Zhang et al., 2008);而干沉降主要受下垫面特征(直接影响活性氮化合物沉降速率)、气象条件(风速、太阳辐射、相对湿度、降雨等)和活性氮大气排放以及跨地区间传输等多个因素的影响。在活性氮排放总量一定的条件下,氮素干、湿沉降之间存在"此消彼长"的关系(Xu et al., 2015)。除了干、湿沉降之外,还有一些介于两者之间的其他沉降类型,比如我国南北方均有的霜降、露水、冰雹以及一些高海拔地区的云雾沉降等,后者是指云和雾中的活性氮化合物被植被、地表或其他表面直接拦截的现象。

# 8.2　湿沉降测量方法

## 8.2.1　雨量器法

　　大气湿沉降早期监测的方法是用雨量器收集大气降水，由于这种方法测得的结果中包含了少量的干沉降，严格意义上称为混合沉降(bulk deposition)。监测中使用的雨量器多为漏斗型(funnel-and-bottle)(图 8-1 左)，即收集器上端为漏斗状，收集到的降水样品通过漏斗流到下面的收集瓶中。这样既防止了收集到的样品的挥发，又可以避免液体样品吸收大气中的易溶性气体(如 $NH_3$、$SO_2$ 等)。雨量器的使用目的最初只是气象学上观测降水量，由于价格低廉、安装方便，在大气降水化学成分的分析中应用广泛。

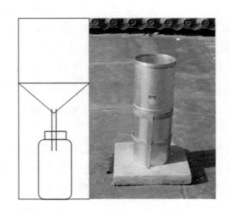

图 8-1　雨量器(左)及大气干、湿沉降自动收集仪器(右)

## 8.2.2　降雨自动采集法

　　大气干、湿沉降自动收集仪是专门为区分干、湿沉降的研究需要产生的。目前应用较多的干、湿沉降仪器收集到的干沉降事实上只有部分颗粒物，并不能满足干沉降研究的需要，但是对于湿沉降研究是恰当的(图 8-1 右)。干、湿沉降收集仪是由两部分收集装置构成，在没有降水的情况下，一部分长期敞开，收集大气中沉降下来的颗粒物，另一部分由一可滑动的隔板长期关闭，防止颗粒物落入。隔板的运动由传感器控制。当降水发生时，传感器接通电源，隔板打开，滑动到干沉降收集的一侧，此时干沉降收集部分关闭，湿沉降收集部分打开。降水停止后，传感器风干，电源自动断开，隔板返回湿沉降一侧。收集到的降水样品中避免颗粒物的混入，是真正的湿沉降样品。而干沉降一侧收集到部分颗粒物也避免了降水的混入。但是由于干沉降包括气体干沉降和颗粒干沉降两个部分，这部分颗粒物样品只能代表很小一部分干沉降。所以有些湿沉降收集仪只有一个收集部分，平时关闭，降水发生时由传感器控制打开收集湿沉降样品。

### 8.2.3　离子交换树脂法

离子交换树脂法是利用树脂中的官能团在水溶液中发生电离并通过离子交换的方式，将降水中的离子如 $NH_4^+$、$NO_2^-$ 和 $NO_3^-$ 等固定在树脂中带相反电荷的官能团上。20世纪90年代，这一方法被广泛用于我国森林土壤氮素动态的研究。近年来开始用于大气氮沉降的定量研究。这种方法不需要考虑降水次数和降水量且装置简单，可以用于大空间和长时间尺度即区域尺度长期多点采样。另外，其所含的官能团对样品中的物种能够起到很好的固定作用，因而样本无需严苛的储存条件。目前应用较广的树脂为 717 强碱性 I 型阴离子交换树脂和 732 强酸苯乙烯阳离子交换树脂。树脂对于工作温度有一定的要求，长时间野外测定时也会出现树脂使用寿命不足的情况。比如上述的 I 型阴离子交换树脂和强酸阳离子交换树脂均易被氧化，前者的二甲基乙醇胺交换基团被氧化为低级胺，从而使得树脂中的强碱基团变为弱碱基团，造成出水硅酸过量漏出。后者由于氧化断链增加，树脂体积增大并破碎，使得树脂层阻力增大，交换容量下降。离子交换树脂法主要测定氮湿沉降中的 $NH_4^+$、$NO_2^-$ 和 $NO_3^-$，而不能测定降水有机氮干、湿沉降，使得氮沉降通量结果偏低，另外还需要多次浸提以保证离子回收率。

## 8.3　干沉降测量方法

大气氮素干沉降通量的测定比较复杂。这其中的主要困难有：①大气活性氮成分较多，物理、化学或生物学性质也不一样，如有气态的 $NH_3$、$NO_2$、$HNO_3$，有气溶胶态的 $NH_4^+$ 和 $NO_3^-$，还有过氧乙酰硝酸酯(PAN)等有机态氮，常需分别测定其干沉降；②因为涉及物理、化学和生物学过程，干沉降通量的观测非常复杂，特别是采用微气象学方法复杂程度更高；③一些活性氮(如 $NH_3$)的干沉降时空变异较大，需提高采样频率和增设采样点来使试验结果更具代表性。虽然有这些困难，科研人员还是发展了不少用于监测大气氮素干沉降通量的方法。以下就国内外常用的大气氮素干沉降通量监测方法作简单介绍。

### 8.3.1　微气象学法

采用微气象学法实地观测通量的理论和应用最早发展于田间观测湍流交换以及感热和潜热交换(Fowler et al., 2001)。该方法要求观测通量的下垫面面积足够大，且均一、平坦。在此下垫面条件下，将存在一个通量的水平变异最小而垂直通量不随高度变化的平衡表面边界层(equilibrium surface boundary layer)，即常通量层(constant flux layer)，它的存在可确保所测定的通量是所研究表面的真实反映，而不受上风向表面的影响(Fowler et al., 2001)。常通量层的高度与围场长度(fetch，上风向均一植被延伸的水平距离)常存在 1∶100 的经验关系。因此，常通量高度为 2 m 或 3 m 时，观测通量的实验地的长轴(long axis)至少需要有 200 m 长。目前常用的微气象学通量观测方法有：梯度法、涡度相关法、松弛涡度累积法、时均梯度法或条件时均梯度法。

#### 8.3.1.1　梯度法

在水平面均一、大气稳定的条件下，大气成分的干沉降通量($F_g$)为涡度扩散系数 (eddy diffusivity, $K_g$)和该成分的大气垂直浓度梯度$\dfrac{\partial C}{\partial z}$的乘积，用数学式表示为

$$F_g = K_g \frac{\partial C}{\partial z} \tag{8-1}$$

式中，$C$ 为大气浓度；$z$ 为浓度测定高度。涡度扩散系数可通过空气动力学方法 (aerodynamic method)、涡度相关法(eddy correlation method)和鲍恩比法(Bowen ratio method)来测定。涡度相关法需要对风速和气温快速响应的测定仪器，而鲍恩比法则存在较大的测定误差(Hesterberg et al., 1996)。因此，空气动力学梯度法常被用于涡度扩散系数的测定。空气动力学梯度法中，常依据莫宁-奥布霍夫相似理论，通过测定垂直风速、温度梯度等气象参数来计算涡度扩散系数。

采用梯度法(gradient method)，需要测定至少两个高度的气体(或气溶胶)浓度变化才可求出垂直通量。严格来说，梯度法的两个测定高度都应在常通量层内，但微量气体的常通量层高度很小，通常长度为 100 m 的均一下垫面的常通量高度仅有 0.5～1 m。实际上，即使近地面大气，微量气体的浓度梯度也很小，其变异不会超过平均浓度的 5%(Wesely and Hicks, 2000)，目前的仪器还只能监测到 2 m 左右高度间隔的浓度变化。所以，若用梯度法观测微量气体通量，必须要求有数百米范围性质比较均一的下垫面。鉴于梯度法对下垫面均一性、测定高度以及浓度测定仪精确度的特殊要求，且这三个条件难以同时达到，所以在三者之间做出折中是必要的。

#### 8.3.1.2　涡度相关法

这种方法通过测定垂直风速脉动和气体浓度脉动来计算沉降通量，计算公式如下：

$$F_g = \overline{w'C'} \tag{8-2}$$

式中，$w'$ 是垂直风速的瞬时变异，$C'$ 是测定高度处气体浓度的瞬时变异，一段时间内二者乘积的平均数即为该段时间内气体的沉降通量。

涡度相关法计算沉降通量时，需要采用快速响应的采样器，因为微量气体的浓度和风速都必须在小于 0.1 s 的时间尺度内被测定(Fowler et al., 2001)。对于风速的测定，采用超声波风速仪可达到要求；对于微量气体，如 $N_2O$、$NH_3$，目前通过仪器测量技术创新已实现以这样高的频率对气体浓度进行精确测量，而且这些仪器的价格都十分昂贵，从而不利于涡度相关法在沉降通量观测中的广泛应用。

#### 8.3.1.3　松弛涡度累积法

涡度相关法需要能快速测定气体浓度的仪器，如果没有能够快速测定的传感器，则该方法就无法采用，而那些高灵敏度的传感器目前还局限在测定 $CO_2$、$H_2O$、$CH_4$ 等气体。为了避开使用高灵敏度的传感器，Businger 和 Oncley(1990)提出采用松弛涡度累积

法(relaxed eddy accumulation)观测微量气体通量。与前面两种微气象学法不同，涡度累积法既不需要测定浓度或风速廓线，也不需要确定微量气体的涡度扩散系数，它所要求的不是快速响应的传感器，而是快速采样技术(王明星，1999)。涡度累积法要求以与垂直风速成比例的速率将上风向和下风向的气体(或气溶胶)分别采集在两个容器中，然后可在理想的实验条件下测定两个容器的微量气体(或气溶胶)的平均浓度，并用下式计算通量 $F_g$：

$$F_g = b\sigma_w \left( \overline{C^+} - \overline{C^-} \right) \tag{8-3}$$

式中，$\overline{C^+} - \overline{C^-}$ 是上风向和下风向的平均浓度之差；$\sigma_w$ 是垂直风速的标准差；$b$ 为经验常数，$b$ 值大约为 0.6，但也会随大气稳定度而波动，可以在采样点实测。虽然这种方法不需要快速测定气体浓度的传感器，但是将上风向和下风向气体分开来的采样系统是必需的。

### 8.3.1.4　条件时均梯度法

梯度法、涡度相关法和松弛涡度累积法都实行密集采样，每 5~30 min 便可计算一个通量值，这对了解通量交换特点十分必要。由于工作量大，观测过程通常只有一天到十几天。虽然目前对一些气体(如 $NH_3$)的通量进行长期(如一年)连续监测已有可能，但却需要耗费大量的财力、物力和人力。实际上，当前不少试验的目的仅在于获得某地某种微量气体(或气溶胶)的月或年沉降量(或排放量)，不涉及对微量气体的交换机理的深入理解，这样观测 2~4 星期内的平均通量便能满足时间上的精度要求。基于上述要求，测定大气中某种微量气体(或气溶胶)一段时间内(如 1 个星期)的平均垂直浓度梯度，再结合梯度法中的气象参数观测来计算沉降(或排放)通量，便发展了时均梯度法。时均梯度法降低了长期观测过程中的试验成本，但这种方法在大气较稳定的条件下会产生较大的误差。这是因为在稳定的大气条件下，往往沉降(或排放)通量较低，但同时又存在着较大的微量气体(或气溶胶)垂直浓度梯度(Erisman et al., 2001)。为了减少时均梯度法的误差，研究人员对该方法进行改进，发展了条件时均梯度(conditional time-averaged gradient, COTAG)法。该方法避免了时均梯度法中的连续采样，而是在大气状况符合梯度法的气象要求时才进行采样，即在风速较低、大气十分稳定以及围场不满足条件时都不采样。研究表明，在对 $NH_3$ 通量的长期观测中，COTAG 法(图 8-2)与梯度法的结果具有很好的相关性(Erisman et al., 2001)。

条件时均梯度法是一种低成本的观测大气活性氮组分平均干沉降通量的方法，由于运行成本低、维护较为简单，相对于传统的微气象学方法在实现连续监测方面具有优势。在一天中，大气情况能从特别稳定到特别不稳定转变。在高稳定条件下，大气扩散速率慢，提高了周围浓度的垂直梯度；而在高不稳定条件下，强烈的湍流作用导致垂直浓度梯度很小。如果长时间连续采样，高稳定性产生的高垂直梯度将会高估实际的通量。为了避免长时间采样造成的类似偏差，条件时均梯度法采取分时段采样，根据大气稳定度的变化设置采样范围。设备结合应用了空气动力梯度法和涡度相关法，用类似于梯度法的采样方法可以在较长时间段内采样，而采用涡度相关法又能实现每隔 30 min 就能收集

图 8-2　大气氨气通量测定仪器

英国生态水文中心草地试验站的 COTAG 系统(左图)、河北曲周的 COTAG 系统(右图))

到风速、潜热等相关的微气象参数。仪器主要分为三种情况采样：稳定采样、不稳定采样和在任何时间均采样。

2011 年 1～6 月，中国农业大学研究小组在河北省曲周县运用 COTAG 法对农田氨气的沉降及其排放通量进行了测定，在采样的 6 个月中(2011 年 1～6 月)，在追肥的 3 月出现了较高的氨气排放值，平均排放通量达到 29.4～654.4 ng·m$^{-2}$·s$^{-1}$；而在其他 3 次采样中均出现了氨的沉降平均值，沉降通量为 88.8～1141 ng·m$^{-2}$·s$^{-1}$(骆晓声，2013)。摩擦风速从 1 月到 6 月，其平均值不断增加，促进了大气氨气从 1 月份到 6 月份沉降速率的增加。本段时间温度的不断增加也导致沉降及排放速率的增加。在英国一苔藓试验地用条件时均梯度法的研究表明，氨气的年均净通量为–7.6 ng·m$^{-2}$·s$^{-1}$(Famulari et al.，2010)，远低于本研究结果，可能是由于华北农田氮肥施用量大，农田的氨排放及沉降强度在一些试验时段比较高。由于氨气在大气中的行为受气象条件的影响较大，在一天中的不同时段其排放和沉降也有不同的特点，条件时均梯度法虽然能实现较长时间的采样，但是华北地区在较高的 NH$_3$ 浓度背景值下，其在大气中收集的 NH$_3$ 可能来自其他排放源，会影响到试验结果。运用条件时均梯度法在更多的生态系统研究氨等气体的净通量具有重要的意义。随着实践的发展不断改进条件时均梯度法有利于更准确地评估不同生态系统的氮沉降通量。

## 8.3.2　推算法

采用微气象学法观测干沉降通量需要大量污染物浓度以及气象参数监测仪器，并且对这些观测仪器的灵敏度、响应时间以及下垫面的均一性有较高的要求，以至于建立干沉降通量的微气象学观测场需大量的人力、物力和财力投入，从而限制这种方法在干沉降通量研究中的应用。穿透流法往往仅适用于监测森林地区的干沉降，替代面法监测到的只是存在于大气粗颗粒中的污染物的干沉降，因此这两种方法在干沉降研究中都有一定的局限性。模型法是研究区域性干湿沉降通量的较好方法，但模型模拟的结果必须与实测的结果相比较才能确认其可靠性。作为微气象学干沉降通量监测方法的替代性方法，Hicks 等(1985)提出了推算模式(inferential model)来直接监测干沉降通量。推算法(inferential method)已经在大气干沉降通量计算中得到广泛应用，如美国的清洁空气状况与趋势网(Clean Air Status and Trends Network, CASTNet)和中国大气氮素干湿沉降监测网(the Nationwide Nitrogen Deposition Monitoring Network, NNDMN, Xu et al., 2015, 2018b, 2019)均采用推算法来计算干沉降量。采用推算法计算干沉降通量时，沉降通量 $F_g$ 为污染物质的大气浓度 $C$ 与其沉降速率 $V_d$ 的乘积。即：

$$F_g = C\,V_d \tag{8-4}$$

污染物的大气浓度 $C$ 通过实地监测得到；$V_d$ 则采用实地气象和下垫面参数来计算获得，其计算过程类似于电路中的欧姆定律，即用三个主要的阻力来代表干沉降的物理和化学过程，$V_d$ 为三个阻力之和的倒数，用公式可表达为

$$V_d = \left(R_a + R_b + R_c\right)^{-1} \tag{8-5}$$

式中 $R_a$ 为空气动力学阻力，是由湍流运动引起的污染物由大气输送至近地面附近时受到的阻力；$R_b$ 代表片流层阻力，是污染物向地面沉降时经过近地面时受到的阻力；$R_c$ 为表面阻力，与污染物和接受表面的相互作用有关。

$R_a$ 的参数化可参照 Erisman 和 Draaijers(1995)一文所提到的方法：

$$R_a(z) = (k\,u_*)^{-1}\left[\ln\left(\frac{z-d}{z_0}\right) - \Psi_h\left(\frac{z-d}{L}\right) + \Psi_h\left(\frac{z_0}{L}\right)\right] \tag{8-6}$$

式中，$z$ 为大气活性氮浓度监测高度；$k$ 为 von Karman 常数；$u_*$ 为摩擦速度；$d$ 为零平面位移高度；$z_0$ 为粗糙度长；$\Psi_h$ 为稳定性方程；$L$ 为 Monin-Obukhov 常数。对于裸地，$d$ 和 $z_0$ 可被分别设置为 0 m 和 0.01 m (Shen et al., 2016)；当土壤覆被植物时，则可分别设置为植物高度 0.67 和 0.1 倍(Li et al., 2000)。

$R_b$ 的参数化也可参照 Erisman 和 Draaijers(1995)一文所提到的方法：

$$R_b = (2/ku_*)(Sc/Pr)^{2/3} \tag{8-7}$$

式中，$k$ 为卡门常数；$u_*$ 为摩擦速度；$Pr$ 为普朗特数，$Sc$ 为施密特数。

$R_c$ 的参数化可依据 Wesely(1989)一文中所提到的方法：

$$R_c = \left(\frac{1}{R_s + R_m} + \frac{1}{R_{lu}} + \frac{1}{R_{dc} + R_{cl}} + \frac{1}{R_{ac} + R_{gs}}\right)^{-1} \tag{8-8}$$

式中，$R_s$ 为气孔阻力；$R_m$ 为叶肉阻力；$R_{lu}$ 为叶表皮阻力或者上部冠层外表面阻力；$R_{dc}$ 为冠层内部受浮力对流影响而产生的气体传输阻力；$R_{cl}$ 为下部冠层叶片、枝条、树皮或其他暴露的表面所产生的阻力；$R_{ac}$ 为根据冠层高度和密度所产生的传输阻力；$R_{gs}$ 为地表层土壤、落叶层等产生的传输阻力。

对于颗粒态氮化合物，其干沉降速率的计算可依据 Slinn(1982)一文的方法：

$$V_d = \frac{1}{R_a + R_{surf}} + V_g \tag{8-9}$$

式中，$R_a$ 为空气动力学阻力；$R_{surf}$ 为表面阻力；$V_g$ 为重力沉降速率。$R_{surf}$ 和 $V_g$ 的参数化可参考 Zhang 等(2001)一文中的方法。

由于 $NH_3$ 在大气和地表间具有双向交换的特征，$NH_3$ 的干沉降可根据 $NH_3$ 的双向交

换模型来计算(Nemitz et al., 2001; Shen et al., 2016)。与大部分的干沉降模型类似，双向通量模型主要基于公式类比于电路中的欧姆定律，其中通量(等同于电流)的计算方法为浓度差(类比于电压)除以沉降阻力(类比于电阻)(Wesely, 1989; Pleim et al., 2013)。根据 Nemitz 等(2001)一文，$NH_3$ 的总通量($F_t$)为叶片气孔双向通量($F_s$)、叶表皮沉降通量($F_w$)和地表双向通量($F_g$)之和。在这些路径中，$F_s$ 和 $F_w$ 在冠层间同时发生，可被加和为冠层通量($F_f$)，而 $F_g$ 则主要发生在地表层。各个通量的定义及其相互关系可以用下式表示：

$$F_t = F_s + F_w + F_g \tag{8-10}$$

$$F_f = F_s + F_w \tag{8-11}$$

$$F_t = \frac{X_a - X(z_0)}{R_a} \tag{8-12}$$

$$F_f = \frac{X(z_0) - X_c}{R_b} \tag{8-13}$$

$$F_s = \frac{X_c - X_s}{R_s} \tag{8-14}$$

$$F_w = \frac{X_c}{R_w} \tag{8-15}$$

$$F_g = \frac{X(z_0) - X_g}{R_g} \tag{8-16}$$

式中，$X_a$ 为监测点大气 $NH_3$ 浓度；$X(z_0)$ 为 $d + z_0$ 高度处的 $NH_3$ 浓度，$d$ 为零平面位移高度；$z_0$ 为地表粗糙度长；$R_a$ 为空气动力学阻力；$X_c$ 为冠层 $NH_3$ 补偿点；$R_b$ 为片流层阻力；$X_s$ 为气孔 $NH_3$ 浓度补偿点；$R_s$ 为气孔阻力；$R_w$ 为叶表皮阻力；$X_g$ 为地表 $NH_3$ 浓度补偿点，$R_g$ 为地表阻力。$X(z_0)$ 可采用下式来计算：

$$X(z_0) = \frac{X_a \times R_a^{-1} + X_g \times R_g^{-1} + X_c \times R_b^{-1}}{R_a^{-1} + R_g^{-1} + R_b^{-1}} \tag{8-17}$$

$X_c$ 可通过下式来推导：

$$X_c = \frac{\begin{aligned}&X_a \times \left(R_a \times R_b\right)^{-1} + X_s \times \left[\left(R_a \times R_s\right)^{-1} + \left(R_b \times R_s\right)^{-1} + \left(R_g \times R_s\right)^{-1}\right]\\&+ X_g \times \left(R_b \times R_g\right)^{-1}\end{aligned}}{\begin{aligned}&\left(R_a \times R_b\right)^{-1} + \left(R_a \times R_s\right)^{-1} + \left(R_a \times R_w\right)^{-1} + \left(R_b \times R_g\right)^{-1} + \left(R_b \times R_s\right)^{-1}\\&+ \left(R_b \times R_w\right)^{-1} + \left(R_g \times R_s\right)^{-1} + \left(R_g \times R_w\right)^{-1}\end{aligned}} \tag{8-18}$$

上式中，$R_a$，$R_b$，$R_g$，$R_s$，$R_w$，$X_g$ 和 $X_s$ 的参数化依据 Wesely(1989)、Erisman 和 Draaijers(1995)、Massad 等(2010)文中的方法。依据上述公式，便可计算出 $NH_3$ 的总干沉降通量。

当无法获取实地的 $V_d$ 时，也可用已发表的文献报道的 $V_d$ 值来代替监测点的 $V_d$ 值(Shen et al., 2009, 2013)。由于 $V_d$ 值随沉降物自身理化性质、大气状况以及下垫面状况会发生变化，因此当用已发表的文献中的 $V_d$ 值来代替监测点的 $V_d$ 值时，在无法保证文献监测点和实地监测点大气状况一致的条件下，需尽量保证沉降化合物一致、下垫面类型(如农田、草地、林地等)一致，从而使引用文献的 $V_d$ 值产生的偏差相对较小。

### 8.3.3　替代面法

近年来，以固体(Paode et al., 1998)或液体(Masahiro and Kohji, 2004)为代用面，与干湿沉降自动观测仪等设备联用(目的是避免湿沉降过程从空气中冲刷颗粒物的干扰)成为大气颗粒物干沉降(降尘)样品采集的主要途径。集尘缸是收集降尘的常用方法之一，因固定降尘介质不同又分为干法和湿法采集。干法采样无法避免已经进入集尘缸降尘的"二次起尘"，收集到的降尘量约为湿法的 70%(McTainsh et al., 1997)，集尘效率相对较低；湿法采样弥补了这一缺陷，但在获取降尘量时需要烘干处理，会影响降尘的物理和化学特征。PUF 膜因成本较低且操作方便，广泛应用于气态有机物的被动采样(Mahiba and Tom, 2002)，其本身具有一定的孔隙度，亦能捕获大气中细颗粒物(Tom et al., 2014)，但能否用于干沉降样品采集还未见报道。使用 PUF 膜作为固定降尘的介质，颗粒物沉降后会落入其中的空隙，减少"二次起尘"，便于采集和化学成分分析，无疑在干沉降研究中具有明显的优势。

实验方法：干湿沉降仪器内设置 2 个集尘缸，第 1 个放置 PUF 膜(直径 15 cm，厚 1.35 cm)采集干沉降，第 2 个放置 PUF 膜后将上口封闭采集空白样品。PUF 膜在采样前后于 50%湿度，25 ℃条件下恒温恒湿箱 48 h，用十万分之一天平称重(精确至 0.01 mg)，差减法计算干沉降量，再根据采样面积和时间计算干沉降通量。采集后的样品，取 1/4 面积滤膜，使用 50 mL 去离子水(18.2 MΩ·cm)超声 30 min 浸提颗粒物中水溶性成分，利用离子色谱仪(DionexICS-90)测量浸提液中 $NH_4^+$、$NO_2^-$ 和 $NO_3^-$ 活性氮组分的浓度(程萌田等，2013)。

## 8.4　氮素云雾沉降测量方法

雾是指近地层空气中悬浮着大量水滴或冰晶微粒而使水平能见度下降到 1 km 以内的天气现象。其形成的主要原因为，水蒸气在空气中的饱和度与气温在一定范围内成正相关，在晚上或者秋冬季节，由于温度下降，空气中水蒸气的饱和度降低，在一定程度时水蒸气就会凝结析出，形成雾。雾与云就其物理本质而言，都是空气中水蒸气凝结或者凝华的结果。雾主要可以分为辐射雾及平流雾，辐射雾是指由于温度降低导致的空气中水蒸气凝结，常在夜晚发生，日出后消散；平流雾是指暖湿空气在风的作用下流动到下垫面温度较低的区域，水蒸气析出而产生的雾。由于大气中常见形态的 $NH_3$、$NH_4^+$、$NO_3^-$ 等均易溶于水，即云雾水中含有大量的活性氮，随着云雾水的沉降，活性氮也随之进入生态系统中。在高山森林生态系统中，云雾事件极为频繁，云雾形态氮输入可能占湿沉降大气活性氮输入的 80%以上(Lovett et al., 1982)。云雾形态氮沉降估算主要通过测定云雾水的沉降量与云雾水中氮浓度计算。

### 8.4.1　云雾水沉降量的估算

云雾水沉降量的估算方法主要为涡流扩散法(eddy diffusivity)与称重法(simple weighing method)；在森林生态系统中，穿透水法(throughfall)与冠层水分平衡法(canopy water balance method)也经常使用。

#### 8.4.1.1　涡流扩散法

涡流扩散法是根据空气动力学进行云雾沉降估算的方法，云雾沉降通量($F$)通过估算云雾沉降速率($V_g$)与空气中液态水浓度($C_z$)估算，公式如下：

$$F = C_z \times V_g \tag{8-19}$$

式中，$C_z$ 为高度 $z$ 时空气中液态水浓度，可以由仪器直接测定；云雾沉降速率 $V_g$ 主要由雾滴的沉积速率($V_s$)与湍流沉积速率($V_t$)两部分组成(Dollard and Unsworth, 1983)，公式如下：

$$V_g = V_s + V_t \tag{8-20}$$

雾滴的沉积速率($V_s$)由以下公式计算(Jackie et al., 2018)：

$$V_s = \frac{(\rho_p - \rho_{air}) \times d_p^2 \times g \times C_c}{18 \times \mu_{air}} \tag{8-21}$$

式中，$\rho_p$ 为雾滴密度；$\rho_{air}$ 为空气密度；$d_p$ 为雾滴直径；$g$ 为重力加速度；$\mu_{air}$ 为空气黏度；$C_c$ 为坎宁安修正系数(Cunningham correction factor)，计算方法如下：

$$C_c = 1 + Kn\left(A_1 + A_2 e^{\frac{-A_3}{Kn}}\right) \tag{8-22}$$

式中，$A_1$，$A_2$，$A_3$ 为常数，一般为 1.257，0.400，1.100；$Kn$ 为克努森数，为气体分子平均自由程与颗粒直径的比值。假定雾滴密度为 1，直径为 2～50 μm，雾滴的沉积速率($V_s$)为 0.01～8.00 cm·s$^{-1}$。

湍流沉积速率($V_t$)由以下公式计算(Dollard and Unsworth, 1983)：

$$V_t = F_t / C_z \tag{8-23}$$

式中，$F_t$ 为湍流通量密度，由以下公式计算：

$$F_t = -u_*^2 \frac{dC}{du} \tag{8-24}$$

式中，$u$ 为风速；$C$ 为空气中液态水的含量。摩擦速率(friction velocity)$u_*$ 由下式获得：

$$u_* = u_z k / \ln\left[(z-d)/z_0\right] \tag{8-25}$$

式中，$u_z$ 为高度 $z$ 时的风速；$k$ 为卡门常数，为 0.35～0.43，空气中一般认为 0.40；$d$ 为水平面位移(zeroplane displacement)[在森林中 $d=0.67\times$高度(height of the stand)]，$z_0$ 为糙面长度(roughness length)(在森林中 $z_0=0.1\times$高度)(Pahl et al., 1994)。

本方法相对较为准确，但是实际计算中随着云雾事件中 LWC 的变化，其云雾直径也变化，且云雾事件中云雾颗粒直径为 1.5～50 μm，而在估算中经常采用固定值进行计算；因此，通常以模型形式进行雨雾沉降的估算。

### 8.4.1.2　称重法

$F$ 通过称重获得，即云雾事件发生前与收集完成后的重量差异；一般以植物等作为云雾载体。亦可用此方法进一步估算云雾的沉降速率 ($V_g$)，即一定时间内云雾沉降通量 ($F$) 与空气中液态水含量 (LWC) 的比值。

$$V_g = F/\text{LWC} \tag{8-26}$$

用称重法对复杂植被 (如森林等) 进行估算时，需要考虑表面积指数 SAI (surface area index)，有时也称叶面积指数 (leaf area index)；即云雾沉降通量 ($F$) 由以下公式计算：

$$F = V_g \times \text{LWC} \times \text{SAI} \tag{8-27}$$

不同地区的叶面积指数为 0～20 (Jackie et al., 2018)。云雾水沉降在不同的下垫面会有一定差异，因此本方法使用也有一定的局限性。

### 8.4.1.3　穿透水法

穿透水法与常规雨水的穿透水收集法相似，即在林下放置收集装置，当云雾事件发生，森林冠层水分吸收达到饱和后，云雾水从森林冠层流下并被收集。收集的云雾水即可视为该段时间内的云雾沉降通量 ($F$)；该方法收集云雾水会有一定的延迟，甚至达到云雾事件发生的 5～6 h，同时冠层对云雾水的吸收为 1.0～1.4 mm，吸收量与森林的表面积指数有一定的关系；因此测定的云雾水沉降量要低于实际的云雾水沉降量。

### 8.4.1.4　冠层水分平衡法

冠层水分平衡法是指通过比较云雾沉积时空气中云雾水含量与表面的蒸发量的差值进行估算 (Lovett et al., 1982; Katata et al., 2008)，估算方法与涡流扩散法相近，即空气中液态水浓度乘以沉降速率，但沉降速率估算方法考虑了森林不同层次高度引起的云雾水沉积与水蒸气蒸发的不同，该方法将森林分为 $i$ 个层次，并对每个层次的差值进行了累加，公式如下：

$$F = \text{LWC} \times V_d \tag{8-28}$$

$$V_d = V_s + \left[ \sum_0^{z_h} r_c(z_i)\Delta z_i + \sum_{z_h}^{z_r} r_a(z_i)\Delta z_i \right]^{-1} \tag{8-29}$$

式中，$V_s$ 见公式 (8-21)；$z_h$ 为冠层高度；$z_r$ 为边界高度；$r_a$ 与 $r_c$ 分别为雾水传输的空气动力与冠层阻力；$i$ 为分的层数；$z_i$ 为 $i$ 层的高度；$\Delta z_i$ 为不同分层的高度变化。

### 8.4.1.5　其他方法

云雾沉降通量 ($F$) 采用沉积速率 ($V_d$) 与大气中液态水浓度 (LWC) 的乘积估算 (Katata et al., 2008)，公式如下：

$$F = V_d \times \text{LWC} \tag{8-30}$$

$$V_\mathrm{d} = A \times |u| \tag{8-31}$$

$u$ 为冠层上边界风速的绝对值；$A$ 为常数，与植被特征有关，由以下公式估算：

$$A = 0.0164(\mathrm{LAD})^{-0.5} \tag{8-32}$$

LAD 为叶面积密度，即每立方米空间内植物的表面积，单位为 $\mathrm{m^2 \cdot m^{-3}}$，计算方法如下：

$$\mathrm{LAD} = \mathrm{LAI}/h \tag{8-33}$$

LAI 为叶面积指数；$h$ 为森林中的树木高度；森林中 LAD 一般均高于 $0.2\ \mathrm{m^2 \cdot m^{-3}}$。

## 8.4.2　云雾水中氮浓度的估算

### 8.4.2.1　云雾样品的收集

云雾样品的收集主要是基于碰撞吸附原理，即空气中悬浮的云雾颗粒在风的作用下进行移动，遇到物体后就会被吸附在表面进一步凝聚成液态水，随后在重力作用下向下流动而被收集。基于该原理，设计出了一系列的云雾收集仪器(表 8-1)，就其工作方式而言，可分为主动采样器和被动采样器。

表 8-1　几种常见的云雾收集仪器

| 采样方式 | 采样器名称 | 云雾吸附材料 | 云雾切割半径/μm | 流速 /(m³·min⁻¹) | 参考文献 |
|---|---|---|---|---|---|
| 主动 | TFI |  | 5～12 | 150～200 | (Schell et al.，1997) |
|  | CWP | 0.78 mm 特氟龙绳 |  |  | (Daube et al.，1987) |
|  | CASCC | 508 μm 特氟龙绳 | 3.5 | 24.5 | (Demoz et al.，1996) |
|  | CHRCC | 不锈钢 | 7.7 | 6.3 | (Demoz et al.，1996) |
|  | CSU 5-Stage Collector |  | 4.5～29 |  | (Moore et al.，2004) |
|  | String Screen Sampler | 特氟龙绳 | 3～100 |  | (Jacob et al.，1985) |
|  | Rotating Screen Sampler | 不锈钢 | 8.3～16.7 | 160 | (Glotfelty et al.，1990) |
|  | High-Volume Fog Sampler | 特氟龙绳 | 16.7 | 4400 | (Schomburg et al.，1991) |
| 被动 | AMC/WPI | 特氟龙绳 |  |  | (Daube et al.，1987) |
|  | Passive Collector | 0.2 mm 尼龙绳 |  |  | (Lange et al.，2003) |
|  | Passive Sampling System | 0.3 mm 特氟龙绳 |  |  | (Krupa，2002) |

主动采样器是指通过外力作用，强制云雾进入仪器而进行收集的方法。其优点是采集效率高，由于空气中的云雾滴大小一般为 1.5～50 μm，不同的云雾采样器对云雾滴的捕获也有一定的差异。值得注意的是，由于云雾滴的大小与其化学组分有一定的关系，即使同一次云雾事件，采用不同仪器收集的云雾化学组成也可能会产生差异。其中使用最广的云雾收集仪器为加州理工学院云雾收集器 CASCC(Caltech Active Strand Cloudwater Collector)，图 8-3 为西藏林芝高山森林生态系统国家野外科学观测研究站使用的 CASCC。该仪器运行时空气流速为 24.5 $\mathrm{m^3 \cdot min^{-1}}$，对云雾的收集效率约为 50%；大气中液态水含量为 0.1 $\mathrm{g \cdot m^{-3}}$ 时，收集效率为 2 $\mathrm{mL \cdot min^{-1}}$。云雾收集时间一般为 1 h，若云

雾事件中液态水含量较低，可适当延长收集时间。

图 8-3　CASCC

被动采样器是指不需要外力，仅靠自然状态下的风提供动力，当雾滴与收集网面接触时，被吸附凝聚成水滴，在重力作用下流入容器中并进行收集。该方法收集效率较低，在长期收集中易受到雨水干扰。

#### 8.4.2.2　云雾水中氮含量测定

采用流动分析仪、离子色谱、比色等方法，与雨水氮含量测定相同。

## 8.5　氮沉降的其他测量方法

### 8.5.1　生物指示法

#### 8.5.1.1　苔藓/地衣指示法

苔藓/地衣等植物无典型的根茎叶分化，养分均来源于大气，在一定范围内，大气氮沉降与苔藓植物的氮含量成相关关系，表现为大气氮沉降量越高，苔藓氮含量越高。基于英国的研究表明(Sutton et al., 2004)，其相关关系如下：

$$L_N = 3.81\left(1 - e^{-0.04 F_N}\right) \tag{8-34}$$

其中，$L_N$ 为叶片含氮量，%；$F_N$ 为氮沉降通量。该方法可用于初步估算大气氮沉降量，比如，肖化云小组基于苔藓氮浓度与沉降之间关系定量评价了长江流域大气氮沉降的通量并分析了氮沉降的可能来源(Xiao et al., 2010)。但是苔藓氮含量在一定程度上受苔藓种类及其分布范围影响。因此使用范围有一定的局限性。

#### 8.5.1.2　$^{15}$N 稀释法

$^{15}$N 稀释法是依据大气氮沉降使得标记系统中 $^{15}$N 丰度降低，依据 $^{15}$N 的稀释程度对大气氮沉降进行估算的方法。该方法通常需要配套盆栽系统[integrated total nitrogen input（ITNI）system]，该系统中只有系统表面及植物与外界环境接触，培养植物的营养液（$^{15}$N 标记）重复利用，大气中的含氮化合物（其 $^{15}$N 为自然丰度）通过干湿沉降进入该系统后，会被植物吸收同化，因此会不断稀释原有系统 $^{15}$N 丰度，培养一定时间后，测定整个系统中的含氮量与 $^{15}$N 丰度，即可估算出该段时间内大气氮沉降量。中国农业大学刘学军课题组（He et al., 2007）等利用 ITNI 方法估算出华北平原大气氮（N）沉降为 69.3～83.3 kg·ha$^{-1}$。该方法受限于植物生命周期，因此一般仅用生命周期较短的植物进行估算。

### 8.5.1.3　长期定位试验无氮区评估法

长期定位试验无氮区评估法为间接定量大气氮沉降的方法，假定土壤氮处于平衡状态（Jenkinson et al., 2004），生态系统中植物地上部分移出的氮均来自环境养分（包括生物固氮和氮素沉降）的输入。因此，如果不考虑生物固氮（若无豆科作物生物固氮量应可忽略），作物地上部分吸氮量即可近似为大气氮沉降量。该方法计算式如下（He et al., 2007）：

植物吸氮量 = 土壤来源 N + 肥料来源 N + 环境来源 N（沉降+灌溉水+生物固氮）（8-35）

在长期不施肥小区，土壤净供氮为零，无肥料来源氮，假定不考虑灌溉水和生物固氮的输入，则大气氮沉降量可按式（8-36）和式（8-37）获得：

单季作物 N 沉降量（kg·ha$^{-1}$）≈ 环境来源 N = 作物吸 N 量

$$= 植株 N 浓度（\%）× 作物生物量（kg·ha^{-1}）× 0.01（转换系数） \quad (8-36)$$

$$全年 N 沉降量（kg·ha^{-1}·a^{-1}）= \sum 单季作物 N 沉降量 \quad (8-37)$$

如为小麦-玉米轮作体系，则全年沉降量为小麦季+玉米季氮沉降之和。

### 8.5.2　森林氮沉降评估-穿透雨法

与森林水文学过程相对应，通过测定林下穿透雨（throughfall）和树干径流（stemflow）中的氮通量可以评估大气沉降向森林生态系统的氮输入量（Draaijers et al., 1996; Bleeker et al., 2003）。穿透雨中的氮通量是湿沉降、森林冠层附着干沉降的冲刷作用以及森林冠层的离子交换和氮素转化过程共同作用的结果（图 8-4）。树干径流中的氮通量包含了部分湿沉降和枝干附着的干沉降。由于树干径流的监测结果异质性较高，而且其在总沉降中所占比例很低，在森林氮沉降监测评估中常将其忽略。由于树木叶片可以直接吸收部分大气和降水中的氮素（Sparks, 2009; Wuyts et al., 2015），因此穿透雨中的氮通量通常低估总沉降量。通常情况下，在测定穿透雨和树干径流氮通量时，会在开阔的背景区域平行测定混合沉降速率，两者之间的差值可以粗略指示冠层对干沉降的截留量（Du et al., 2014a, 2016）。Du 等（2016）收集了 33 个中国森林样点无机氮沉降监测数据，评估了中国森林氮沉降速率及其空间特征。结果表明，中国森林氮沉降速率高值出现在中部和东南区域，在空间上总体表现为东部高于西部地区。N 混合沉降速率平均为 16.5 kg·ha$^{-1}$·a$^{-1}$，总沉降（穿透雨和树干径流氮通量加和）速率平均为 21.6 kg·ha$^{-1}$·a$^{-1}$，冠层平均干沉降截留量约为 5.1 kg·ha$^{-1}$·a$^{-1}$。此外，氮沉降速率在空间格局上还表现为城市热点效应（图 8-5），即氮沉降速率（混合沉降和总沉降）随着与大城市（非农业人口>50 万人）距离越近表现为幂指数增加趋势(Du et al., 2016)。

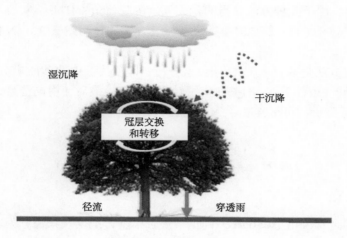

图 8-4 森林大气氮沉降示意图(修改自 Du, 2018)

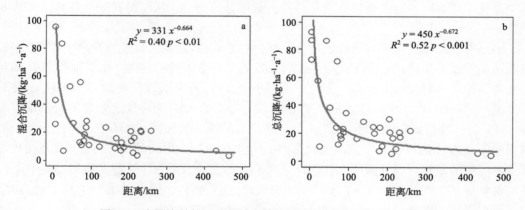

图 8-5 中国森林氮沉降的城市热点效应(修改自 Du et al., 2016)

a.混合沉降随着与大城市(非农业人口>50 万人)距离的变化;b.总沉降(穿透雨和树干径流氮通量加和)随着与大城市
(非农业人口>50 万人)距离的变化

### 8.5.3 $^{15}$N 同位素溯源法

不同源排放的氨气具有不同的氮同位素丰度($\delta^{15}$N)同位素特征值,这是利用同位素指纹特性开展溯源研究的理论基础。如美国的科学家 Felix 等(2013)发现:化肥、畜牧业排放的氨气 $\delta^{15}$N 较低(−56‰~−23‰),化石燃料燃烧产生较高 $\delta^{15}$N(−15‰~+2‰)。这种同位素丰度的差异为氨气源解析提供了可能。比如,通过分析大气氨的 $\delta^{15}$N 值的范围,并结合同位素质量平衡模型,可以得到不同源的相对贡献量,达到溯源目的。

中国科学院大气物理研究所在气溶胶铵盐溯源方面开展了若干重要研究。Pan 等(2016)采用 9 级采样器,即安德森采样器进行采样,采样时长根据采样期间污染状况采集 24/48 h。采样器分为九层,可分级采集>9.0,9.0~5.8,5.8~4.7,4.7~3.3,3.3~2.1,2.1~1.1 μm、1.1~0.65 μm、0.65~0.43 μm、<0.43 μm 的颗粒物。样品采集后,先裁取

1/4 滤膜，离子色谱仪测定样品中的铵根离子浓度，选取达到同位素测定检测限的样品进行同位素测定。由于此种方法获得的是大气气溶胶(aerosol)$NH_4^+$-N 的 $\delta^{15}N$，无法直接表征大气 $NH_3$ 的来源，Pan 等(2016)发展了一套方法计算初始氨气 $\delta^{15}N$ 值，从而进行氨气溯源工作。

同位素测定方法是基于 $N_2O$ 的同位素分析。即浸提液中的 $NH_4^+$首先被 BrO 氧化为 $NO_2^-$，$NO_2^-$在强酸性条件下被 $NH_2OH$ 定量转化为 $N_2O$。最后使用同位素比值质谱仪对所产生的 $N_2O$ 进行分析，可得样品 $\delta^{15}N$ 值[公式(8-38)]。

$$\delta^{15}N = \frac{\left(\frac{^{15}N}{^{14}N}\right)_{sample} - \left(\frac{^{15}N}{^{14}N}\right)_{standard}}{\left(\frac{^{15}N}{^{14}N}\right)_{standard}} \times 1000 \tag{8-38}$$

同位素溯源过程采用 IsoSources 同位素混合模型，把氨气来源分为农业、化石燃料燃烧和发电厂 $NH_3$ 逸散三个主要来源，$\delta^{15}N$ 特征值分别为-39.5‰、-2.95‰和-12.95‰。模型迭代生成源同位素混合物，所有源的贡献度总计为 1，从而得到每个源对氨气的贡献量。

通过对北京城区大气气溶胶进行化学和同位素测量，发现大气细颗粒物中 $\delta^{15}N$- $NH_4^+$值随污染发展而变化，可从清洁天的-37.1‰发展至污染天的-21.7‰。由于细粒子中 $NH_4^+$值差异很小，具有相似的来源。因此，使用小于 2.1 μm 分级颗粒物的 $\delta^{15}N$-$NH_4^+$加权平均值来计算初始 $\delta^{15}N$-$NH_3$ 值。根据气溶胶 $NH_4^+$与初始 $NH_3$ 的同位素分馏效应计算公式(8-39)，可计算得到初始 $NH_3$ 的 $\delta^{15}N$ 值。同位素溯源结果表明，在清洁天与污染天，北京市 $NH_3$ 主要来源不同。在清洁天北京市 $NH_3$ 主要来源为农业源，可占总来源的 84%。而随着污染的发展，农业源所占比例逐渐减小，非农业源所占比例逐渐增加。其中化石燃料燃烧源从 34%增加到 81%，表明在污染天时，化石燃料燃烧是城市 $NH_3$ 的主要来源，农业污染带来的影响很小。

### 8.5.4　卫星遥感法

卫星数据可以用于估算氮素干、湿沉降(Liu et al., 2017; Zhang et al., 2017)。目前，大气遥感可以探测到大气中的 $NH_3$ 和 $NO_2$，可以实现对全球 $NH_3$ 和 $NO_2$ 天尺度的连续性监测(如监测 $NO_2$ 的 OMI、监测 $NH_3$ 的 IASI)，监测的浓度为大气柱浓度，即地表到对流层顶的分子含量总数(mol·cm$^{-2}$)。大气氮沉降的定量估算关注地表过程，因此需要将卫星的柱浓度转化到近地表。一般来说，利用卫星产品来估算 N 干沉降可以分为两个步骤。首先，利用大气化学传输模型模拟 $NH_3$ 和 $NO_2$ 浓度垂直廓线，将卫星观测的 $NO_2$ 和 $NH_3$ 柱浓度分别转换为相应的近地面浓度。以 MOZART-4 模型为例，MOZART-4 可输出自地面向上的 56 个垂直分层的 $NO_2$ 和 $NH_3$ 浓度，$NO_2$ 和 $NH_3$ 廓线是基于高斯函数对每个网格单元中浓度的模拟所得。对于大气中的其他无机氮组分，如 $HNO_3$、$NO_3^-$和 $NH_4^+$，目前尚无可靠的卫星产品，如 IASI $HNO_3$ 产品空间分辨率 1°×1°，空间分辨率较粗，难以将这些数据用于估算区域尺度的无机氮沉降。更重要的是，IASI $HNO_3$ 产品尚未对大众公开，目前无法获取，该产品仍处于研发和验证阶段。为了估算其他无机氮浓度，可以借助大气化学模式模拟或者地面观测的近地表无机氮浓度关系和卫星估算的近地表 $NH_3$ 和 $NO_2$ 浓度，推算近地表 $HNO_3$、$NO_3^-$ 和 $NH_4^+$ 浓度。然后，采用卫星数据推演的地面活性氮浓度与 $V_d$ 的乘积估算出干沉降。对于无机氮湿沉降的遥感估算，可以简化为大气中无机氮浓度、降雨量和冲刷系数三者的乘积。对于大气中的无机氮浓度可以使用遥感监测 $NO_2$ 和 $NH_3$ 替代，降雨量可以由地面监测数据或再分析数据获得。但是，对于大气无机氮在降水（包括降雨或雪）事件下，对无机氮的冲刷系数通常难以准确模拟，存在较强的不确定性。提升遥感估算的模拟精度，可以通过构建遥感监测 $NO_2$ 和 $NH_3$、降水量和地面监测无机氮湿沉降之间的关系模型（混合效用模型）。基于月尺度上的 $NO_2$ 和 $NH_3$ 柱浓度和降雨量，混合效应模型可用于估算相应的湿沉降。混合效应模型可以通过近地面观测、卫星观测的 $NO_2$ 和 $NH_3$ 柱浓度以及气象数据进行优化。

### 8.5.5　模型评估法

全球和区域大气化学模式通常通过参数化的方式模拟大气中的化学物质沉降到地表或水体的过程（Zhao et al., 2017）。其中湿沉降参数化方案通过描述云中的微物理过程、水相化学反应等，计算云中的雨除（云中洗脱）和云下的洗除（云下洗脱）过程。降水过程可以分为对流抬升导致的对流性降水和锋面系统或其他天气系统产生的大尺度降水，大气化学模式通常对这两个过程产生的湿沉降分别进行考虑。其中对流降水沉降过程在模式的对流传输模块中计算，是次网格过程；大尺度降水过程则通常参数化为雨除和洗除的一阶清除过程，在网格尺度由模式最高层逐层向下计算。

在模式中，大气化学物质的干沉降（$F_d$）通常由该物质的数浓度（$n$）与干沉降速率（$V_d$）相乘得到（Wesely and Hicks, 2000）：

$$F_d = n \times V_d \tag{8-39}$$

在现有模式中，$V_d$ 通常都会通过串联阻力模型计算：

$$V_d = \frac{1}{R_a + R_b + R_c} \tag{8-40}$$

其中，$R_a$ 是空气动力学阻抗，代表了粗糙高度之上的湍流输送；$R_b$ 是准层流阻抗，代表了由地表到粗糙高度之间的输送。通常情况下，$R_b$ 远远小于 $R_a$，因此一些大气化学模式会忽略 $R_b$。$R_c$ 是地表阻抗，与地表的物理化学性质密切相关。土地利用类型，风速、温度和辐射等气象条件都会对 $R_c$ 造成影响。$R_c$ 的参数化经历了从简单拟合气象数据到详细考虑植被类型和植被结构的变迁。现有模式通常采用 Wesely 方案（Wesely, 1989）参数化 $R_c$，分别计算顶层植被、低层植被和地表的阻抗。

## 8.6　方法的不确定性与未来展望

当前，活性氮干湿沉降的监测或估算方法仍存在诸多不确定性。对于干沉降，不同活性氮的干沉降速率存在较大的不确定性。对于湿沉降，其不确定性主要来源于不同监测网络对其定义的理解以及采样程序和分析方法不同，难以保证数据的可比性。有机氮沉降是大气氮循环的重要组成部分，在全球大多数监测网络（如 NADP、EANET、EMEP、NNDMN）的湿沉降和干沉降定量中均未考虑。

　　因此，今后的工作应集中在以下几个方面：①结合我国各部门现有的监测站，建立系统、长期的氮沉降监测网（包括干湿沉降中所有活性氮类型，特别是有机氮）；②优化监测网的空间分布，在数据较少的区域建立更具代表性的观测点；③采取统一的取样、贮存、分析方法；④完善大气活性氮浓度和沉降的生物监测和卫星监测网络；⑤通过对沉降过程的深入了解，降低活性氮特别是 $NH_3$ 干沉降速率模拟的不确定性；⑥加强在氮沉降测量、建模及环境影响评价方面的国际合作。

# 参 考 文 献

李佩霖, 傅平青, 康世昌, 等, 2016. 大气气溶胶中的氮: 化学形态与同位素特征研究进展. 环境化学, 35(1): 1-10.

骆晓声, 2013. 中国不同地区大气活性氮监测及其干沉降研究. 北京: 中国农业大学.

王明星, 1999. 大气化学(第二版). 北京: 气象出版社.

Businger J A, Oncley S P, 1990. Flux measurement with conditional sampling. Journal of Atmospheric and Oceanic Technology, 7: 349-352.

Bleeker A, Draaijers G, van der Veen D, et al., 2003. Field intercomparison of throughfall measurements performed within the framework of the Pan European intensive monitoring program of EU/ICP Forest. Environmental Pollution, 125: 123-138.

Daube B, Kimball K D, Lamar P A, et al., 1987. Two new ground-level cloud water sampler designs which reduce rain contamination. Atmospheric Environment, 21: 893-900.

Demoz B B, Collett J L, Daube B C, 1996. On the caltech active strand cloudwater collectors. Atmospheric Research, 41: 47-62.

Dollard G J, Unsworth M H, 1983. Field measurements of turbulent fluxes of wind-driven fog drops to a grass surface. Atmospheric Environment, 17: 775-780.

Draaijers G P J, Erisman J W, Spranger T, et al., 1996. The application of throughfall measurements for atmospheric deposition monitoring. Atmospheric Environment, 30: 3349-3361.

Du E, 2016. Rise and fall of nitrogen deposition in the United States. Proceedings of the National Academy of Sciences of the United States of America, 113(26): E3594-E3595.

Du E, 2018. A database of annual atmospheric acid and nutrient deposition to China's forests. scientific Data, 5: 180223. DOI: 10.1038/sdata.2018.223.

Du E, de Vries W, Galloway J N, et al., 2014a. Changes in wet nitrogen deposition in the United States between 1985 and 2012. Environmental Research Letters, 9: 095004.

Du E, Jiang Y, Fang J Y, et al., 2014b. Inorganic nitrogen deposition in China's forests: status and characteristics. Atmospheric Environment, 98: 474-482.

Du E, Vries W D, Han W, et al., 2016. Imbalanced phosphorus and nitrogen deposition in China's forests. Atmospheric Chemistry and Physics, 16: 8571-8579.

Erisman J W, Draaijers G P J, 1995. Atmospheric deposition in relation to acidification and eutrophication. Studies in Environmental Research, 63: 1-404.

Erisman J W, Hensen A, Fowler D, et al., 2001. Dry deposition monitoring in Europe. Water, Air, and Soil Pollution: Focus, 1: 17-27.

Famulari D, Fowler D, Nemitz E, et al., 2010. Development of a low-cost system for measuring conditional time-averaged gradients of SO$_2$ and NH$_3$. Environmental Monitoring and Assessment, 161: 11-27.

Felix J D, Elliott E M, Gish T J, et al., 2013. Characterizing the isotopic composition of atmospheric ammonia emission sources using passive samplers and a combined oxidation-bacterial denitrifier approach. Rapid Communications in Mass Spectrometry, 27: 2239-2246.

Flechard C R, Massad R S, Loubet B, et al., 2013. Advances in understanding, models and parameterisations of biosphere-atmosphere ammonia exchange. Biogeosciences, 10: 5183-5225.

Fowler D, Duyzer J H, 1989. Micrometeorological techniques for the measurement of trace gas exchange// Andreae M O, Schimel S D. Exchange of Trace Gases Between Terrestrial Ecosystems and the Atmosphere. John Wiley & Sons Ltd: 189-207.

Fowler D, Coylel M, Flechard C, et al., 2001. Advances in micrometeorological methods for the measurement and interpretation of gas and particle nitrogen fluxes. Plant and Soil, 228: 117-129.

Glotfelty D E, Majewski M S, Seiber J N, 1990. Distribution of several organophosphorus insecticides and their oxygen analogs in a foggy atmosphere. Environmental Science & Technology, 24: 353-357.

He C E, Liu X J, Fangmeier A, et al., 2007. Quantifying the total airborne nitrogen input into agroecosystems in the North China Plain. Agriculture Ecosystems & Environment, 121: 395-400.

Hesterberg R, Blatter A, Fahrni M, et al., 1996. Deposition of nitrogen-containing compounds to an extensively managed grassland in central Switzerland. Environmental Pollution, 91: 21-34.

Hicks B B, Baldocchi D, Hosker R P, et al., 1985. On the use of monitored air concentrations to infer dry deposition. NOAA Tech Memo ERLARL-141: 65.

Jacob D J, Waldman J M, Haghi M, et al., 1985. Instrument to collect fogwater for chemical-analysis. Review of Scientific Instruments, 56: 1291-1293.

Jackie T, Olivier M, Frédéric B, et al., 2018. Determination of fog-droplet deposition velocity from a simple weighing method. Aerosol and Air Quality Research, 18: 103-113.

Jenkinson D S, Poulton P R, Johnston A E, et al., 2004. Turnover of nitrogen15-labeled fertilizer in old grassland. Soil Science Society of America Journal, 68: 865-875.

Katata G, Nagai H, Wrzesinsky T, et al., 2008. Development of a land surface model including cloud water deposition on vegetation. Journal of Applied Meteorology & Climatology, 47: 2129-2146.

Krupa S V, 2002. Sampling and physico-chemical analysis of precipitation: a review. Environmental Pollution, 120: 565-594.

Lange C A, Matschullat J, Zimmermann F, et al., 2003. Fog frequency and chemical composition of fog water: a relevant contribution to atmospheric deposition in the eastern Erzgebirge, Germany. Atmospheric Environment, 37: 3731-3739.

Li S G, Harazono Y, Oikawa T, et al., 2000. Grassland desertification by grazing and the resulting micrometeorological changes in Inner Mongolia. Agriculture and Forest Meteorology, 102: 125-137.

Liu L, Zhang X Y, Xu W, et al., 2017. Estimation of monthly bulk nitrate deposition in China based on satellite NO$_2$ measurement by the Ozone Monitoring Instrument. Remote Sensing of Environment, 199: 93-106.

Lovett G M, Reiners W A, Olson R K, 1982. Cloud droplet deposition in subalpine balsam fir forests: hydrological and chemical inputs. Science, 218: 1303-1304.

Mahiba S, Tom H, 2002. Characterization and comparison of three passive air samplers for persistent organic pollutants. Environmental Science & Technology, 36: 4142-4151.

Massad R S, Nemitz E, Sutton M A, 2010. Review and parameterisation of bi-directional ammonia exchange between vegetation and the atmosphere. Atmospheric Chemistry and Physics, 10: 10359-10386.

Masahiro S, Kohji M, 2004. Dry deposition fluxes and deposition velocities of trace metals in the Tokyo metropolitan area measured with a water surface sampler. Environmental Science & Technology, 38: 2190-2197.

McTainsh G H, Nickling W G, Lynch A W, 1997. Dust deposition and particle size in Mali, West Africa. Catena, 29: 307-322.

Moore K F, Sherman D E, Reilly J E, et al., 2004. Drop size-dependent chemical composition in clouds and fogs. Part I. Observations. Atmospheric Environment, 38: 1389-1402.

Nemitz E, Milford C, Sutton M A, 2001. A two-layer canopy compensation point model for describing bi-directional biosphere-atmosphere exchange of ammonia. Quarterly Journal of the Royal Meteorological Society, 127: 815-833.

Oswald R, Behrendt T, Ermel M, et al., 2013. HONO emissions from soil bacteria as a major source of atmospheric reactive nitrogen. Science, 341: 1233-1235.

Pan Y P, Wang Y S, Tang G Q, et al., 2012. Wet and dry deposition of atmospheric nitrogen at ten sites in Northern China. Atmospheric Chemistry and Physics, 12(14): 6515-6535.

Pan Y, Tian S, Liu D, et al., 2016. Fossil fuel combustion-related emissions dominate atmospheric ammonia sources during severe haze episodes: evidence from [15]N-stable isotope in size-resolved aerosol ammonium. Environmental Science & Technology, 50: 8049-8056.

Pahl S, Winkler P, Schneider T, et al., 1994. Deposition of trace substances via cloud interception on a coniferous forest at Kleiner-Feldberg. Journal of Atmospheric Chemistry, 19: 231-252.

Paode R D, Sofuoglu S C, Sivadechathep J, et al., 1998. Dry deposition fluxes and mass size distributions of Pb, Cu, and Zn measured in southern Lake Michigan during AEOLOS. Environmental Science & Technology, 32: 1629-1635.

Pleim J E, Bash J O, Walker J T, et al., 2013. Development and evaluation of an ammonia bidirectional flux parameterization for air quality models. Journal of Geophysical Research Atmospheres, 118: 3794-3806.

Samara C, Tsitouridou R, 2000. Fine and coarse ionic aerosol components in relation to wet and dry deposition. Water Air and Soil Pollution, 120: 71-88.

Schell D, Maser R, Wobrock W, et al., 1997. A two-stage impactor for fog droplet collection: design and performance. Atmospheric Environment, 31: 2671-2679.

Schomburg C J, Glotfelty D E, Seiber J N, 1991. Pesticide occurrence and distribution in fog collected near Monterey, California. Environmental Science & Technology, 25: 155-160.

Shen J L, Tang A H, Liu X J, et al., 2009. High concentrations and dry deposition of reactive nitrogen species at two sites in the North China Plain. Environmental Pollution, 157: 3106-3113.

Shen J L, Li Y, Liu X J, et al., 2013. Atmospheric dry and wet nitrogen deposition on three contrasting land use types of an agricultural catchment in subtropical central China. Atmospheric Environment, 67: 415-424.

Shen J L, Chen D, Bai M, et al., 2016. Ammonia deposition in the neighbourhood of an intensive cattle feedlot in Victoria, Australia. Sciectific Reports, 6: 32793.

Slinn W G N, 1982. Predictions for particle deposition to vegetative surfaces. Atmospheric Environment, 16: 1785-1794.

Sparks J P, 2009. Ecological ramifications of the direct foliar uptake of nitrogen. Oecologia, 159: 1-13.

Sutton M A, Pitcairn C E, Whitfield C P, 2004. Bioindicator and biomonitoring methods for assessing the effects of atmospheric nitrogen on statutory nature conservation sites. JNCC Report, 356.

Tarnay L, Gertler A W, Blank R R, et al., 2001. Preliminary measurements of summer nitric acid and ammonia concentrations in the Lake Tahoe Basin air-shed: implications for dry deposition of atmospheric nitrogen. Environmental Pollution, 113: 145-153.

Tom H, Mahiba S, Miriam D, et al., 2004. Using passive air samplers to assess urban-rural trends for persistent organic pollutants. 1. Polychlorinated biphenyls and organochlorine pesticides. Environmental Science & Technology, 38: 4474-4483.

Wesely M L, 1989. Parameterization of surface resistances to gaseous dry deposition in regional scale numerical models. Atmospheric Environment, 23: 1293-1304.

Wesely M L, Hicks B B, 1977. Some factors that affect the deposition rates of sulfur dioxide and similar gases on vegetation. Air Pollution Control Association, 27: 1110-1116.

Wesely M L, Hicks B B, 2000. A review of the current status of knowledge on dry deposition. Atmospheric Environment, 34: 2261-2282.

Wuyts K, Adriaenssens S, Staelens J, et al., 2015. Contributing factors in foliar uptake of dissolved inorganic nitrogen at leaf level. Science of the Total Environment, 505: 992-1002.

Xiao H Y, Tang C G, Xiao H W, et al., 2010. Mosses indicating atmospheric nitrogen deposition and sources in the Yangtze River drainage basin, China. Journal of Geophysical Research-Atmospheres, 115: D14301.

Xu W, Luo X S, Pan Y P, et al., 2015. Quantifying atmospheric nitrogen deposition through a nationwide monitoring network across China. Atmospheric Chemistry and Physics, 15: 18365-18405.

Xu W, Shang B, Xu Y S, et al., 2018a. Effects of elevated ozone concentration and nitrogen addition on ammonia stomatal compensation point in a poplar clone. Environmental Pollution, 238: 760-770.

Xu W, Liu L, Cheng M, et al., 2018b. Spatial-temporal patterns of inorganic nitrogen air concentrations and deposition in eastern China. Atmospheric Chemistry and Physics, 18: 10931-10954.

Xu W, Zhang L, Liu X J, 2019. A database of atmospheric nitrogen concentration and deposition from the nationwide monitoring network in China. Scientific Data, 6: 51.

Zhang L, Gong S, Padro J, et al., 2001. A size-segregated particle dry deposition scheme for an atmospheric aerosol module. Atmospheric Environment, 35: 549-560.

Zhang X Y, Lu X H, Liu L, et al., 2017. Dry deposition of $NO_2$ over China inferred from OMI columnar $NO_2$ and atmospheric chemistry transport model. Atmospheric Environment, 169: 238-249.

Zhang Y, Liu X J, Fangmeier A, et al., 2008. Nitrogen inputs and isotopes in precipitation in the North China Plain. Atmospheric Environment, 42: 1436-1448.

Zhao Y H, Zhang L, Chen Y F, et al, 2017. Atmospheric nitrogen deposition to China: a model analysis on nitrogen budget and critical load exceedance. Atmospheric Environment, 153: 32-40.

# 第9章 土壤 $N_2O$ 排放通量测定方法——静态箱-气相色谱法

## 9.1 导　言

氧化亚氮($N_2O$)是一种受人类活动影响的重要温室气体,能在大气中存留长达 118～131 年(Fleming et al., 2011),在百年尺度上单位分子量的 $N_2O$ 的全球增温潜势(Global Warming Potential,GWP)是二氧化碳($CO_2$)的 298 倍,而且还对平流层的臭氧有破坏作用(Kanter et al., 2013)。大气 $N_2O$ 浓度已由工业革命前的 $270×10^{-9}$ 增长到 2011 年的 $324.2×10^{-9}$,增幅达到 20%,并且仍以 $0.73×10^{-9} a^{-1}$ 的速度继续增长,其中从 2005 年至 2011 年增长了 $5×10^{-9}$,占全部增长量的 9%(IPCC, 2014)。全球人为源排放的 $N_2O$(以 N 计)为 6.9(2.7～11.1)$Tg·a^{-1}$,农业占比为 59.4%,施用化肥和有机肥的农田土壤是农业 $N_2O$ 排放的主要来源(Reay et al., 2012)。

农业排放源包括农田土壤直接排放和畜牧业排放,并且可能会随着人口数量和食品需求的增加而继续增加。联合国粮食及农业组织(FAO)预计到 2030 年,农业源排放进入大气中的 $N_2O$ 可能会增加 35%～60%。采用自上而下(top down)和自下而上(bottom up)方法估算得到全球陆地生态系统生物过程排放的 $N_2O$ 量(以 N 计)分别为(12.6 ± 0.7)和(15.6 ± 1.0)$Tg·a^{-1}$,其中,自然土壤排放量为(7.54 ± 0.42)$Tg·a^{-1}$(top down 方法)或(8.39 ± 0.90)$Tg·a^{-1}$(bottom up 方法),施肥农业土壤 $N_2O$ 直接排放量为(3.95 ± 0.26)$Tg·a^{-1}$(Tian et al., 2016)。与自然土壤相比,农田土壤受到人为活动的强烈干扰,众多来源过程和影响因素使得农田 $N_2O$ 排放表现出巨大的时空变异,增加了农田 $N_2O$ 排放估算的复杂性和不确定性(Stehfest and Bouwman, 2006; Chen et al., 2008)。因此,需要进一步加强农田土壤 $N_2O$ 排放研究及标准监测方法制定,为土壤 $N_2O$ 排放估算和减排提供数据支撑。

## 9.2 土壤 $N_2O$ 产生过程

在土壤中,$N_2O$ 可通过多种微生物过程产生,主要包括硝化作用(自养硝化和异养硝化)、反硝化作用(化学反硝化、传统异养反硝化、共反硝化)、硝化细菌反硝化、联合硝化-反硝化以及硝酸盐异化还原成铵等作用(Wrage et al., 2001; Baggs, 2011)。

长期以来硝化作用和反硝化作用一直被认为是农田土壤 $N_2O$ 的主要产生过程(Butterbach-Bahl et al., 2013)。但是,随着对 $N_2O$ 排放机制研究的深入,硝化细菌反硝化、硝态氮异化还原成铵作用、化学反硝化以及羟胺的化学分解等非生物过程也可产生 $N_2O$(Bremner, 1997; Wrage et al., 2001)。目前,农田土壤已知的 $N_2O$ 产生途径如图 9-1 所示。

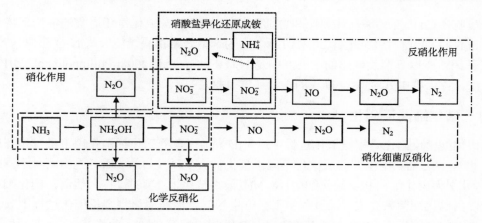

图 9-1　农田土壤已知的 $N_2O$ 产生途径

### 9.2.1　硝化作用

　　土壤中的铵态氮($NH_4^+$)主要来自无机氮和有机氮肥的施用，氮肥施入土壤后在土壤微生物的作用下进行硝化反应。硝化作用是在好氧区域中微生物将氨($NH_3$)氧化为亚硝酸根($NO_2^-$)、硝酸根($NO_3^-$)或氧化态氮的过程，包括自养硝化作用和异养硝化作用。

　　自养硝化作用是自养硝化细菌利用 $CO_2$ 作为碳源，从 $NH_4^+$ 氧化过程获得能源的过程。异养硝化作用是由异养硝化微生物在好氧条件下将还原态氮(包括有机氮)氧化为 $NO_2^-$ 和 $NO_3^-$ 的过程，异养硝化菌以有机碳为碳源和能源。大量研究表明以有机氮为底物的异养硝化作用对 $N_2O$ 排放贡献很大(Zhang et al., 2011; Stange et al., 2013)。异养硝化菌种类繁多，除自养硝化细菌外，真菌被认为是数量最大、效率最高的异养硝化菌。此外，某些细菌和放线菌也被确定为具有硝化能力的异养微生物。近期研究表明在酸性土壤中异养硝化作用对 $N_2O$ 排放贡献比自养硝化作用大(Zhang et al., 2011; Stange et al., 2013)，而且在有机质含量高的草地土壤中也是如此(Müller et al., 2014)。

### 9.2.2　反硝化作用

　　土壤中的反硝化过程包括生物反硝化和化学反硝化过程,其中生物反硝化最为重要,常说的反硝化主要指生物反硝化。生物反硝化作用是在厌氧条件下异养微生物将 $NO_3^-$ 逐步还原成 $N_2$ 的硝酸盐异化过程(Philippot and Hallin, 2005)。参与反硝化过程的酶包括：硝酸盐还原酶(nitrate reductase，NAR/NAP)、亚硝酸盐还原酶(nitrite reductase，NIR)、一氧化氮还原酶(nitric oxide reductase，NOR)和氧化亚氮还原酶(nitrous oxide reductase，NOS)。反硝化作用是氮循环的最后一步，$N_2O$ 作为反硝化过程的一种中间产物，促进温室气体 $N_2O$ 的排放。但是，反硝化作用在土壤氮素生物地球化学循环中扮演着重要角色，该过程的最后一步是目前生物圈内唯一已知的能够将 $N_2O$ 还原为 $N_2$ 的过程，从而减少 $N_2O$ 对环境和气候变化的影响。有研究报道在土壤深层产生的 $N_2O$ 在排放到大气之前可能有 30%~80%被还原为 $N_2$(Clough et al., 2005)。除了细菌能够进行反硝化之外，真菌也能进行异养反硝化，成为 $N_2O$ 排放的重要贡献者之一(Thamdrup, 2012)。真菌反硝化是在含 Cu 的亚硝酸盐还原酶和含细胞色素 P450 的一氧化氮还原酶的催化下将 $NO_2^-$ 还原为 $N_2O$ 的过程(Shoun et al., 2012)。因为真菌普遍都缺乏能够将 $N_2O$ 还原为 $N_2$ 的 *nosZ* 基因,所以真菌反硝化的主要产物是 $N_2O$(Sutka et al., 2008; Philippot et al., 2011),但是在原位土壤中其对 $N_2O$ 排放的贡献还鲜有报道。

### 9.2.3　硝化细菌反硝化

硝化细菌反硝化是指氨氧化过程中产生的 $NO_2^-$ 在自养硝化细菌作用下进一步还原为 $N_2O$ 和 $N_2$ 的过程。硝化细菌反硝化不同于硝化耦合反硝化过程,后者是由两种不同的微生物(分别为硝化细菌和反硝化细菌)将 $NH_4^+$ 最终转化为 $N_2$ 的过程。然而,硝化细菌反硝化仅由硝化细菌来完成,该过程中不会产生 $NO_3^-$,而在硝化耦合反硝化过程中 $NO_3^-$ 可能作为中间产物生成(Wrage et al., 2001)。自从 Wrage 等(2005)采用 $^{15}N$-$^{18}O$ 双同位素标记方法区分了土壤中氨氧化作用、硝化细菌反硝化以及异养反硝化过程对 $N_2O$ 排放的贡献,硝化细菌反硝化在土壤 $N_2O$ 排放中的重要性引起了广泛关注。

### 9.2.4　硝态氮异化还原成铵作用

生物反硝化作用包括硝酸根同化还原和硝酸根异化还原。硝酸根异化还原过程除了以气态氮化物($N_2O+N_2$)为主导产物的反硝化过程之外;还有一类是以 $NH_4^+$ 为主导产物的硝态氮异化还原成铵过程(dissimilatory nitrate reduction ammonium,DNRA)。该过程包括两个阶段:①在硝酸盐还原酶(NAR)的作用下将 $NO_3^-$ 还原成 $NO_2^-$;②在 DNRA 亚硝酸盐还原酶(NIR)的催化下将 $NO_2^-$ 还原成 $NH_4^+$。一般认为,DNRA 需要在严格的厌氧环境、高 pH 以及大量的易氧化态有机物存在的条件下才能进行。氧化还原状况和 $C/NO_3^-$ 值是影响土壤中 DNRA 过程的重要环境因子(Rütting et al., 2011)。

反硝化过程不仅导致农田土壤氮素损失,而且促进温室气体 $N_2O$ 排放导致全球变暖和臭氧层的破坏。相反,DNRA 过程将 $NO_3^-$ 还原成 $NH_4^+$ 的过程,能够保氮(Silver et al., 2001)。$NO_3^-$ 是反硝化和 DNRA 过程的共同底物,如果能够增强 DNRA 过程,就有可能削弱反硝化过程,从而达到减少氮素损失和环境污染的目的。因此,DNRA 成为农业科学家和环境科学家共同关注的问题。

### 9.2.5　化学反硝化

化学反硝化是指 $NH_4^+$ 氧化为 $NO_2^-$ 的过程中,产生的中间产物化学分解或 $NO_2^-$ 本身与有机(如胺类)或无机($Fe^{2+}$、$Cu^{2+}$)化合物的化学反应,是一种通常发生在低 pH 土壤中的非生物过程(Van Cleemput and Baert, 1984)。在酸性土壤中 $NO_2^-$ 参与的化学反应尽管有 $N_2O$ 生成,但是产物以 NO 为主。化学反硝化与硝化作用密切相关,因此,难以区分 NO 和 $N_2O$ 是来源于硝化过程还是化学反硝化过程(Martikainen and de Boer, 1993)。

## 9.3　土壤 $N_2O$ 排放通量监测方法

目前,对陆地生态系统 $N_2O$ 排放通量的测定方法主要有微气象法和箱法,其中,微气象法中的通量塔-微气象-涡度相关法和箱法中的静态箱法-气相色谱法较为常见。通量塔-微气象-涡度相关法和静态箱法-气相色谱法有各自适用的空间范围要求和优缺点,在大区域自然源土壤 $N_2O$ 排放通量监测中常采用通量塔-微气象-涡度相关法;在人为源土壤 $N_2O$ 排放通量研究中,尤其是田块尺度下多采用静态箱法-气相色谱法。箱法中除静态箱法外,还有动态箱法,本章将重点介绍静态箱法-气相色谱法在农田生态系统土壤 $N_2O$ 排放通量研究的应用,静态箱法-气相色谱法在水体 $N_2O$ 排放通量中的应用,同时简要介绍动态箱法。

### 9.3.1　静态箱法-气相色谱法基本原理

静态箱法-气相色谱法的基本工作原理是用已知容积和底面积的密闭无底箱体(由化学性质稳定的材料制成)将要测定的地表罩起来,每隔一段时间抽取箱内气体,用气相色谱仪测定其中目标气体的浓度,然后根据气体浓度随时间的变化率,计算被罩表面地-气间气体在单位时间单位面积排放通量,对于 $N_2O$ 的观测,单位一般为 $mg \cdot m^{-2} \cdot h^{-1}$(以 $N_2O$-N 计)。该方法具有适应性强、结构与操作简单、成本低廉和灵敏度高等优点,因此广泛应用(邹建文等,2004;郑循华和王睿,2017)。

### 9.3.2　静态箱法观测时间

在农田生态系统 $N_2O$ 排放通量观测中,箱体对作物生长不可避免地造成一定影响,尤其是对水稻和小麦低秆作物,在 $N_2O$ 排放通量观测中是作物都在整个箱体中,观测时间过长,会对作物产生损失,尤其是对夏季高温环境下生长的作物,如水稻,观测时间过长,会造成叶片灼伤,致使鞘叶损害变黄。所以在利用箱法对农田生态系统下 $N_2O$ 排放采样观测时,应合理设置采样时间,一般在 1 h 内完成采样,均分 3~4 个时间节点进行采样,样品采集时间为盖箱后的 0、10、20、30 min。一般选择固定的采样时间,如在稻麦轮作系统下 $N_2O$ 观测,采样时间为上午 8:00~11:00。特殊事件后,比如施肥、降雨、稻季烤田以及烤田以后的覆水,加大样品采集频率,稻季 $N_2O$ 的观测频率为一周 2~3 次,冬作物季的观测频率为一周一次。

### 9.3.3　静态箱法制作材料

静态箱法采样中所用采样箱的制作材料多样,根据研究对象不同,箱体的形状大小各异,为了计算排放通量方便,所使用的采样箱大多为规则形状。箱体一般采用化学性质稳定的材料制成,其容积和底面积都可准确测定,箱子底部开口。箱体的制作材料有不锈钢、聚氯乙烯(PVC)和有机玻璃等材料。三种材料制作的采样箱在实际田间应用中各有优缺点,不锈钢材料坚固,野外实验不易老化,但受阳光照射后增温快;PVC 材料轻便柔性大但在野外易老化,尤其是箱体焊接处;有机玻璃材料常用于明箱法采样箱制作,采样过程中不影响作物光合作用过程,但采用透明箱测定生态系统微量气体交换的技术难题是测定过程中箱内空气温度上升很快,难于控制。而采样期间温度的急剧上升不仅影响植物的光合作用和呼吸作用,还会导致箱内水汽含量增加(特别是对于水稻生态系统)。因此,目前在农田生态系统土壤 $N_2O$ 排放通量观测中采样箱一般是用 PVC 材料制成的暗箱。

### 9.3.4　农田土壤静态箱基本构成

#### 9.3.4.1　稻麦轮作系统静态箱构成

　　主要以稻麦轮作系统下土壤 $N_2O$ 采样静态箱构成为例，如图 9-2，主要由采样箱和采样箱底座组成，在整个观测阶段，底座一直固定在田间。底座由 PVC 材料制成，大小为 50 cm×50 cm，底座高度为 20 cm，在底座顶部有宽 2 cm、深 3 cm 的密封水槽，底座底部插入土壤 10 cm，底座顶部高出土壤表面 10 cm，各面座壁上开有 9 个直径 2 cm 的圆孔，以便座壁两侧土壤水分流通。采样箱尺寸长×宽×高大小为 50 cm×50 cm×50 cm，其中采样箱的高度根据作物高度可做出调整，根据冬小麦和水稻生长周期情况，在冬小麦或水稻生长前期，一般在拔节初期，以中国科学院常熟农业生态实验站冬小麦和水稻种植物候期为例，冬小麦在 4 月中旬前采样时用一节采样箱，高 50 cm，在 4 月中旬后直至收获采样时用 2 节采样箱，高 120 cm；水稻在 8 月中旬前采样时用一节采样箱，在 8 月中旬后直至收获采样时用 2 节采样箱。采样箱上还配备温度计、风扇、平衡管及采样孔。采样时，将采样箱罩在底座上，以水密封，箱内配以温度计、1 个小风扇（直径 $d=$ 15 cm）和平衡管及在采样箱侧面配以采样孔，采样孔根据采样方式的不同（如用注射器采样、真空瓶采样和气袋采样）有不同的设计方式，在用注射器或者真空瓶对箱内其他采样时，采样孔直径约 0.5 cm，用高密度硅胶塞密封，并配以注射器针头和三通或双向针头，在用气袋进行重采样时，采样孔大小为直径 1 cm，采样孔用单向阀进行密封，气袋一般配合自动气体采样器进行使用，所以需要在采样箱两侧都开采样孔。风扇用 12V 蓄电池驱动，以混合箱内空气，平衡管用内径 1.2 cm、长 25 cm 的 PVC 管构成，平衡管伸入采样箱内 2 cm，底部连接一个平衡气袋，上部有一个控制开关阀门，当采样时阀门打开，非采样期阀门关闭。为了减缓采样箱内温度上升，一般采样箱体用白色塑料泡沫或锡箔纸或涂以银粉漆。

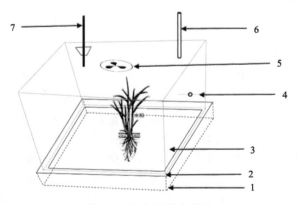

图 9-2　静态箱基本组成

1—采样箱底座；2—密封水槽；3—采样箱；4—采样孔；5—风扇；6—平衡管；7—温度计

### 9.3.4.2　旱地原位玉米系统静态箱构成

在用静态箱法-气相色谱法进行旱地玉米等高秆作物 $N_2O$ 原位排放通量监测中，静态箱同样由底座和箱体组成。需要注意的是箱体高度不能超过作物高度情况下，可选择局部包裹作物秸秆以下及全覆盖根部土壤。箱体采用对拼接方式设计，即采样箱设计成均分的两对半，采样时对接合二而一，用铰链连接，并用密封条密封。在采样箱的上端中间留有直径为 10 cm 的开孔，以便套在 PVC 圆筒上，连接处用密封条密封。PVC 箱体外部包有白色泡沫，以降低采气时箱内气温的变化。采气箱顶端设有测定箱内气温的端口，侧部设置采气口，连接硅胶管(图 9-3)。对监测非种植高秆作物区域土壤 $N_2O$ 排放，静态箱设计思路与稻麦系统下一致，为了使监测方法具有一致性，有作物区域土壤和无作物区域土壤 $N_2O$ 排放通量监测时，静态箱大小尺寸一致(图 9-3)。

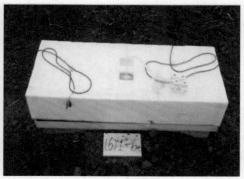

图 9-3　玉米高秆作物土壤 $N_2O$ 排放通量监测采样箱(陈增明，2016)

### 9.3.4.3　盆栽系统静态箱构成

盆栽系统下用箱法测定土壤 $N_2O$ 排放通量时，采样箱设计如图 9-4 所示，根据研究目的及对象，采样箱可设计成能覆盖作物或在作物间隔布设采样箱。以 Gong 等(2012)利用箱法研究盆栽系统下 $N_2O$ 排放为例，其采样箱同样主要由箱底座和采样箱构成，根据盆栽的大小，采样箱底座长×宽×高设计成 49 cm×16 cm×7 cm，采样箱长×宽×高为 46 cm×13 cm×10 cm，采样箱和底座间用水进行密封。

### 9.3.4.4　水体系统静态箱构成

20 世纪五六十年代就开始利用漂浮通量箱法直接观测水-气界面 $CH_4$ 和 $N_2O$ 通量(Copeland and Duffer, 1964)。该方法的基本原理是，设计适当容积、下端开口的气密性箱体，使其自然漂浮于水面上，通过测定一定时间内箱内 $CH_4$ 和 $N_2O$ 浓度的变化而确定其排放通量。漂浮通量箱由静态采样箱和漂浮架组成。为防止太阳照射使箱体内温度过高，每个通量箱外部常用银白色锡箔纸或其他反光或绝热材料包裹。采样箱上部密封，并连有温度传感器和气体采样管线。固定在采样箱上的漂浮架材料有泡沫聚苯乙烯

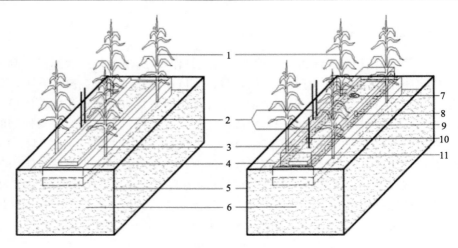

图 9-4 盆栽系统下静态箱法土壤 $N_2O$ 排放通量监测采样箱

1—作物；2—温度计；3—水槽；4—PVC 采样箱底座；5—盆栽；6—土壤；7—风扇；8—硅胶密封塞，连接注射器针头和三通阀，用于采样；9—水，用于密封；10—硅胶塞，用于密封温度计和采样箱连接；11—采样箱

(styrofoam)、充气汽车轮胎等。目前，测量水面温室气体排放速率最常用的方法是静态箱法，它通过在水体表面放置一个顶部密封的有机玻璃箱或者 PVC 箱体，箱体表层裹有锡箔纸，外部放置汽车内胎大小的轮胎或者泡沫以便浮于水面，箱体外侧有固定绳用于固定箱体于水面上方，箱体上方有采样孔，箱体底部中通，收集表层水体以扩散方式排放的温室气体。静态箱法由于成本低、方便拆卸与携带，便于与在线分析仪器连接实现实时监测等，目前已得到广泛应用。

如图 9-5 所示，1 为 PVC 材料制作的底部中通的圆环形箱体，厚度为 3 mm，箱体的半径为 15 cm，高 12 cm，箱盖比箱体略大，两端系有固定绳 3，箱体四周附有胶体粘贴的厚度为 10 cm 的圆环泡沫漂浮体 2，箱体上端有一个圆形通气孔 5 和带有采样垫的采样孔 4。

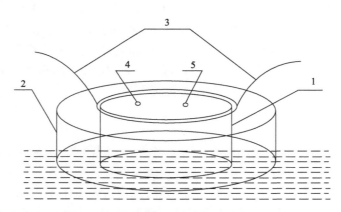

图 9-5 水体 $N_2O$ 排放通量监测漂浮箱框架示意图

1—圆环形箱体；2—圆环泡沫漂浮体；3—固定绳；4—采样孔；5—圆形通气孔

采样时，小心将漂浮箱置于水中，箱体下端没于水下约 2 cm，用配套软塞将圆形通气孔 5 密封，然后用双向采样针一头插入采样孔 4，另一头插入事先准备好的真空采样瓶，待真空瓶气压和箱体压力平衡后，收回采样瓶，拔出双向采样针。以此方法每隔 10 min 左右采样一次，连续采样 5 次作为一个重复序列，通过样品的浓度差和采样时间间隔可以计算水体的温室气体排放速率。每个序列采完后，把软塞拿开以平衡空气。定点采样时，将两固定绳或悬挂上方，或拴于两边；流动采样时，将相邻箱体两两相连依次放入水体，人只需通过延长绳拉着最后一个箱体的一端，在岸边行走以跟上箱体的漂浮速度。采样时，只需缓慢将箱体依次拉近岸边即可采样。

### 9.3.5　采样气样 $N_2O$ 浓度分析

气体 $N_2O$ 分析用气相色谱法分析，气相色谱法是一种把混合物分离成单个组分的实验方法，用来对样品组分进行鉴定和定量测定，其基本原理是：气相色谱是基于时间差别的分离技术，样品进样后，首先进入汽化室，然后在载气的传送作用下进入色谱柱（载气常用氮气或氦气等；色谱柱有填充柱和毛细管柱），不同组分在色谱柱中基于对不同化合物的保留性能不同而被分离，最后依次流出色谱柱，被检测器检测（检测器有热导检测器、火焰离子化检测器和电子捕获检测器），得到其含量。测定样品中某组分的含量时，需要先分析已知浓度的标准样品，然后将标准样品色谱峰的保留时间和峰面积与待测样品比对，计算待测样品中目标组分含量。

气样 $N_2O$ 浓度分析用 $^{63}Ni$ 电子捕获检测器（ECD）检测，检测器温度为 350℃，载气为氩甲烷（95%氩气+5%甲烷），流速为 55 mL·min$^{-1}$。所用色谱柱均为 Porapak Q 填充柱（80/100 目，柱长 2 m，柱径 2 mm），柱温为 55℃。

### 9.3.6　$N_2O$ 排放通量计算公式

单位时间和单位面积上土壤 $N_2O$ 的排放通量（$F$）用以下公式计算：

$$F = \rho \times \frac{dc}{dt} \times \frac{V}{A} \times \frac{273}{273+T}$$

式中，$F$ 为 $N_2O$ 的排放通量，mg·m$^{-2}$·h$^{-1}$；$\rho$ 为标准状态下 $N_2O$ 的密度，1.25 kg·m$^{-3}$；$V$ 为采样箱的体积，m$^3$；$A$ 为采样箱底座的面积，m$^2$；$dc/dt$ 指单位时间内箱内气体浓度的变化量，用 4 次采样气体 $N_2O$ 浓度与采样时间进行线性回归，取 $R^2$ 大于 0.9 的，斜率值就是 $dc/dt$，mg·h$^{-1}$；$T$ 为箱体内的温度，℃。每次观测各个处理的 $N_2O$ 的排放通量用 3 个重复的平均值表示。

### 9.3.7　动态箱法

动态箱法测定生态系统-大气碳氮气体交换通量的基本原理是，空气从箱体一侧的进气口被吸入箱体中，流经被箱体笼罩的地表，然后从箱体另一侧的出口流出。动态箱法要求箱内的气流处于准稳态，即流经进出气口的气流量大小一致，箱内不出现明显的对流，气流量的大小以保证箱内外的贴地层空气状况没有明显差别为限。根据物质守恒和流体不可压缩的原理，可通过进出气口的空气中目标气体的浓度差、流量和箱体覆盖的地面面积等参数求出气体交换通量(王明星，1999)。

　　动态箱法的主要优点在于，它能基本保持被测表面的环境状况，使之接近于无箱体覆盖的自然状态，这表明动态箱系统在温度恒定的情况下更加适用于长期连续检测气体通量。然而动态箱系统对于引入气流压力不足非常敏感。在通过箱子的气流量稍有不足时，就有可能造成对气体排放通量的高估。在气流量恒定时，使用大口径气体入口和小口径气体出口的动态采样箱，便可保持箱内气流准稳态。使用动态箱系统需要具备非常灵敏的检测仪器，并且只有当目标气体排放通量较大时，才能测出动态箱进气口和出气口处的浓度差异(郑循华和王睿，2017)。

# 参 考 文 献

陈增明，2016. 黑土旱地氧化亚氮排放及其机制研究. 北京: 中国科学院大学.

王明星，1999. 大气化学(第二版). 北京: 气象出版社.

郑循华，王睿，2017. 陆地生态系统-大气碳氮气体交换通量的地面观测方法. 北京: 气象出版社.

邹建文，黄耀，郑循华，等，2004. 基于静态暗箱法的陆地生态系统-大气 $CO_2$ 净交换估算. 科学通报, 49(3): 258-264.

Baggs E M, 2011. Soil microbial sources of nitrous oxide: recent advances in knowledge, emerging challenges and future direction. Current Opinion in Environmental Sustainability, 3: 321-327.

Bremner J M, 1997. Sources of nitrous oxide in soils. Nutrient Cycling in Agroecosystems, 49: 7-16.

Butterbach-Bahl K, Baggs E M, Dannenmann M, et al., 2013. Nitrous oxide emissions from soils: how well do we understand the processes and their controls? Philosophical Transactions of the Royal Society B: Biological Sciences, 368: 20130122.

Chen D, Li Y, Grace P, et al., 2008. N₂O emissions from agricultural lands: a synthesis of simulation approaches. Plant and Soil, 309: 169-189.

Clough T, Sherlock R, Rolston D, 2005. A review of the movement and fate of N₂O in the subsoil. Nutrient Cycling in Agroecosystems, 72: 3-11.

Copeland B, Duffer W R, 1964. Use of a clear plastic dome to measure gaseous diffusion rates in natural waters. Limnology and Oceanography, 9: 494-499.

Fleming E L, Jackman C H, Stolarski R S, et al., 2011. A model study of the impact of source gas changes on the stratosphere for 1850–2100. Atmospheric Chemistry and Physics, 11: 8515-8541.

Gong W, Yan X Y, Wang J Y, 2012. The effect of chemical fertilizer on soil organic carbon renewal and CO₂—a pot experiment with maize. Plant and Soil, 353: 85-94.

IPCC, 2014. Climate Change 2014: Synthesis Report//Pachauri R K, Meyer L A. Contribution of Working Groups I, II and III to the Fifth Assessment Report of the Intergovernmental Panel on Climate Change. IPCC, Geneva, Switzerland, 151.

Kanter D, Mauzerall D L, Ravishankara A, et al., 2013. A post-Kyoto partner: considering the stratospheric ozone regime as a tool to manage nitrous oxide. Proceedings of the National Academy of Sciences, 110: 4451-4457.

Martikainen P J, de Boer W, 1993. Nitrous oxide production and nitrification in acidic soil from a dutch coniferous forest. Soil Biology and Biochemistry, 25: 343-347.

Müller C, Laughlin R J, Spott O, et al., 2014. Quantification of N₂O emission pathways via a ¹⁵N tracing model. Soil Biology and Biochemistry, 72: 44-54.

Philippot L, Hallin S, 2005. Finding the missing link between diversity and activity using denitrifying bacteria as a model functional community. Current Opinion in Microbiology, 8: 234-239.

Philippot L, Andert J, Jones C M, et al., 2011. Importance of denitrifiers lacking the genes encoding the nitrous oxide reductase for N$_2$O emissions from soil. Global Change Biology, 17: 1497-1504.

Reay D S, Davidson E A, Smith K A, et al., 2012. Global agriculture and nitrous oxide emissions. Nature Climate Change, 2: 410.

Rütting T, Boeckx P, Müller C, et al., 2011. Assessment of the importance of dissimilatory nitrate reduction to ammonium for the terrestrial nitrogen cycle. Biogeosciences, 8: 1779-1791.

Shoun H, Fushinobu S, Jiang L, et al., 2012. Fungal denitrification and nitric oxide reductase cytochrome P450nor. Philosophical Transactions of the Royal Society B: Biological Sciences, 367: 1186-1194.

Silver W L, Herman D J, Firestone M K, 2001. Dissimilatory nitrate reduction to ammonium in upland tropical forest soils. Ecology, 82: 2410-2416.

Stange C F, Spott O, Arriaga H, et al., 2013. Use of the inverse abundance approach to identify the sources of NO and N$_2$O release from Spanish forest soils under oxic and hypoxic conditions. Soil Biology and Biochemistry, 57: 451-458.

Stehfest E, Bouwman L, 2006. N$_2$O and NO emission from agricultural fields and soils under natural vegetation: summarizing available measurement data and modeling of global annual emissions. Nutrient Cycling in Agroecosystems, 74: 207-228.

Sutka R L, Adams G C, Ostrom N E, et al., 2008. Isotopologue fractionation during N$_2$O production by fungal denitrification. Rapid Communications in Mass Spectrometry, 22: 3989-3996.

Thamdrup B, 2012. New pathways and processes in the global nitrogen cycle. Annual Review of Ecology, Evolution, and Systematics, 43: 407-428.

Tian H Q, Lu C Q, Ciais P, et al., 2016. The terrestrial biosphere as a net source of greenhouse gases to the atmosphere. Nature, 531: 225.

Van Cleemput O, Baert L, 1984. Nitrite: a key compound in N loss processes under acid conditions? Plant and Soil, 76: 233-241.

Wrage N, Velthof G L, Van Beusichem M L, et al., 2001. Role of nitrifier denitrification in the production of nitrous oxide. Soil Biology and Biochemistry, 33: 1723-1732.

Wrage N, Van Groenigen J W, Oenema O, et al., 2005. A novel dual‐isotope labelling method for distinguishing between soil sources of N$_2$O. Rapid Communications in Mass Spectrometry, 19: 3298-3306.

Zhang J B, Cai Z C, Zhu T B, 2011. N$_2$O production pathways in the subtropical acid forest soils in China. Environmental Research 111: 643-649.

# 第 10 章　同位素异位体法在土壤 $N_2O$ 溯源中的应用

## 10.1　导　　言

氧化亚氮($N_2O$)是一种重要的温室气体,其增温潜势在百年尺度内是 $CO_2$ 的 310 倍,大气中的 $N_2O$ 浓度已由工业革命前的约 $270×10^{-9}$ 增加到约 $320×10^{-9}$。大气中的 $N_2O$ 主要消除途径是在平流层中发生光解以及与电子激发态的氧原子发生反应(Kaiser et al., 2006)。

进入平流层中的 $N_2O$ 是少量的,大量 $N_2O$ 稳定地存在于大气的对流层中,其存留时间可以长达 120 a。进入平流层的 $N_2O$ 与 $O(^1D)$ 反应产生的 NO 是臭氧的降解过程中高效的催化剂,这也使得 $N_2O$ 已经成为大气臭氧层的主要破坏者(Fleming et al., 2011; Ravishankara et al., 2009)。

$N_2O$ 在大气中存在的时间极长,降解过程又可以间接破坏臭氧层,因此 $N_2O$ 累计会对环境产生负面影响。工业革命后大气中 $N_2O$ 的增加量主要是来自人类的农业和工业生产活动,其中农田中氮肥施用造成的 $N_2O$ 排放量约占人为源的 40%～60%(IPCC, 2013)。如何广泛和深入地了解土壤中 $N_2O$ 产生途径是准确估算其产生量和制定有效减排措施的基础。

研究土壤中 $N_2O$ 来源的经典的方法是乙炔($C_2H_2$)抑制法和同位素示踪法(Stevens et al., 1997; Tiedje et al., 1989)。这两种方法存在一些缺陷:抑制剂(示踪剂)的添加过程会扰动土壤;实验中无法保证抑制剂(示踪剂)均匀地分布于所有的土壤孔隙之中;很难实现野外的长期测定。近年来,利用 $N_2O$ 同位素异位体法来推测 $N_2O$ 的产生途径得到了一定的应用,该方法主要用以区分传统意义上的细菌硝化和反硝化途径,又可以用来研究真菌反硝化等通常被忽略的途径(Decock and Six, 2013a)。$N_2O$ 同位素异位体法可以较好地避免以往经典方法的缺陷。

同位素异位体(isotopomers)是指化合物分子内的一个位点被稳定同位素所代替(曹亚澄等, 2018)。例如在 $N_2O$ 分子中,氮原子有两种稳定同位素($^{14}N$ 和 $^{15}N$),氧原子有三种稳定同位素($^{16}O$、$^{17}O$、$^{18}O$),因此理论上 $N_2O$ 分子有 12 种同位素异位体($2×2×3=12$)。但只有 5 种具有显著的自然丰度:$^{14}N^{14}N^{16}O$,$^{15}N^{14}N^{16}O$,$^{14}N^{15}N^{16}O$,$^{14}N^{14}N^{17}O$,$^{14}N^{14}N^{18}O$。其中 $^{15}N^{14}N^{16}O$ 与 $^{14}N^{15}N^{16}O$ 的区别是 $^{15}N$ 所处的位置不同,一般将中间的靠近氧原子的氮位置称为 α 位,末端的氮原子位置称为 β 位,α 和 β 位的 $^{15}N$ 丰度的差值被称为位点优势值(site preference),简称 SP 值($SP=\delta^{15}N^α−\delta^{15}N^β$),SP 值可以反映 $^{15}N$ 在 α 和 β 位上的差异(Toyoda and Yoshida, 1999)。在 $N_2O$ 产生过程中,中间体二次硝酸盐($O—^{15}N=^{14}N—O$)的 N—O 断裂位置会影响 $^{15}N$ 在 α 和 β 位上的分布。由于 N—O 断裂位置受微生物种类和酶控制,不同途径产生的 $N_2O$ 的 SP 值会有所不同(Decock and Six, 2013a)。有研究表明 SP 不受前体基质 $^{15}N$ 同位素丰度的影响(Sutka et al., 2006)。SP 值

的这些特点为应用同位素异位体法的 N$_2$O 溯源研究提供理论基础。

目前测定 SP 值主要有两种方法。一种是稳定同位素比值质谱法，目前该方法比较成熟（Toyoda and Yoshida, 1999）。另一种方法基于红外吸收光谱学直接测定 SP 值（Waechter et al., 2008）。两种方法都具有较好的应用前景，本章主要介绍这两种方法的测定原理及应用案例。

## 10.2　质谱分析法

### 10.2.1　方法原理

质谱分析法是运用质谱仪器分析某种元素稳定同位素比值特征的方法，广泛应用于农业、环境和生态等领域的研究中。质谱仪由进样系统、离子源、质量分析器、离子接收器、真空系统和计算机系统组成。样品气体在离子源中被灯丝发射的慢电子轰击后，电离形成具有一定能量的离子束，在加速电压作用下，带电离子（带电的原子、分子或分子碎片）以一定速度进入质量分析器的磁场，根据洛伦兹定律，运动方向由直线运动改为圆周运动，偏转轨迹可用下列方程表达：

$$\frac{m}{z} = 4.82 \times 10^{-5} \times \left( R_m^2 \times \frac{H^2}{V} \right)$$

式中，$m$ 为原子质量，u；$z$ 为电荷数；$R_m$ 为带电离子的轨道曲率半径，cm；$H$ 为磁感应强度，Gs（1Gs=$10^{-4}$ T）；$V$ 为离子加速电压，V。

在电场和磁场的共同作用下，带电离子因质量数和所带电荷数之比（$m/z$）不同而分离，被对应法拉第杯接收后，根据检测到的离子类型和束流强度，实现对样品气体某种元素的同位素比值及其组成的测定（图 10-1）。

稳定同位素比值质谱仪与不同的进样系统或外部设备联用，可实现对不同目标气体的测定。N$_2$O 气体是最主要的温室气体之一，但在大气中的浓度仅有 310 ×$10^{-9}$，微量气体预浓缩装置（Therm, Revision A-1110050）与质谱仪的联用，能完成对少量大气浓度 N$_2$O 气体的 N、O 稳定同位素组成的精确测定。N$_2$O 同位素异位体的测定，可通过在质谱仪上配备能同时接收 $m/z$ 44 [$^{14}$N$^{14}$N$^{16}$O]$^+$、$m/z$ 45 [$^{14}$N$^{15}$N$^{16}$O]$^+$ [$^{15}$N$^{14}$N$^{16}$O]$^+$ [$^{14}$N$^{14}$N$^{17}$O]$^+$ 和 $m/z$ 46 [$^{14}$N$^{14}$N$^{18}$O]$^+$ 等分子离子和 $m/z$ 30 [$^{14}$N$^{16}$O]$^+$、$m/z$ 31[$^{14}$N$^{17}$O]$^+$ [$^{15}$N$^{16}$O]$^+$ 等碎片离子的接收杯（图 10-1），实现一次进样在 NO 和 N$_2$O 两种模式得到 $\delta^{15}$N、$\delta^{18}$O 和 $\delta^{31}$NO 的值，再经一系列换算，计算得到 $\delta^{15}$N$^\alpha$、$\delta^{15}$N$^\beta$ 和 SP 的值（Toyoda and Yoshida, 1999; Toyoda et al., 2015）。

### 10.2.2　方法步骤

#### 10.2.2.1　质谱离子源工作条件优化

N$_2$O 气体在离子源中，经慢电子轰击后，主要形成[N$_2$O]$^+$分子离子和少量以[NO]$^+$为主的碎片离子。由于这两类离子所需的最优离子源条件可能不同，[NO]$^+$的产率不

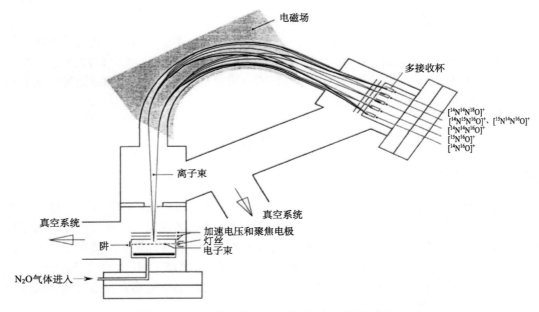

图 10-1　五杯模式的稳定同位素比值质谱仪示意图

高（$[NO]^+/[N_2O]^+=1/3$），为保证测定结果的稳定性和精密度，需优化离子源条件来适当提高$[NO]^+$的产率。改变质谱仪器的聚焦参数、离子源的电子能量和电离室内的气体压强等可以调整离子源的工作条件。质谱仪器的聚焦参数设置可通过仪器的自动聚焦（Autofocus）功能实现，也可手动调节离子源的 emission、trap 等参数。电子能量变化对$[N_2O]^+$分子离子和$[NO]^+$碎片离子的产率均有显著影响（表 10-1），而且不同质谱仪器上电子能量的高低对 $N_2O$ 气体的离子谱影响并不一致：Toyoda 等人发现 MAT-252 质谱仪上，测定$[NO]^+$离子的最优电子能量为 70～86 eV，而笔者使用的是 Delta V Plus 质谱仪，当电子能量低于 100 eV 会导致$[NO]^+$的产率过低（表 10-1），造成测定结果不准确（表 10-2）（Toyoda and Yoshida, 1999）。

表 10-1　电子能量变化对离子流强度的影响

| 电子能量/eV | m/z 44 信号衰减率/% | | | | m/z 30 信号衰减率/% | | | |
| --- | --- | --- | --- | --- | --- | --- | --- | --- |
| | 1 | 2 | 3 | 平均值 | 1 | 2 | 3 | 平均值 |
| 100.0 | 17.52 | 16.08 | 14.83 | 16.14 | 11.98 | 11.28 | 10.79 | 11.35 |
| 70.0 | 40.01 | 42.14 | 41.15 | 41.10 | 42.19 | 44.49 | 43.99 | 43.56 |

注：信号衰减率均以 124 eV 的离子流强度为基准计算。

表 10-2　电子能量变化对 $N_2O$ 同位素异位体测定值的影响

| 电子能量/eV | $\delta^{15}N^{bulk}$/‰ | $\delta^{15}N^{\alpha}$/‰ | 平均值/‰ | $\delta^{15}N^{\beta}$/‰ | 平均值/‰ | SP/‰ | 平均值/‰ |
| --- | --- | --- | --- | --- | --- | --- | --- |
| | −1.686 | −6.831 | −6.721 | 3.459 | 3.348 | −10.290 | −10.068 |
| 70.0 | | −6.673 | | 3.301 | | −9.974 | |
| | | −6.656 | | 3.284 | | −9.940 | |

续表

| 电子能量/eV | $\delta^{15}N^{bulk}/‰$ | $\delta^{15}N^{\alpha}/‰$ | 平均值/‰ | $\delta^{15}N^{\beta}/‰$ | 平均值/‰ | SP/‰ | 平均值/‰ |
|---|---|---|---|---|---|---|---|
| | | $-4.266$ | $-4.475$ | $0.894$ | $0.940$ | $-5.160$ | $-5.252$ |
| 100.0 | | $-4.106$ | | $0.734$ | | $-4.840$ | |
| | | $-4.564$ | | $1.192$ | | $-5.756$ | |
| | | $-4.436$ | $-4.444$ | $1.064$ | $1.072$ | $-5.500$ | $-5.516$ |
| 124.0 | | $-4.257$ | | $0.885$ | | $-5.142$ | |
| | | $-4.639$ | | $1.267$ | | $-5.906$ | |

### 10.2.2.2　重排因子测定

N₂O 在离子源中会发生重排，所形成[NO]⁺离子的 N 原子主要来自 α-N，部分来自 β-N(Toyoda and Yoshida, 1999)，引起这种重排效应的原因尚不明确，推测与[N₂O]⁺受电子轰击后形成[NO]⁺的途径有关。准确测定 N₂O 的同位素异位体，需要确定重排因子，它通常不受样品浓度和丰度影响，取决于所使用的质谱仪器和离子源条件，同一台质谱仪器在离子源条件发生变化后(如更换灯丝)需要重新测定重排因子。Toyoda、Westley 等人(Toyoda and Yoshida, 1999; Westley et al., 2007)发现在 MAT-252、253 质谱仪上重排因子为 0.07～0.09，即[NO]⁺离子中有 7%～9% 是来自 β-N；而 Sutka 等人(Sutka et al., 2003, 2006)发现 IsoPrime 质谱仪的重排因子可达 19.5%。

如何测定质谱仪器的重排因子？一般可通过 NH₄NO₃ 热解法和标记气体混合法实现 (Röckmann et al., 2003; Toyoda and Yoshida, 1999)。NH₄NO₃ 热解法是将不同丰度的 NH₄¹⁵NO₃ 和 ¹⁵NH₄NO₃ 加热分解生成不同丰度的 N₂O 气体，由于分解形成的 N₂O 中 α-N 都来自 NO₃-N，β-N 都来自 NH₄-N，因此可制得一系列已知丰度的 ¹⁵NNO 和 N¹⁵NO 气体。将这些气体在质谱仪上的测定值与其理论值绘制成一条直线，直线的斜率即为重排因子。标记气体混合法是通过购买市售的高纯高丰度 ¹⁵NNO 和 N¹⁵NO 气体(>99%)，将其与自然丰度的工作标准 N₂O 气体(0.3663%)混合，即可制得一系列已知丰度的 ¹⁵NNO 和 N¹⁵NO 气体，再将测定得到 ³¹R 值与 ⁴⁵R 值绘制成一条直线，斜率即为重排因子。这两种方法中，NH₄NO₃ 热解法得到的重排因子更为准确，但操作非常烦琐，需使用特制的热解装置，而标准气体混合法操作相对简单。

### 10.2.2.3　N₂O 工作标准气体的校准

由于长期缺乏 N₂O 国际标准气体，如何在不同实验室内准确校准 N₂O 工作标准气体，一直是困扰研究人员的难题。虽然 NH₄NO₃ 热解生成的已知丰度的 N₂O 气体能够实现工作标准气体的校准，但这一方法操作较烦琐，还需要特殊的热解装置，很难在每个实验室内单独实现。在国外学者的努力下，美国地质勘探局(USGS)于 2016 年开始提供 USGS51 和 USGS52 两种国际标准品(表 10-3)，可直接购买标准品完成工作标准气体的校准。

表 10-3  N$_2$O 国际标准品 USGS51 和 USGS52 （单位：‰）

| 品名 | $\delta^{15}N_{air}$ | $\delta^{15}N^{\alpha}_{air}$ | $\delta^{15}N^{\beta}_{air}$ | $\delta^{18}O_{VSMOW-SLAP}$ | SP$_{air}$ |
|---|---|---|---|---|---|
| USGS51 | 1.32±0.04 | +0.48±0.09 | +2.15±0.12 | +41.23±0.04 | −1.67 |
| USGS52 | 0.44±0.02 | +13.52±0.04 | −12.64±0.05 | +40.64±0.03 | +26.15 |

数据来源：https://isotopes.usgs.gov/lab/referencematerials.htm。

### 10.2.2.4  其他测定问题

N$_2$O 同位素异位体的准确测定对质谱仪器的稳定性要求较高。在实际工作中，我们发现极少量溶于水的 CO$_2$ 会生成[CO]$^+$，干扰[NO]$^+$的准确测定，因此需经常更换微量预浓缩装置中的除水和 CO$_2$ 的化学阱。样品气体中如果杂质太多，会在色谱柱中逐渐累积，干扰测定结果，加大烘烤色谱柱的频率，或在样品测定完成后反吹色谱柱，有助于去除杂质。对于和 N$_2$O 信号过于靠近的杂质峰，可通过降低流速和色谱柱温度，实现有效分离。使用稳定同位素比值质谱仪测定 N$_2$O 同位素异位体时，N$_2$O 样品的信号高低，直接影响[NO]$^+$碎片离子的产率，非线性问题较明显，常规的线性测试是通过一系列不同信号的矩形信号峰完成，而样品峰是瞬时信号，要准确实现对样品峰的线性校正，需要用同样峰形的标准气体，可通过在运行样品 N$_2$O 的同时，运行一组接近样品最高和最低信号值的 N$_2$O 标准气体，完成线性校正。

### 10.2.3  应用案例

从 1999 年 Toyoda 等人（Toyoda and Yoshida, 1999）建立质谱测定 N$_2$O 同位素异位体的方法以来，该方法已发展成熟。近年来，通过纯培养和土壤培养试验，研究人员用质谱法测定了不同 N$_2$O 产生途径的 N$_2$O 同位素比值特征，发现 SP 值大致可划分为两大类群：一类 SP 值较小，以细菌异养反硝化和硝化细菌反硝化途径为代表（简称为 N$_2$O$_D$），一般为（−1.6±3.8）‰；另一类 SP 值较大，以自养硝化、真菌反硝化、化学反硝化、AOA等 N$_2$O 产生途径（简称为 N$_2$O$_N$）为代表，一般为（32.8±4.0）‰（Decock and Six, 2013b）。质谱分析法还用于研究不同 N$_2$O 产生途径中 $^{15}$N 和 $^{18}$O 的分馏系数（Toyoda et al., 2015），尤其是 N$_2$O 还原 N$_2$ 过程中 SP、$^{15}$N 和 $^{18}$O 的分馏系数（Lewicka-Szczebak et al., 2015）。Koba 和 Toyoda 等人（Koba et al., 2009; Toyoda et al., 2011）在运用质谱测定 N$_2$O 同位素异位体的基础上，提出基于 SP-$\delta^{15}$N 的稳定同位素混合模型方法，实现对 N$_2$O 产生途径的半定量分析；Lewicka-Szczebak 等人（Buchen et al., 2018; Lewicka-Szczebak et al., 2017）发现 N$_2$O 的 $\delta^{18}$O 比 $\delta^{15}$N 稳定，受基质影响小，进一步提出基于 SP-$\delta^{18}$O 的 N$_2$O 定量分析方法。

质谱分析 N$_2$O 同位素异位体的方法已广泛应用在土壤、河流、湖泊、地下水、水处理、大气的 N$_2$O 排放研究中（Buchen et al., 2018; Wenk et al., 2016; Ali et al., 2016; Mander and Zaman, 2015; Köster et al., 2015; Zou et al., 2014; Yano et al., 2014; Yamazaki et al., 2014; Tumendelger et al., 2014; Mander et al., 2014; Ishii et al., 2014; Wunderlin et al., 2013; Maeda et al., 2013）。虽然在 SP 的测定上，质谱分析方法较光谱方法更易受一些杂质的

干扰，但在 $\delta^{15}N$ 和 $\delta^{18}O$ 的测定上更为稳定，不但适用于室内培养试验，也可用于野外试验。

## 10.3　红外激光吸收光谱分析法

### 10.3.1　方法原理

红外光谱法是依据物质对红外辐射的吸收特征而建立起来的一种分析方法。分子吸收红外辐射后发生振动和转动能级的跃迁。中红外区域是目前研究最多的区域，尤其是波长在 3～20 μm 范围内，这是因为很多有机和无机分子的基本振转吸收光谱带正好处于这个区域，处在该区域的分子基本振动跃迁频率比处在近红外区域的倍频或组合频强，一般强几个数量级，所以选择中红外光谱探测分子比选择近红外光谱的灵敏度要高很多。例如大气中常见的衡量气体，$CO_2$、$N_2O$ 和 CO 分别在 4.3 μm、4.6 μm 和 4.7 μm 处有很强的吸收线(Rothman et al., 2005)。很多气体的吸收带发生重叠现象，但气体检测中，经常可以通过降低采样系统的气压的方式，使气体吸收谱线变窄，从而让我们感兴趣的气体谱线能够免除其他气体成分的干扰(于亚军, 2017)。

由于分子的振动和转动能级不仅取决于分子的组成，也与其化学键、官能团的性质和空间分布等结构密切相关，因此红外光谱对物质的组成和结构特征提供十分丰富的信息。但将中红外吸收光谱应用于衡量气体的定量分析和同位素含量的测定，不仅需要辐射光源的强度足够，还需要满足分析要求的波段。以量子级联激光器为代表的新型激光器的发明和完善拓展了中红外光谱法在痕量气体分析中的能力(Wächter, 2007)。

物质对红外辐射的吸收强度与物质含量的关系符合朗伯-比尔定律(Lambert-Beer Law)。即当频率为 $v$ 的初始辐射光强度 $I(v)$ 与穿过吸收介质后的透射光强度 $I_0(v)$ 的比值为

$$\tau(v) = \left(\frac{I}{I_0}\right)_v = \exp\left(-Px_i S(T, v_0)\varphi(v)L\right) \tag{10-1}$$

这是气体吸收光谱技术的基本理论。$\tau(v)$ 是辐射光的透过率；$P$ 是介质内总的气压，atm (1 atm=$1.01325 \times 10^5$ Pa)；$x_i$ 是气体吸收摩尔分数；$S(T, v_0)$ 是与温度 $T$ 和吸收谱线中心频率 $v_0$ 相关的线强，$cm^{-2} \cdot atm^{-1}$；$\varphi(v)$ 是吸收谱线函数，cm；$L$ 是光学吸收波长，cm。

由该定律可知，在温度、压强一定的情况下，可以通过选择线强较大的气体吸收谱线或者增加吸收光程来提高探测灵敏度。选择合适的线强可以参照图 10-2。增加吸收光程的方法主要包括多通道吸收光谱和腔增强光谱。目前用于测定 $N_2O$ 同位素异位体的光谱吸收技术主要有三种：直接吸收光谱法(QCLAS)，光腔衰荡激光光谱法(CRDS)，离轴积分腔输出激光光谱法(OA-ICOS)。

直接吸收光谱法是最简单的基于激光吸收的检测技术，利用公式(10-1)，由激光吸收前后光强的变化量而计算得到气体吸收浓度 $x_i$。当气压 $P$、线强和吸收光程 $L$ 均已知时，用理论计算得到的分子吸收线型函数来拟合测得的谱线轮廓，便能反演出气体的浓度值。或者只考虑吸收线峰值时，气体浓度的计算则相对简单很多。另一种可行的方法

是测得已知浓度气体的谱线轮廓并保存下来，对其他任意浓度情况，只需要将实测的谱线轮廓和保存的谱线轮廓按比例计算便能得出浓度值。

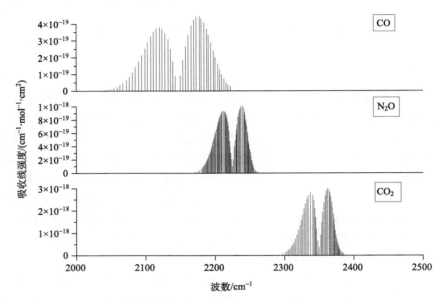

图 10-2　不同波数下 CO、N$_2$O、CO$_2$ 气体的吸收线强度

　　光腔衰荡激光光谱法的原理如图 10-3 所示。 光源为脉冲激光器，衰荡腔由两个高反射率反射镜组成，衰荡腔中为被测气体，脉冲激光束入射衰荡腔，并在两个反射镜之间来回反射，衰荡腔外部采用高响应速率的探测器接收随时间变化的输出光强。该输出光强与反射镜的透过率、腔内物质的吸收率以及反射镜的衍射效应等有关。由于选用的反射镜的反射率很高，光在衰荡腔中来回振荡的次数可以达到很大，即吸收光程很大，因此可以大大提高气体的检出限，实现痕量气体的检测。当腔中的气体吸收而非散射占主导时，随时间 $t$ 指数衰减的投射光强表达式为

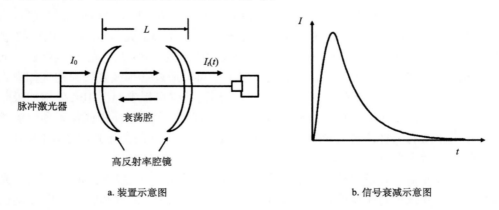

a. 装置示意图　　　　　　　　　　　　b. 信号衰减示意图

图 10-3　光腔衰荡光谱原理图

$$I_t(t) = I_0 \exp\left(-\frac{t}{\tau}\right) = I_0 \exp\left(-\frac{((1-R)+\alpha L)ct}{L}\right) \tag{10-2}$$

式中，$\tau$ 是衰荡时间；$t$ 是气体进入衰荡腔后的时间；$\alpha$ 是腔内气体吸收系数；$L$ 是腔长；$R$ 是腔镜反射率；$c$ 是光速。对应的衰荡时间 $\tau$ 为

$$\tau = \frac{L}{c}\frac{1}{1-R+\alpha L} \tag{10-3}$$

气体吸收系数 $\alpha$ 可以通过腔内无气体吸收和有气体吸收两种情况下的衰荡时间差异计算出来，从而算出气体的吸收浓度。

离轴积分腔输出激光光谱法也是一种腔增强光谱技术，有效光程与 CRDS 一样，也能够达到几千米。如图 10-4 所示，OA-ICOS 将入射光调整到离轴模式，不再采用传统的共轴模式，腔内的光线需要往返很多次之才能回到原来的路径，这样不存在光线干涉的光腔是非常优良的。在此情况下，腔内光能的传输不再与波长有关，而与光在腔内的周期折返次数有关，简化了腔内光学强度的描述。与 CRDS 相比，同 OA-ICOS 减少了相关光学器件的使用，仪器结构变得更加简单。

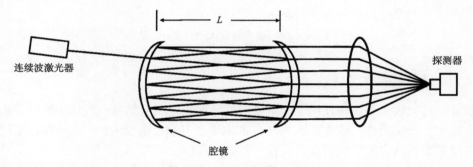

图 10-4　离轴积分腔输出光谱原理图

## 10.3.2　方法步骤

红外激光吸收光谱分析法满足了长时间连续观测的要求。一般情况下，利用软件控制(TDLWintel software, Aerodyne Research Inc.)，集成在线测定系统。采用流动方式进样，即在一定的流速下，让气体样品通过测定腔。在田间在线测定情况下，通常采用流动进样方式，因为进样量大，得到的结果较为可靠，如图 10-5 所示。注射进样方式下，需要的气量较小(约 100 mL)，但是测定结果变异很大。这里主要介绍在线测定系统。为保证获取准确的数据，需要注意以下步骤。

### 10.3.2.1　样品预处理

由于大气中 H$_2$O 和 CO$_2$ 的含量很高，会干扰测定结果，测定过程中需要予以去除。样品中的水分可通过填充变色硅胶的化学阱除去。CO$_2$ 可以通过填充碱石灰的化学阱除去。由于激光光谱仪在精密度和灵敏度方面的局限性，难以完成对大气浓度下 N$_2$O(约

320 ×$10^{-9}$）同位素信息的捕获。当气体样品 $N_2O$ 过低时，可通过预浓缩装置，提高气体样品中的 $N_2O$ 的浓度。预浓缩装置一般使用液氮冷阱（Mohn et al., 2012）。目前市场上美国的赛默飞仪器公司、德国艾力蒙塔公司以及英国赛康仪器公司提供各种不同的微量气体预浓缩装置。

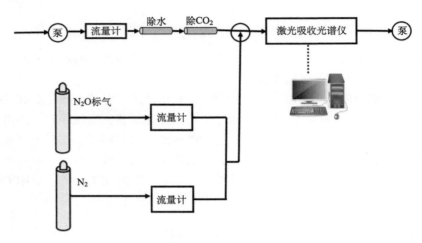

图 10-5　$N_2O$ 同位素异位体在线测定流程图

### 10.3.2.2　仪器的标定和稳定性检测

红外激光吸收光谱仪在使用之前需要对仪器标定。所用的标准气体中的同位素信息由同位素比质谱仪测得，标准气体中 $N_2O$ 的浓度由气相色谱仪测得。由于存在浓度依存性，有时需要根据实际情况对仪器进行一系列浓度标定。

在测定过程中，仪器的稳定性可用阿伦方差进行评价，阿伦方差反映了相邻两个采样段内均值差值的起伏（Werle et al., 1993）。在一个测定周期内，阿伦方差值会随着时间越来越小，此后阿伦方差值会逐渐变大，最小的阿伦方差值对应的时间可以作为最优的测定时间。

### 10.3.2.3　仪器的标定频率的确定

仪器运行过程中，仪器的内部参数（激光频率和强度，腔内的温度和压力变化等）和外部参数（环境的温度和湿度）变化会造成测量值 $\delta$ 随时间的漂移。即同一气体样品 $N_2O$ 的 $\delta^{15}N_\alpha(\delta^{15}N_\beta)$ 在不同时间的测量结果会发生变化。在一定的时间段内对仪器进行校准可以有效地降低时间漂移的影响。在实际操作中，需要根据实测，确定仪器的标定频率。也可以通过设置一定的时间间隔对标准气体进行动态测量，以此确定适当的校正频率。如图 10-6 所示，每个小时校正一次可以明显地降低数据的变异（Yamamoto et al., 2014）。

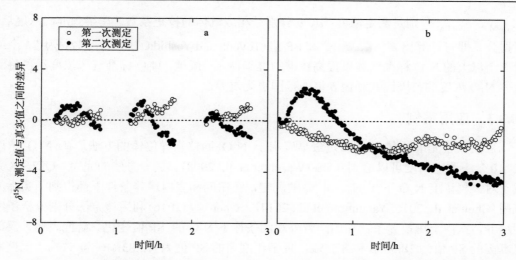

图 10-6　校正频率为 3 次(a) 与校正频率为 1 次(b) 情况下 $\delta^{15}N_\alpha$ 测定值与真实值之间的差异

(数据来源：Yamamoto et al., 2014)

### 10.3.2.4　测定数据的处理

在红外激光吸收法测定中,需要注意的是 $\delta^{15}N_\alpha$ 和 $\delta^{15}N_\beta$ 测量值对 N₂O 浓度的非线性响应。即具有相同的 $\delta^{15}N_\alpha(\delta^{15}N_\beta)$ 气体样品,在不同 N₂O 浓度下,其测量值不同。N₂O 中 $\delta^{18}O$ 测量值也有类似的浓度依赖现象。这种浓度依赖现象是由不同即单个核素浓度的测量值与真值之间的测量误差导致的。在实际操作中,需要对测定数据进行校正。校正方法主要分为经验校正和理论校正。

经验校正：利用单个已知 $\delta^{15}N_\alpha$ 和 $\delta^{15}N_\beta$ 真值的高浓度 N₂O 稀释成不同 N₂O 浓度序列。然后测定不同浓度 N₂O 下 $\delta^{15}N_\alpha(\delta^{15}N_\beta)$ 测定值,进而建立 $\delta$ 测量值与 N₂O 浓度的经验方程,根据建立的经验方程对样品的测定值进行校正。其计算公式如下：

$$\delta_{std,M} = f(c_{N_2O}) \tag{10-4}$$

$$\delta_{s,t} = \delta_{s,M} + (\delta_{std,t} - \delta_{std,M}) \tag{10-5}$$

式中，$\delta_{std,M}$ 是标准气体的测定值；$c_{N_2O}$ 是标准气体的浓度；$\delta_{s,t}$ 是样品测定值；$\delta_{std,t}$ 是标准气体的真实值。

理论校正：红外吸收光谱仪可以直接测定 $^{14}N^{15}NO$、$^{15}N^{14}NO$ 和 $^{15}N^{14}NO$ 的浓度。根据浓度依赖性产生的理论原因,只要分别准确校正 $^{14}N^{15}NO$、$^{15}N^{14}NO$ 和 $^{15}N^{14}NO$ 的浓度就可以直接校正仪器的浓度依赖性。在实际的测定过程中,测量值与真值之间会存在微小的差异,可以通过线性回归方程进行计算：

$$c_{14,15,T} = a_{14,15}c_{14,15,M} + b_{14,15} \tag{10-6}$$

$$c_{15,14,T} = a_{15,14}c_{15,14,M} + b_{15,14} \tag{10-7}$$

$$c_{14,14,T} = a_{14,14}c_{14,14,M} + b_{14,14} \tag{10-8}$$

式中，$c_{14,15,T}$、$c_{15,14,T}$、$c_{14,14,T}$ 分别是 $^{14}N^{15}NO$、$^{15}N^{14}NO$ 和 $^{15}N^{14}NO$ 的真实浓度；$c_{14,15,M}$、

$c_{15,14,M}$、$c_{14,14,M}$ 分别是测定浓度；$a$、$b$ 分别是相应气体的校正系数。在得到准确浓度后，根据公式即可计算出 $\delta^{15}N^{\alpha}$、$\delta^{15}N^{\beta}$ 和 SP 值（Toyoda and Yoshida, 1999）。通常使用 3 个或者 3 个以上的 $N_2O$ 标准气体以提高校准的准确性。一般地，$N_2O$ 标准气体浓度涵盖待测气体 $N_2O$ 浓度的范围比其涵盖 $\delta$ 值的范围更为重要。

### 10.3.3 应用案例

直接吸收光谱法（QCLAS）是最早应用于 $N_2O$ 同位素异位体的方法，在 $N_2O$ 浓度 $90 \times 10^{-9}$ 下测定精度可以达到 0.5‰（Waechter et al., 2008）。随着方法的完善，QCLAS 完成了对大气浓度 $N_2O$ 下 $\delta^{15}N_{\alpha}$、$\delta^{15}N_{\beta}$ 的测定，在田间和室内培养条件下都得到了实际的应用（Chen et al., 2016; Yamamoto et al., 2014）。Chen 等（2016）利用该方法分别分析了纯菌培养，室内土壤培养条件和田间野外观测条件下 $N_2O$ 的 SP 值变化。研究表明，反硝化真菌的 SP 值为 18.36‰～28.55‰，反硝化细菌的 SP 值为–12.83‰～–4.57‰。土壤室内培养表明高含水量田间下土壤 $N_2O$ 的来源更倾向于细菌，高含水量田间的连续测定也得到了类似的结论。在线光谱仪每 30 min 采集一次野外数据，整个观测期土壤中 SP 值为–18.9‰～2.2‰。SP 值更加偏向负值说明，田间 $N_2O$ 主要来自细菌反硝化或者硝化反硝化过程。

近年来，基于腔增强技术的光腔衰荡激光光谱法和离轴积分腔输出激光光谱法也逐渐用于 $N_2O$ 同位素异位体的测定中。Peng 等（2014）利用 CRDS 研究溶解氧含量对氨氧化细菌产 $N_2O$ 过程的影响，发现随着溶解氧含量的增加，硝化反硝化对 $N_2O$ 的贡献逐渐减小。最近笔者也利用 OA-ICOS 研究反硝化条件下真菌和细菌对土壤 $N_2O$ 的贡献。如图 10-7 所示，稻田土壤中真菌对 $N_2O$ 的贡献率为 3.8%～65.94%，其中菜地土壤显著大于稻田土壤，这与之前的抑制剂法测定结果一致。但是抑制剂法测定结果表明真菌作用可以达到 99%（Ma et al., 2017），这说明抑制剂法高估了真菌的作用，由此可以看出利用抑制剂法分析真菌的贡献率时有必要使用其他方法进行验证和优化。

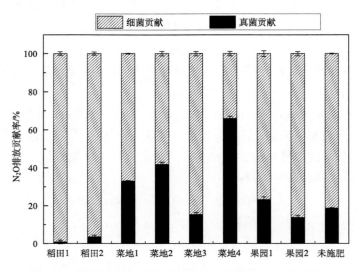

图 10-7 不同土壤中真菌(细菌)对土壤排放 $N_2O$ 的贡献率

# 10.4　方　法　展　望

N₂O 同位素异位体两种测定技术都具有各自的应用优势。同位素比质谱仪在 $\delta^{15}N$ 和 $\delta^{18}O$ 的测定更为稳定,激光光谱仪在 SP 值的测定上更为准确。在使用场合上,激光光谱仪所需的气体进样量比较大,测定成本较低,更适合野外在线使用;同位素比质谱仪由于气体进样量较小,在室内培养中有着更好的优势。

与传统方法相比,N₂O 同位素异位体法在判断 N₂O 产生途径上是一种极具潜力的新方法和新技术。但是该方法在一定程度上提供了定性和半定量的分析。未来的研究中,需要大量的实验来解决尚存的不确定的因素,例如,土壤异养硝化途径,协同反硝化途径等 N₂O 产生途径的 SP 特征值尚不明确,而现有的 SP 特征值只是基于几种微生物物种,这些微生物占所属功能群的比例很小。另外,在使用数值模型解析 SP 特征值时需要充分考虑土壤的特点、土壤微生物群落结构的差异性、N₂O 还原程度,结合平行辅助实验验证模型解析结果的准确性。

# 参　考　文　献

曹亚澄, 张金波, 温腾, 2018. 稳定同位素示踪技术与质谱分析: 在土壤、生态、环境研究中的应用. 北京: 科学出版社.

于亚军, 2017. 基于中红外激光吸收光谱的痕量气体检测理论和技术研究. 武汉: 武汉大学.

Ali M, Rathnayake R M L D, Zhang L, et al., 2016. Source identification of nitrous oxide emission pathways from a single-stage nitritation-anammox granular reactor. Water Research, 102: 147-157.

Buchen C, Lewicka-Szczebak D, Flessa H, et al., 2018. Estimating N₂O processes during grassland renewal and grassland conversion to maize cropping using N₂O isotopocules. Rapid Communications in Mass Spectrometry, 32(13): 1053-1067.

Chen H, Williams D, Walker J T, et al., 2016. Probing the biological sources of soil N₂O emissions by quantum cascade laser-based $^{15}N$ isotopocule analysis. Soil Biology and Biochemistry, 100: 175-181.

Decock C, Six J, 2013a. How reliable is the intramolecular distribution of $^{15}N$ in N₂O to source partition N₂O emitted from soil? Soil Biology and Biochemistry, 65: 114-127.

Decock C, Six J, 2013b. On the potential of $\delta^{18}O$ and $\delta^{15}N$ to assess N₂O reduction to N₂ in soil. European Journal of Soil Science, 64(5): 610-620.

Fleming E L, Jackman, Stolarski R S, et al., 2011. A model study of the impact of source gas changes on the stratosphere for 1850-2100. Atmospheric Chemistry and Physics, 11(16): 8515-8541.

IPCC, 2013. Climate Change(2013)The Physical Science Basis: Working Group I Contribution to the Fifth Assessment Report of the Intergovermental　Panel on Climate Change. Cambridge: Cambridge University.

Ishii S, Song Y, Rathnayake L, et al., 2014. Identification of key nitrous oxide production pathways in aerobic partial nitrifying granules. Environmental Microbiology, 16(10): 3168-3180.

Kaiser J, Engel A, Borchers R, et al., 2006. Probing stratospheric transport and chemistry with new balloon and aircraft observations of the meridional and vertical N₂O isotope distribution. Atmospheric Chemistry and Physics, 6(11): 3535-3556.

Koba K, Osaka K, Tobari Y, et al., 2009. Biogeochemistry of nitrous oxide in groundwater in a forested ecosystem elucidated by nitrous oxide isotopomer measurements. Geochimica Et Cosmochimica Acta,

73(11): 3115-3133.

Köster J R, Cárdenas L M, Bol R, et al., 2015. Anaerobic digestates lower N₂O emissions compared to cattle slurry by affecting rate and product stoichiometry of denitrification: an N₂O isotopomer case study. Soil Biology and Biochemistry, 84: 65-74.

Lewicka-Szczebak D, Well R, Bol R, et al., 2015. Isotope fractionation factors controlling isotopocule signatures of soil-emitted N₂O produced by denitrification processes of various rates. Rapid Communications in Mass Spectrometry, 29(3): 269-282.

Lewicka-Szczebak D, Augustin J, Giesemann A, et al., 2017. Quantifying N₂O reduction to N₂ based on N₂O isotopocules-validation with independent methods(helium incubation and ¹⁵N gas flux method). Biogeosciences, 14(3): 711-732.

Ma S T, Shan J, Yan X Y, 2017. N₂O emissions dominated by fungi in an intensively managed vegetable field converted from wheat–rice rotation. Applied Soil Ecology, 116: 23-29.

Maeda K, Toyoda S, Hanajima D, et al., 2013. Denitrifiers in the surface zone are primarily responsible for the nitrous oxide emission of dairy manure compost. Journal of Hazardous Materials, 248: 329-336.

Mander U, Well R, Weymann D, et al., 2014. Isotopologue Ratios of N₂O and N₂ measurements underpin the importance of denitrification in differently N-loaded riparian alder forests. Environmental Science & Technology, 48(20): 11910-11918.

Mander Ü, Zaman M, 2015. N₂O isotopomers and N₂: N₂O ratio as indicators of denitrification in ecosystems. Soils Newsletter, 37(2): 8-10.

Mohn J, Tuzson B, Manninen A, et al., 2012. Site selective real-time measurements of atmospheric N₂O isotopomers by laser spectroscopy. Atmospheric Measurement Techniques, 5: 1601-1609.

Peng L, Ni B J, Erler D, et al., 2014. The effect of dissolved oxygen on N₂O production by ammonia-oxidizing bacteria in an enriched nitrifying sludge. Water Research, 66: 12-21.

Ravishankara A R, Daniel J S, Portmann R W, 2009. Nitrous oxide(N₂O): the dominant ozone-depleting substance emitted in the 21st century. Science, 326: 123-125.

Röckmann T, Kaiser J, Brenninkmeijer C A M, et al., 2003. Gas chromatography/isotope-ratio mass spectrometry method for high-precision position-dependent ¹⁵N and ¹⁸O measurements of atmospheric nitrous oxide. Rapid Communications in Mass Spectrometry, 17: 1897-1908.

Rothman L S, Jacquemart D, Barbe A, et al., 2005. The HITRAN 2004 molecular spectroscopic database. Journal of Quantitative Spectroscopy and Radiative Transfer, 96(2): 139-204.

Stevens R J, Laughlin R J, Burns L C, et al., 1997. Measuring the contributions of nitrification and denitrification to the flux of nitrous oxide from soil. Soil Biology and Biochemistry, 29(2): 139-151.

Sutka R L, Ostrom N E, Ostrom P H, et al., 2003. Nitrogen isotopomer site preference of N₂O produced by Nitrosomonas europaea and Methylococcus capsulatus Bath. Rapid Communications in Mass Spectrometry, 17(7): 738-745.

Sutka R L, Ostrom N E, Ostrom P H, et al., 2006. Distinguishing nitrous oxide production from nitrification and denitrification on the basis of isotopomer abundances. Applied and Environmental Microbiology, 72(1): 638-644.

Tiedje J M, Simkins S, Groffman P M, 1989. Perspectives on measurement of denitrification in the field including recommended protocols for acetylene based methods. Plant and Soil, 115(2): 261-284.

Toyoda S, Yoshida N, 1999. Determination of nitrogen isotopomers of nitrous oxide on a modified isotope ratio mass spectrometer. Analytical Chemistry, 71(20): 4711-4718.

Toyoda S, Yano M, Nishimura S, et al., 2011. Characterization and production and consumption processes of N₂O emitted from temperate agricultural soils determined via isotopomer ratio analysis. Global

Biogeochemical Cycles, 25(2): 96-101.

Toyoda S, Yoshida N, Koba K, 2015. Isotopocule analysis of biologically produced nitrous oxide in various environments. Mass Spectrometry Reviews, 36(2): 135-160.

Tumendelger A, Toyoda S, Yoshida N, 2014. Isotopic analysis of $N_2O$ produced in a conventional wastewater treatment system operated under different aeration conditions. Rapid Communications in Mass Spectrometry, 28(17): 1883-1892.

Wächter H, 2007. Infrared laser-spectroscopic determination of isotope ratios of trace gases.Carbon, 17454.

Waechter H, Mohn J, Tuzson B, et al., 2008. Determination of $N_2O$ isotopomers with quantum cascade laser based absorption spectroscopy. Optics Express, 16(12): 9239-9244.

Wenk C B, Frame C H, Koba K, et al., 2016. Differential $N_2O$ dynamics in two oxygen-deficient lake basins revealed by stable isotope and isotopomer distributions. Limnology and Oceanography, 61(5): 1735-1749.

Werle P, Mücke R, Slemr F, 1993. The limits of signal averaging in atmospheric trace-gas monitoring by tunable diode-laser absorption spectroscopy(TDLAS). Applied Physics B, 57(2): 131-139.

Westley M B, Popp B N, Rust T M, 2007. The calibration of the intramolecular nitrogen isotope distribution in nitrous oxide measured by isotope ratio mass spectrometry. Rapid Communications in Mass Spectrometry, 21(3): 391-405.

Wunderlin P, Lehmann M F, Siegrist H, et al., 2013. Isotope signatures of $N_2O$ in a mixed microbial population system: constraints on $N_2O$ producing pathways in wastewater treatment. Environmental Science & Technology, 47(3): 1339-1348.

Yamamoto A, Uchida Y, Akiyama H, et al., 2014. Continuous and unattended measurements of the site preference of nitrous oxide emitted from an agricultural soil using quantum cascade laser spectrometry with intercomparison with isotope ratio mass spectrometry. Rapid Communications in Mass Spectrometry, 28(13): 1444-1452.

Yamazaki T, Hozuki T, Arai K, et al., 2014. Isotopomeric characterization of nitrous oxide produced by reaction of enzymes extracted from nitrifying and denitrifying bacteria. Biogeosciences, 11(10): 2679-2689.

Yano M, Toyoda S, Tokida T, et al., 2014. Isotopomer analysis of production, consumption and soil-to-atmosphere emission processes of $N_2O$ at the beginning of paddy field irrigation. Soil Biology & Biochemistry, 70: 66-78.

Zou Y, Hirono Y, Yanai Y, et al., 2014. Isotopomer analysis of nitrous oxide accumulated in soil cultivated with tea(Camellia sinensis) in Shizuoka, central Japan. Soil Biology & Biochemistry, 77: 276-291.

# 第 11 章　土壤 HONO 气体排放测定

## 11.1　导　　言

气态亚硝酸(HONO)是城市大气污染的一种典型代表物,一方面在紫外线照射下光解为氢氧自由基(OH·)和一氧化氮(NO),从而影响到大气氧化能力和活性氮循环(安俊岭等,2014;吴电明等,2018);另一方面,通过呼吸作用进入人体后,可能与胺反应形成致癌物质亚硝胺,进而威胁到人类健康(Sleiman et al., 2010)。然而,HONO 的大气寿命只有 0.5~2 h,反应活性很强,造成了其城市大气浓度最高 0.02 mg·m$^{-3}$,山区或森林地区一般不超过 0.001 mg·m$^{-3}$(Acker et al., 2006)。研究表明,HONO 对大气 OH·的贡献可达 80%,后者被称为大气中的"清洁剂",直接影响到空气质量(Kleffmann et al., 2005; Elshorbany et al., 2010)。因此,定量大气 HONO 浓度和源汇平衡对于研究大气化学过程、空气污染等具有重要的意义。

大气 HONO 的来源包括直接排放和间接来源(安俊岭等,2014)。其中,直接排放主要是燃烧过程排放和土壤排放。在城市地区,机动车尾气排放是大气 HONO 的重要来源;在农村地区,由于施肥造成的土壤 HONO 排放则是大气 HONO 的另一个来源。间接来源主要指通过均相反应和非均相反应等过程生成的 HONO,例如 NO 和 OH·的气相反应,二氧化氮(NO$_2$)在气溶胶、地表和建筑物表面等的水解、还原或光照催化反应等。在大气 HONO 的模拟研究方面,区域空气质量模型包括 CMAQ 和 WRF-CHEM 等一般以气相反应作为其主要来源,未考虑土壤排放、非均相反应等其他过程。因此,对比外场测定的 HONO 浓度,通过模型计算得出的 HONO 浓度一般比前者低 0~30%(Sörgel et al., 2015)。目前,比较公认的是存在大气 HONO 的未知来源。外场测定的结果表明,地表是大气 HONO 的一个重要来源(Kleffmann et al., 2003; Wong et al., 2012),因而土壤 HONO 排放成为当前国际上研究的热点。

## 11.2　大气 HONO 浓度测定方法

大气 HONO 具有浓度低、反应活性强、易溶于水等特点,因此其测定对仪器的精度、灵敏度等各项参数提出了很高的要求。一般来说,HONO 的测定可分为湿化学方法(wet chemistry methods)和光谱方法(spectroscopic methods)。

### 11.2.1　湿化学方法

湿化学方法是指经采样管采集的 HONO 溶于碳酸钠或其他溶液,或与化学溶液反应,生成相对稳定的含氮化合物,进而利用离子色谱(IC)、高效液相色谱(HPLC)、比色法等测定大气 HONO 浓度的方法。湿化学方法仪器一般包括样品采集装置和浓度测定装置两个部分。

### 11.2.1.1　HONO 气体样品采集装置

样品采集装置包括扩散管（denuder）、线圈（stripping coil，SC）及雾箱（mist chamber，MC）等，其中扩散管又可分为湿式扩散管（wet denuder）和环形扩散管（annular denuder）。湿式扩散管又有湿式流动扩散管（WEDD）、空气制动溶液膜扩散管（AD-AMD）和旋转湿式环形扩散管（RWAN）等几种类型（王儒洋等，2018）。这些采样管的共同原理是利用溶液将强反应活性的 HONO 气体吸收转化。但是，采用的吸收溶液、进样量、装置结构等各方面不同，造成了其采样效率、检测限和时间分辨率等参数的差异。表 11-1 总结了常见的采样方法各参数差异。

**表 11-1　大气 HONO 浓度测定不同采样方法的比较**

| 采样方法 | 吸收液 | 进样量 /(L·min$^{-1}$) | 采样效率 | 检测限 /(μg·m$^{-3}$) | 时间分辨率 /min | 潜在干扰 | 参考文献 |
|---|---|---|---|---|---|---|---|
| WEDD | 纯水 | 1 | > 95% | 0.1 | 5～30 | < 1% | (Neftel et al., 1996) |
| AD-AMD | 纯水 | 1 | > 90% | 0.02 | 2 | < 2% | (Takenaka et al., 2004) |
| RWAN | $K_2CO_3$ | 30 | 未知 | 0.025 | 5～60 | 约 30 ng·m$^{-3}$ | (Acker et al., 2004) |
| 环形扩散管 | $Na_2CO_3$ | 10 | 99% | 未知 | 120 | < 2% | (Bari et al., 2003) |
| 线圈 | 磺胺/盐酸 | 1～2 | 99% | 0.005 | 1 | < 0.1% | (Heland et al., 2001) |
| 雾箱 | 超纯水 | 未知 | > 95% | 0.01 | 5 | 未知 | (Stutz et al., 2010) |

一般来说，雾箱的方法操作简单，但需要每隔 2 d 维护一次，每次耗时约 2 h，影响了在线观测数据（Stutz et al., 2010）；RWAN 和环形扩散管所需要的进气量太大，其他大气化学成分容易造成干扰，而且这两种采样方法时间分辨率过长，不易在实验室开展工作。目前，使用较多的采样方式是线圈和 WEDD 方法，二者能够很好地兼顾进样量、检测限和时间分辨率等，特别是线圈采样法，其检测限可低至 0.005 μg·m$^{-3}$。

### 11.2.1.2　HONO 浓度测定装置

经采样装置采集的大气 HONO，可利用 IC、HPLC 和比色等方法测定。这几种测定方法的检测限都可低至大气 HONO 浓度 $2 \times 10^{-5}$ mg·m$^{-3}$ 以下，时间分辨率也可控制在 10 min 以内。例如，MC/IC 和 HPLC 测定大气 HONO 的最低检测限分别为约 $1 \times 10^{-6}$ 和 $1 \times 10^{-5}$ mg·m$^{-3}$，时间分辨率分别为约 15 和 5 min。华东师范大学吴电明课题组基于双通道线圈采样方法和 HPLC 技术（SC-HPLC，Huang et al., 2002），开发的大气 HONO 测定装置的检测限和时间分辨率分别为 $8 \times 10^{-6}$ mg·m$^{-3}$ 和 12 min，具体设置见图 11-1。

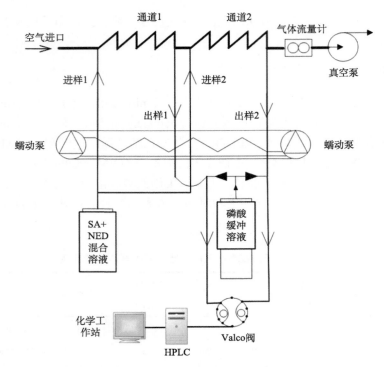

图 11-1　基于双通道线圈采样和 HPLC 技术的大气 HONO 测定装置(SC-HPLC)

目前，商业化比较成功的 HONO 分析仪为长光程吸收光谱(LOPAP)(Heland et al., 2001)。测定原理与上述 HPLC 测定方法一致，即大气 HONO 经溶液吸收衍生化生成偶氮染料(azo dye)，通过长路径吸收池比色测定其浓度。它的最低检测限为 0.001 μg·m$^{-3}$，时间分辨率为 1 min，可实现大气 HONO 浓度的在线测定，能够很好地满足野外和室内实验的需要。但缺点是维护烦琐，售价较高。

下面以 SC-HPLC 方法为例，具体介绍大气 HONO 浓度的测定。

### 11.2.1.3　SC-HPLC 装置测定原理

该方法的基本原理为大气 HONO 经双通道线圈采样管，与试剂磺胺(SA)、盐酸(HCl)和 N-(1-萘)-乙二胺-二盐酸化物(NED)衍生反应，生成偶氮染料；此化合物在 540 nm 处有最大吸收峰，可利用 HPLC 测定其浓度。

### 11.2.1.4　SC-HPLC 装置简介

SC-HPLC 装置(图 11-1)主要包括：①双通道(通道 1 和通道 2)采样管；②气体流量计；③真空泵；④多通道蠕动泵；⑤衍生剂罐，存放 SA 和 NED 混合溶液；⑥磷酸盐缓冲液罐；⑦Valco 十通阀；⑧高效液相色谱仪(HPLC)。

环境空气以恒定流速 1 L·min$^{-1}$ 的速率经进样口进入双通道采样管。通道 1 中 SA 和 NED 混合溶液与空气中 HONO 衍生反应，生成偶氮染料，此通道为 HONO 浓度测定通道；通道 2 中 SA 和 NED 混合溶液与空气中除 HONO 外的其他气体反应，作为参比信号。双通道的溶液经出样口流出后，由多通道蠕动泵控制其流速，并分别与磷酸缓冲液罐中流出的磷酸缓冲溶液按 1∶1 的比例混合，以调整偶氮染料的 pH 为 5～6。通道 1 溶液首先通过十通阀进入 HPLC，按照设定的程序检测 540 nm 处吸收峰值。检测结束后，通过 Valco 阀软件切换通道 2 溶液进入 HPLC，检测 540 nm 处吸收峰值。通道 1 与通道 2 测定的峰面积与标准溶液峰面积相比对，分别得出其 HONO 浓度值。通道 1 与通道 2 的 HONO 浓度差值为大气 HONO 浓度。SC-HPLC 装置相关参数设置如表 11-2 所示。

**表 11-2　SC-HPLC 装置相关参数设置**

| 参数 | 设置 |
| --- | --- |
| 磺胺(SA)浓度 | $4\ mmol\cdot L^{-1}$ |
| NED 浓度 | $0.4\ mmol\cdot L^{-1}$ |
| HCl 浓度 | $50\ mmol\cdot L^{-1}$ |
| 磷酸缓冲溶液 | pH 6.6 |
| 气体采样速率 | $1\ L\cdot min^{-1}$ |
| 多通道蠕动泵速率 | $0.18\ mL\cdot min^{-1}$ |
| Valco 阀切换间隔 | 6 min/次 |
| 样品测定时间 | 5 min |
| 偶氮染料保留时间 | 2.8 min |
| 偶氮染料吸收波长 | 540 nm |
| HPLC 色谱柱 | C18 反相色谱柱 |

### 11.2.1.5　NaNO₂ 标准曲线工作溶液配制

1) 磺胺(SA)母液($100\ mmol\cdot L^{-1}$)：称取 8.6105 g SA 溶解于 250 mL 超纯水中，充分搅拌，加入 25 mL 浓 HCl，再用超纯水稀释至 500 mL。得到 SA 浓度为 $100\ mmol\cdot L^{-1}$ 和盐酸浓度为 $0.6\ mol\cdot L^{-1}$ 的母液。该溶液置于 4 ℃ 冰箱中，待用。

2) NED 母液($10\ mmol\cdot L^{-1}$)：称取 1.2960 g NED 溶解于 250 mL 超纯水中，充分搅拌，加入 25 mL 浓 HCl，再用超纯水稀释至 500 mL，得到 NED 浓度为 $10\ mmol\cdot L^{-1}$ 和盐酸浓度为 $0.6\ mol\cdot L^{-1}$ 的母液。该溶液置于 4 ℃ 冰箱中，待用。

3) 衍生剂溶液的配制：取 40 mL 的 SA 母液和 40 mL 的 NED 母液，用超纯水稀释至 1 L，得到浓度分别为 $4\ mmol\cdot L^{-1}$ 的 SA、$0.4\ mmol\cdot L^{-1}$ 的 NED 和 $48\ mmol\cdot L^{-1}$ 的盐酸混合溶液。

4) 亚硝酸钠($NaNO_2$)母液：称取 1.0000 g 亚硝酸钠溶于 1000 mL 超纯水中，得到浓度为 $1000\ mg\cdot L^{-1}$ 的 $NaNO_2$ 母液，置于 4 ℃ 冰箱中，待用。

5) 标准曲线工作溶液：分别吸取 0.00、2.00、10.00、20.00、100.00 和 200.00 μL 的 $1000\ mg\cdot L^{-1}$ $NaNO_2$ 母液，置 100 mL 容量瓶中，再分别用衍生剂溶液定容至刻度，摇匀。得到浓度分别为 0.00、0.02、0.10、0.20、1.00 和 2.00 $mg\cdot L^{-1}$ 的 $NaNO_2$ 标准溶液，分别相当于 0、0.29、1.45、2.90、14.49、28.99 $\mu mol\cdot L^{-1}$ 的 $NaNO_2$。

### 11.2.1.6　磷酸盐缓冲液(pH=6.6)配制

1)甲液(0.2 mmol·L$^{-1}$)：称取 31.21 g 二水合磷酸二氢钠(NaH$_2$PO$_4$·2H$_2$O)溶解于 1 L 水中。

2)乙液(0.2 mmol·L$^{-1}$)：称取 71.64 g 十二水合磷酸氢二钠(Na$_2$HPO$_4$·12H$_2$O)溶解于 1 L 纯水中。

3)磷酸盐缓冲液(pH=6.6)：取 62.5 mL 甲液和 37.5 mL 乙液，混合均匀，得到 pH 为 6.6 的磷酸缓冲溶液。

### 11.2.1.7　标准曲线绘制

将 NaNO$_2$ 标准曲线工作溶液置于衍生剂罐中，设置双通道的衍生剂进样和出样速率为 0.18 mL·min$^{-1}$，零空气进样；将磷酸盐缓冲液置于磷酸盐缓冲液罐中，设置磷酸盐缓冲液的流出速率为 0.18 mL·min$^{-1}$。经与磷酸盐缓冲液 1：1 稀释后，得到浓度分别 0、0.14、0.72、1.45、7.25、14.49 µmol·L$^{-1}$ 的 NaNO$_2$ 标准溶液。

待测液通过外接双向切换十通阀(C2H-1340EH, Valco, 意大利)注入 HPLC(Agilent 1200，美国)进行分析。该系统由四元泵(G1311A)、自动控温自动进样器(G1329A)、柱温箱(G1316A)、多波长紫外检测器(G1365D)、脱气机(G1322A)、荧光检测器(G1321A)组成。使用反相分析柱(Agilent XDB-C18, 50 mm × 4.6 mm，1.8 µm，安捷伦科技，美国)进行色谱分离。流动相为乙腈(洗脱液 A，ACN)和 0.1%三氟乙酸(洗脱液 B，TFA)水溶液。采用梯度洗脱，流速设置为 0.5 mL·min$^{-1}$。对于每次色谱分析，溶剂梯度以 25% A 开始 1.5 min，然后在 2 min 内以线性梯度增加至 90% A，再在 0.5 min 内减少至 3% A，在下次运行前平衡 1 min。

十通阀注入量为 100 µL，十通阀的通道切换时间为 5 min 57 s。对于 DAD 检测，获得的波长范围是 190～800 nm。偶氮染料分析的检测和参考波长分别为 540 和 800 nm，带宽分别为 4 和 100 nm，峰宽(响应时间)为大于 0.03 min(0.5 s)，带宽分别为 10 和 60 nm。

绘制 HPLC 峰面积值和亚硝态氮浓度的关系曲线，得到亚硝态氮标准曲线。

### 11.2.1.8　大气 HONO 浓度计算

大气 HONO 浓度可根据公式(11-1)计算(Huang et al., 2002)：

$$C_{\text{HONO}} = \frac{C_{\text{NO}_2^-} \times F_1 \times R \times T}{M_{\text{NO}_2^-} \times F_g \times P} \times \frac{M_{\text{HONO}} \times 273 \times P}{22.4 \times (273+T) \times 101325} \times 10^6 \tag{11-1}$$

式中，$C_{\text{HONO}}$ 为大气 HONO 浓度，mg·m$^{-3}$；$C_{\text{NO}_2^-}$ 为液体亚硝态氮浓度，mg·L$^{-1}$；$F_1$ 为蠕动泵运行速率，mL·min$^{-1}$；$R$ 为气体常数，Pa·m$^3$·mol$^{-1}$·K$^{-1}$；$T$ 为测定温度，K；$M_{\text{HONO}}$ 为 HONO 分子量，g·mol$^{-1}$；$M_{\text{NO}_2^-}$ 为亚硝酸盐的分子量，g·mol$^{-1}$；$F_g$ 为进气流速，mL·min$^{-1}$；$P$ 为大气压力，Pa。

### 11.2.1.9　环境大气 HONO 浓度测定

按照 11.2.1.5 节的步骤，用 SA 和 NED 的混合溶液代替 NaNO$_2$ 标准曲线工作溶液，置于衍生剂罐中，设置双通道的衍生剂进样和出样速率为 0.18 mL·min$^{-1}$；将磷酸盐缓冲液置于磷酸盐缓冲液罐中，设置磷酸盐缓冲液的流出速率为 0.18 mL·min$^{-1}$。设置双通道线圈采样管的进气速率为 1 L·min$^{-1}$，环境空气进样代替零空气进样，开始在线实时测定环境大气 HONO 浓度。

### 11.2.1.10　SC-HPLC 装置的改进

前期实验结果发现，实测的通道 2 溶液 HPLC 信号值非常低，相对于通道 1 溶液可以忽略不计。为了提高大气 HONO 浓度测定的时间分辨率，后续的实验中采用单通道线圈采样。这样 SC-HPLC 的时间分辨率提高为 6 min，检测限不变。

## 11.2.2　光谱方法

光谱方法是基于朗伯-比尔定律，通过在紫外光吸收带(340～380 nm)和红外光吸收带(例如波数 1255 cm$^{-1}$)中拟合特征光谱对大气 HONO 浓度进行定性与定量。与湿化学方法相比，光谱方法具有快速和灵敏度高等特点，因此最近几年发展迅速。目前，比较常见的光谱技术包括差分光学吸收光谱(DOAS)、非相干宽带腔增强吸收光谱(IBBCEAS)、可调谐红外激光差分吸收光谱法(TDLAS)、光腔衰荡光谱(CRDS)、光解/激光诱导荧光(PF/LIF)、化学电离质谱法(CIMS)和热解离化学发光(TDC)等(Clemitshaw, 2004；王儒洋等, 2018)。

DOAS 方法是基于差分吸收的理论，将气体分子吸收截面分为随波长快变化和慢变化两部分，差分吸收光学密度与待测气体的差分吸收截面有一定相关性，可通过非线性最小二乘拟合计算气体的平均浓度(Platt et al., 1980；段俊等, 2016)。目前广泛使用的 LP-DOAS 系统一般采用光纤收发一体的望远镜设计，在光程为约 2500 m 条件下，HONO 检测限可低至 1.76 × 10$^{-4}$ mg·m$^{-3}$(段俊等, 2016)。但通过 LP-DOAS 系统测定的 HONO 浓度为某一段开放光路的平均浓度，而不能测定某一点的浓度，可应用于在线固定污染源监测。IBBCEAS 系统是在紫外吸收带 365 nm 处有 HONO 吸收峰，通过测量光源信号经光学腔内气体吸收的光辐射变化和准确的镜面反射率曲线，计算待测气体的浓度(段俊等, 2015；Duan et al., 2018)。IBBCEAS 系统受气体瑞利散射、镜片反射率、LED 光源稳定性等参数的影响，其 30 s 积分时间最低检测限可达 3.77 × 10$^{-4}$ mg·m$^{-3}$(Duan et al., 2018)。TDLAS 系统的 HONO 吸收峰位于中红外波段，一般采用室温连续量子级联激光器(QCL)测定 HONO 浓度，其 100 s 积分时间和 210 m 光程的激光器的最低探测限可低至 2 × 10$^{-4}$ mg·m$^{-3}$(Lee et al., 2011；崔小娟等, 2015)。由于激光器的售价昂贵，所以商业化的 TDLAS 系统售价也相对较高。CRDS、PF/LIF、CIMS 和 TDC 等方法也可以测定大气 HONO 浓度，但其不确定度较高，这里就不再一一介绍，具体可参考两篇综述文章(王儒洋等, 2018)和(Clemitshaw, 2004)，以及表 11-3 内容。

综合考虑各采样和测定方法，将大气 HONO 测定方法总结于表 11-3。一般来说，湿化学方法的检测限和不确定度较低，但时间分辨率较高，后期维护较烦琐；而光谱方法相反，系统稳定、灵敏度高，其中 DOAS 系统是大气 HONO 测定的标准方法。目前，测定 HONO 浓度的仪器以各高校和科研院所自主开发为主，基本能够满足外场和实验室测定的需要。商业化比较成功的仪器包括 LOPAP、LP-DOAS、QCL-TDLAS 等，使用最广泛的为 LOPAP。

**表 11-3　大气 HONO 浓度测定方法总结**

| HONO 测量方法 | | 检测限/(μg·m⁻³) | 时间分辨率/min | 不确定度/% | 潜在干扰 | 参考文献 |
|---|---|---|---|---|---|---|
| 光谱方法 | LP-DOAS | 0.17 | 0.5 | 6 | $NO_2$ | （段俊等, 2016） |
| | IBBCEAS | 0.38 | 0.5 | 9 | 壁损失、$NO_2$ | （Duan et al., 2018） |
| | TDLAS | 0.34 | 1.67 | 10 | 壁损失、$NO_2$ | （Cui et al., 2016） |
| | CIMS | 0.021～0.042 | 0.017 | 30 | 空气湿度、信噪比 | （Levy et al., 2014） |
| | PF/LIF | 0.03 | 1 | 35 | OH、$O_3$、$H_2O$ | （Liao et al., 2006） |
| | TDC | 0.11 | 1 | 10 | $NO_2$、过氧硝酸盐、烷基硝酸盐、$HNO_3$、$O_3$、$H_2O$ | （Pérez et al., 2007） |
| 湿化学方法 | SC/IC | 0.008 | 2.5 | 15 | $SO_2$、$NO_2$、$HO_2NO_2$ | （Xue et al., 2019a） |
| | HPLC | 0.008 | 5 | 15 | NO、$NO_2$、PAN、$O_3$、硝酸盐 | （Huang et al., 2002） |
| | WEDD | 0.1 | 5～30 | 3 | $NO_2$ | （Neftel et al., 1996） |
| | LOPAP | 0.008 | 2 | 10 | NO、$NO_2$、$SO_2$、$O_3$、PAN | （Heland et al., 2001） |

## 11.3　HONO 气体 ¹⁵N 同位素测定方法

稳定同位素方法在土壤学、生态学及大气科学等领域都有广泛的应用。利用 ¹⁵N 稳定同位素示踪和自然丰度技术能够研究氮素循环过程中各产物的来源、去向和比例。目前，采用 ¹⁵N 同位素研究大气 HONO 的工作还不多，主要是测定方法的建立。

### 11.3.1　LOPAP-HPLC-MS 的测定原理

Wu 等（2014）利用 LOPAP 和 HPLC-MS 联用的方式（LOPAP-HPLC-MS），建立了 ¹⁵N 同位素标记的 HO¹⁵NO 的测定方法。其原理是大气 HONO 经 LOPAP 采样和衍生化反应，生成偶氮染料，见化学反应方程式：

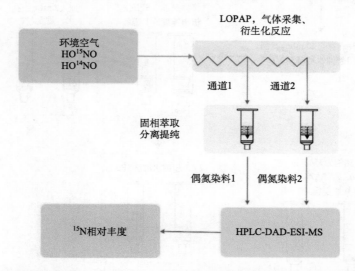

该化合物未标记 $^{15}N$ 的分子量为 369.1 g·mol$^{-1}$，在 540 nm 处有最大吸收峰值，因此可以经固相萃取、提纯后，利用 HPLC-MS 测定其 $^{15}N$ 的相对丰度。原理图见图 11-2。

图 11-2　LOPAP-HPLC-MS 测定 $^{15}N$ 标记的大气 HONO 氮同位素的原理图 (修改自 Wu et al., 2014)

## 11.3.2　样品的前处理

由于 LOPAP 的测定原理及装置与 SC-HPLC 类似，这里就不再详细介绍其各组件，可参考 11.2.1.2 节和文献 Heland 等 (2001)。环境大气 HONO 经 LOPAP 的双通道采样管采集、衍生化反应和长光程吸收池比色后，通道 1 和通道 2 的溶液分别由废液通道 1 和废液通道 2 流出。样品前处理具体步骤如下：

1) 用容量瓶收集废液通道 1 和废液通道 2 的样品 5 mL (大约需要 0.5 h)；
2) 用 1 mol·L$^{-1}$ NaOH 溶液调节 pH 至约 5.5，此时溶液的颜色由粉红色变为红色；
3) 将样品转移至 20 mL 容量瓶中，用超纯水稀释至刻度；
4) 分别用 2 mL 乙腈 (ACN) 和 2 mL 超纯水活性固相萃取 (SPE) 柱；
5) 将待萃取样品转移至活化后 SPE 柱，开始净化，溶液析出速度为 2～3 s·滴$^{-1}$；
6) 用 2 mL 超纯水淋洗 SPE 柱，以去除溶液中的无机盐离子和其他组分；
7) 用比例为 35/65 的 ACN/0.1% TFA 溶液洗脱偶氮染料，并用容量瓶定容至 2 mL。

上述前处理步骤见图 11-3。经固相萃取的偶氮染料溶液，保存在 4 ℃冰箱中，并在

7 d 内测定其 $^{15}$N 值。

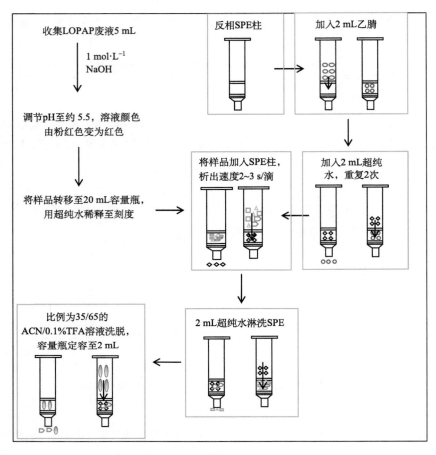

图 11-3　分离、纯化偶氮染料的固相萃取(SPE)操作步骤

### 11.3.3　HPLC-MS 分析

经上述步骤分离纯化后的偶氮染料样品用高效液相色谱-质谱仪(HPLC-DAD-ESI-MS, Agilent Technologies 1200 series, 安捷伦科技, 美国)测定(吴电明, 2015)。该仪器由 1 个二元泵(G1379B)、恒温的自动进样器(G1330B)、恒温的色谱分离柱(G1316B)、光电二极管阵列检测器(DAD; G1315C)以及电喷雾电离四极杆质谱仪组成(ESI-MS, G6130B)。操作系统的控制和数据分析在色谱工作站上进行(Rev. B.03.02, 安捷伦科技, 美国)。色谱的分离用的是反相色谱柱(Agilent XDB-C18, 50 mm × 4.6 mm 内径, 1.8 μm 粒径, 安捷伦科技, 美国)。洗脱液是含有 0.1% 的 TFA 溶液(洗脱液 A)和 ACN(洗脱液 B)。用梯度洗脱法分离样品和进行分析, 其流量速率为 500 μL·min$^{-1}$。对于每一次色谱分离运行过程, 首先运行 25% 的洗脱液 B 1 min, 然后在 3.5 min 内将溶剂的梯度线形增加到 90%, 按照这个比例的溶剂运行 3.5 min, 然后在 1 min 内将溶剂梯度(洗脱液 B)降至 3%, 最后重新平衡色谱柱 6 min。进样体积为 80 μL。每一次的色谱运行重复 3 次。

DAD 检测器的检测波长为 200～800 nm。测定偶氮染料的波长为 540 nm，带宽为 10 nm，参照波长为 700 nm，带宽为 60 nm。ESI-MS 仪器在正化学离子化模式下运行，其电离电压为 1750 V；在干燥气体温度为 300 ℃时，其碰撞电压为 175 V。在扫描模式（$m/z$ 50～500）和单离子监测模式（$m/z$ 370.1，371.1，372.1 和 373.1）下记录 MS 质谱的数据。

## 11.3.4　标准曲线

NaNO$_2$ 标准曲线工作溶液配制可参考 11.2.1.5～11.2.1.7 节。首先，将浓度为 14.5 mmol·L$^{-1}$ 的 NaNO$_2$ 标准溶液稀释成一系列不同浓度（0～18.1 μmol·L$^{-1}$）的标准工作溶液。然后，取 5 mL 标准工作溶液与等体积的 58 mmol·L$^{-1}$ 的 SA 溶液（含 1 mol·L$^{-1}$ 盐酸）和 0.39 mmol·L$^{-1}$ 的 NED 溶液混合，生成一系列不同浓度的偶氮染料的标准溶液。按照相同的方法，将同一浓度不标记和标记 $^{15}$N 的 NaNO$_2$ 标准溶液（98%多，美国剑桥同位素实验室）按照不同的比例混合在一起，得到含有不同 $\psi(^{15}\text{N})$ 的标准溶液。然后再按照上述方法生成一系列不同 $\psi(^{15}\text{N})$ 的偶氮染料的标准溶液。偶氮染料样品的纯化和分析测定按照 11.3.2 节的方法进行。样品的测定参考 11.3.3 节。

## 11.3.5　计算 $^{15}$N 相对丰度

偶氮染料 $\psi(^{15}\text{N})$ 的计算方法参考文献 Green 等（1982）、Biemann（1962）、Wu 等（2014）和吴电明（2015）。由于偶氮染料化合物不仅含有标记的氮元素，还含有未标记的氮和碳、氢、氧、硫等元素，这些元素的自然丰度也会影响到 $^{15}$N 的相对丰度的测定，需要校正后计算 $^{15}$N 的相对丰度。实验结果表明，在 HPLC-MS 电离质谱上还包括了质子化的离子（$[\text{M}+\text{H}]^{+}$，M）M + 0、M + 1、M + 2 和 M + 3 等。因此，采用不标记 $^{15}$N 的偶氮染料的标准溶液定量这些同位素的自然分布。在日常的测定中，同一浓度偶氮染料溶液的 M + 1、M + 2 和 M + 3 的比率值有微小的波动，这可能与质谱仪离子源的轻微波动有关。不标记 $^{15}$N 的偶氮染料（$\text{C}_{18}\text{H}_{19}\text{O}_2\text{N}_5\text{S}$）的分子量为 369.1 g·mol$^{-1}$，因此，用偶氮染料质荷比 $m/z$ 370、$m/z$ 371、$m/z$ 372 和 $m/z$ 373 离子质谱的峰面积计算其信号的相对比率，并将其数据标准化后的结果见表 11-4。

表 11-4　标准化后不标记 $^{15}$N 的偶氮染料的同位素分布（Wu et al., 2014）

| 离子质荷比（$m/z$） | 370 | 371 | 372 | 373 |
| --- | --- | --- | --- | --- |
| 质量 | M | M + 1 | M + 2 | M + 3 |
| 强度 | 1.00 | 0.244 [a] | 0.072 [a] | 0.011 [a] |

a. 数据来源于不同浓度偶氮染料的测定平均值。

由于液相色谱的分离过程也意味着同位素的分馏过程，因此，在 HPLC-MS 测定的过程中，应该把相关离子的整个峰面积都考虑进来，而不仅仅是峰高值（Caimi and Brenna, 1997）。据文献 Green 等（1982）和表 11-4 的测定值，$\psi(^{15}\text{N})$ 可以用公式（11-2）计算：

$$\psi(^{15}\text{N}) = \frac{^{371}\text{AD} - 0.244\,^{370}\text{AD}}{^{370}\text{AD} + ^{371}\text{AD} - 0.244\,^{370}\text{AD} + 0.072\,^{370}\text{AD} + 0.011\,^{370}\text{AD}} \tag{11-2}$$

$^{370}$AD 和 $^{371}$AD 表示 $m/z$ 370 和 $m/z$ 371 的峰面积, 因此, 公式(11-2)可以简化为公式(11-3)和公式(11-4):

$$\psi\left(^{15}\mathrm{N}\right) = \frac{R - 0.244}{R + 0.839} \tag{11-3}$$

其中
$$R = \frac{^{371}\mathrm{AD}}{^{370}\mathrm{AD}} \tag{11-4}$$

### 11.3.6  仪器检测限

研究结果表明, 该方法的最低进样量为 2.03 ng N, 方法的背景值为 0.11 μmol·L$^{-1}$, 相当于大气 HONO 浓度约 $8 \times 10^{-4}$ mg·m$^{-3}$; 检测限为 0.078 μmol·L$^{-1}$, 相当于大气 HONO 浓度约 $6 \times 10^{-4}$ mg·m$^{-3}$(Wu et al., 2014)。该方法测定的 $\psi\left(^{15}\mathrm{N}\right)$ 最优范围为 0.2～0.5, 其相对标准误差<4%, 因此可以应用到土壤及微生物 HONO 排放的研究中。

### 11.3.7  其他 HO$^{15}$NO 测定方法

Scharko 等(2015)利用 CIMS 也测定了 $^{15}$N 标记的大气 HONO 的丰度, 其方法是利用 SF$_5^-$ 作为反应试剂, HO$^{14}$NO 和 HO$^{15}$NO 可以在 $m/z$ 46 和 $m/z$ 47 处被检测, 其 10 min 的检测限分别为约 $1.4 \times 10^{-3}$ 和 $1.7 \times 10^{-4}$ mg·m$^{-3}$。Chai 和 Hastings(2018)利用环形扩散管采样、反硝化方法和同位素质谱仪(IRMS)相结合, 同时测定了 HONO 中 $^{15}$N 和 $^{18}$O 的自然丰度。该方法 $\delta^{15}$N 和 $\delta^{18}$O 的不确定度分别为 0.6‰和 0.5‰。

## 11.4  土壤与大气界面 HONO 气体通量测定方法

大多数研究都表明, 近地表大气 HONO 浓度高于上层大气浓度。因此, 定量陆地与大气界面 HONO 气体交换通量, 对于研究大气 HONO 源汇平衡和化学过程是非常必要的。一般来说, 微气象学方法是测定地气交换通量的经典方法, 比如涡度相关(eddy covariance)、弛豫涡旋积累法(relaxed eddy accumulation, RED)、通量梯度法(flux-gradient method, FG)、能量平衡法和空气动力学(aerodynamic)方法。但是, 涡度相关需要快速响应的仪器, 一般要求 10 Hz 的测量频率, 目前的 HONO 分析仪尚不能达到这种测定要求。比较常用的 HONO 通量测定方法包括通量梯度法和弛豫涡旋积累法。通量梯度法, 是指利用同一个或多个 HONO 分析仪测定不同高度的大气 HONO 浓度, 通过气体浓度差和气体湍流扩散系数计算 HONO 通量。由于气体湍流系数 $K$ 受到大气层结条件和气流垂直切边等因素的影响, 该方法适用于下垫面均匀的环境条件(Baldocchi et al., 1988; Foken, 2017)。在外场实验中, 通量梯度法主要应用在测定不同高度大气 HONO 浓度及计算其源汇平衡等(Harrison et al., 1996; Wong et al., 2011; Sörgel et al., 2015)。弛豫涡旋积累法是基于涡旋积累法的原理, 在一定时间内采集垂向两个高度的 HONO 气体, 并利用垂直风速标准差和 HONO 气体浓度差计算通量的方法(Ren et al., 2011; Zhang et al., 2012)。HONO 气体采集的时间只与垂直方向上风向改变的频率有关。与通量梯度法相比，弛豫涡旋积累法对下垫面和气象条件等要求不太严格，因而其应用更加广泛。

动态箱方法（dynamic chamber system）是目前测定土壤 HONO 排放通量最常用的方法，不仅可以研究室内土壤 HONO 排放机理（Oswald et al., 2013; Bhattarai et al., 2018, 2019; Mushinski et al., 2019; Wu et al., 2019），也可以应用在野外原位测定（Tang et al., 2019; Xue et al., 2019b）。其原理是将土壤样品置于一定体积的动态箱内，通入恒定流速的气体，测定流入与流出 HONO 气体的浓度差，从而计算其排放通量。在室内模拟实验研究中，可控制流入气体的湿度、空气组成、测定温度、光照等条件，因此，可以结合同位素和微生物分子生物学等手段，研究土壤和微生物 HONO 排放的机理。

另外，研究土壤 HONO 排放和吸收的方法还有涂层壁流动管技术（coated-wall flow tube）。该方法是将土壤与水的混合溶液均匀涂抹在流动管的内壁上，形成薄膜，通过测量 HONO 气体和薄膜在单位接触时间内气体浓度的减少量来计算吸收系数（uptake coefficients, Donaldson et al., 2014）。该方法的特点是涂层比表面积较大，检测限高，不用考虑吸附饱和的问题，可以用来研究不同介质、pH、土壤类型等环境因素对 HONO 吸收和排放的影响（George et al., 2005; Bartels-Rausch et al., 2010）。类似的技术还有薄膜流动管（wetted wall flow tube, Hirokawa et al., 2008）技术。

除上述实验方法外，在研究中还经常需要计算化学过程对土壤 HONO 排放的贡献。土壤 HONO 的排放过程受化学平衡、微生物氮素循环和地气交换等多因素调控（Su et al., 2011; Oswald et al., 2013; Wu et al., 2019）。由于微生物氮素转化过程难以定量和模型化，基于化学平衡理论的土壤 HONO 排放通量计算显得十分必要了。计算的结果一方面可以表征通过化学平衡产生的 HONO 量，另一方面可以和实验测定结果相比较，定量微生物 HONO 排放量和化学过程排放量的贡献。

下面详细介绍基于动态箱方法的土壤 HONO 排放通量的测定，以及基于化学平衡理论的土壤 HONO 排放通量的计算。

## 11.4.1　动态箱系统简介

图 11-4 是我们实验室自主搭建的动态箱系统，可同时测定 HONO、NO、$NO_2$、$N_2O$、$O_3$、$CO_2$ 和 $H_2O$ 等气体的排放通量。该系统包括零气生成单元、样品测定单元、气体分析单元和数据采集单元四个部分，主要仪器设备包括零气发生器（Thermo, model 1150-111），特氟龙薄膜制成的动态箱（约 10 L），SC-HPLC 装置用于测定大气中 HONO 浓度，$NO_x$ 分析仪（Thermo, 42i-TL）用于测定大气中 NO 和 $NO_2$ 浓度，$N_2O$ 分析仪（Los Gatos Research, LGR 914-U027）用于测定大气中 $N_2O$ 浓度，臭氧分析仪（Thermo, 49i）用于测定大气中 $O_3$ 浓度，以及 $CO_2/H_2O$ 分析仪（LI-COR, 840A）用于测定大气中 $CO_2$ 和 $H_2O$ 浓度。前期研究表明，该系统能够很好地模拟野外土壤干湿交替条件下活性氮气体的排放通量（Remde et al., 1993; Rummel et al., 2002; van Dijk et al., 2002; Plake et al., 2015）。

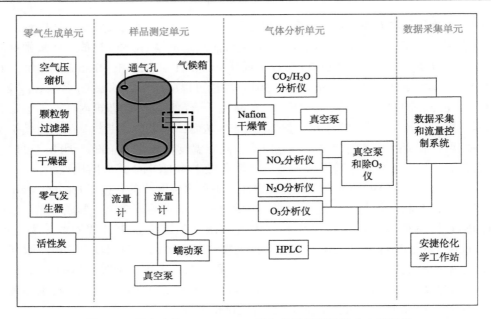

图 11-4 测定土壤 HONO、NO$_x$ 等气体排放通量的动态箱系统

## 11.4.2 土壤 HONO 排放的测定

野外采集的土壤样品,经风干过 2 mm 筛后,置于室内阴凉处保存。对于有机质含量比较高的土壤,宜过 16 mm 的筛(Bargsten et al., 2010)。取 50 g 土壤样品,置于直径为 8.8 mm 培养皿中,加入超纯水至最大持水量。将培养皿放入特氟龙膜制成的动态箱中,该动态箱放置在(25 ± 0.5)℃的恒温培养箱中。在实验过程中,持续通入干燥的零空气(不含水分、HONO、NO$_x$、O$_3$、C$_x$H$_y$ 等气体),直至土壤完全干燥,并监测土壤干湿交替过程中动态箱顶空 HONO、NO、NO$_2$、O$_3$、CO$_2$ 和 H$_2$O 等气体的浓度。

1)土壤 HONO 和 NO 的排放通量通过公式(11-5)计算:

$$F = \frac{Q}{A} \times \frac{1}{V_m} \times \left( \chi_{out} - \chi_{in} \right) \tag{11-5}$$

式中,$F$ 表示 HONO 和 NO 的排放通量,nmol·m$^{-2}$·s$^{-1}$;$Q$ 表示气体的流速,m$^3$·s$^{-1}$;$\chi_{out}$ 和 $\chi_{in}$ 表示动态箱出气和进气的气体浓度(体积分数),10$^{-9}$;$A$ 表示土壤的表面积,m$^2$;$V_m$ 表示空气的摩尔体积,m$^3$·mol$^{-1}$。

2)土壤含水量的计算是基于实验前后土壤含水量的变化和测定过程中蒸发损失的水分,可通过公式(11-6)计算(Oswald et al., 2013):

$$SWC_t = \left( 1 - \frac{m\left( loss\ of\ water \right)}{m\left( dry\ soil \right)} \times \frac{\int_{t=0}^{t} RH_t \cdot dt}{\int_{t=0}^{t_{max}} RH_t \cdot dt} \times \frac{100}{whc} \right) \tag{11-6}$$

式中,$SWC_t$ 表示在 $t$ 时刻土壤质量含水量,%;$m$(loss of water) 表示测定过程中通过蒸发损失的水分质量，g；$m$(dry soil) 表示烘干土的质量，g；$RH_t$ 表示 $t$ 时刻测定的动态箱顶空相对湿度，%；whc表示土壤最大持水量，%，可用公式(11-7)表示。

$$\text{whc} = \frac{m_{\text{sat}}(H_2O)}{m(\text{dry soil})} \times 100\% \tag{11-7}$$

其中，$m_{\text{sat}}(H_2O)$ 表示土壤达到最大持水量时的水分质量，g。

## 11.4.3 基于化学平衡理论的土壤 HONO 排放通量的计算

土壤HONO 排放通量的计算可以参考文献(Pape et al., 2009; Su et al., 2011; Wu et al., 2019)，公式如下：

$$F = -v_t \times \rho_d \times \left([\text{HONO}] - [\text{HONO}]^*\right) \tag{11-8}$$

式中，$F$ 表示土壤 HONO 排放通量，ng·m$^{-2}$·s$^{-1}$；$v_t$ 表示气体转移速率，m·s$^{-1}$；$\rho_d$ 表示干燥空气分子的密度，kg·m$^{-3}$；[HONO]表示环境大气 HONO 浓度(体积分数)，$10^{-9}$；[HONO]$^*$表示土壤气体 HONO 浓度(体积分数)，$10^{-9}$。

### 11.4.3.1 气体转移速率 $v_t$ 的计算

$v_t$ 可用公式(11-9)表示：

$$v_t = \frac{1}{R_a + R_b + R_{\text{soil}}} \tag{11-9}$$

式中，$R_a$ 表示空气动力学阻力，在动态箱系统中此值可用 $R_{\text{purge}}$ 与 $R_{\text{mix}}$ 的和表示(Pape et al., 2009)，$R_{\text{purge}}$ 是动态箱进样口的气流阻力，可用 $A/Q$ 的比值定量，$A$ 表示土壤的表面积(m$^2$)，$Q$ 表示气体的流速(m$^3$·s$^{-1}$)，$R_{\text{mix}}$ 是动态箱内气体混匀阻力，此值一般小于 2 s·m$^{-1}$，在计算时可忽略不计(Pape et al., 2009)。因此，$R_a$ 可用公式(11-10)表示：

$$R_a = \frac{A}{Q} \tag{11-10}$$

$R_b$ 表示片流层阻力，在动态箱内由于风扇的混匀作用和光滑的土壤表面，得到的经验值为 85 s·m$^{-1}$(Pape et al., 2009)。

$R_{\text{soil}}$ 表示土壤表面阻力，可用公式(11-11)表示(Sakaguchi and Zeng, 2009)：

$$R_{\text{soil}} = \frac{L}{D} \tag{11-11}$$

式中，$L$ 表示干燥土壤层的厚度，m，可用公式(11-12)计算：

$$L = d_1 \frac{\exp\left[\left(1 - \frac{\theta_1}{\theta_{\text{sat}}}\right)^w\right] - 1}{e - 1} \tag{11-12}$$

式中，$d_1$ 表示表层土壤的厚度，m；e 为常数 2.718；$w$ 为控制 $L$ 和 $\frac{\theta_1}{\theta_{\text{sat}}}$ 指数关系曲线凹度的参数，可采用文献中的经验值 5(Sakaguchi and Zeng, 2009)。$\theta_1$ 表示表层土壤的体积

含水量，%；$\theta_{sat}$ 表示表层土壤的饱和体积含水量，%。

公式 (11-11) 中，$D$ 表示土壤气体扩散系数，$cm^2 \cdot s^{-1}$，可用公式 (11-13) 表示 (Moldrup et al., 2000)：

$$D = D_0 \times \frac{\varepsilon^{2.5}}{\varPhi} \tag{11-13}$$

其中，$D_0$ 表示在自由大气中的气体扩散系数，HONO 的扩散系数可取经验值 $0.57\ cm^2 \cdot s^{-1}$ (Hirokawa et al., 2008)。$\varepsilon$ 表示土壤充气孔隙度，%；$\varPhi$ 表示土壤总孔隙度，%。

### 11.4.3.2　土壤气体 $[HONO]^*$ 浓度计算

根据气液平衡亨利定律，液相化学 $NO_2^-/HNO_2$ 与气态亚硝酸存在化学平衡的原理，$[HONO]^*$ 可用公式 (11-14) 计算 (Park and Lee, 1988; Su et al., 2011)：

$$[HONO]^* = \frac{\left[ N(\text{III}) \right]}{\left( 1 + \dfrac{K_{a,HNO_2}}{\left[ H^+ \right]} \right) \times H_{HONO} \times P} \tag{11-14}$$

其中，$\left[ N(\text{III}) \right]$ 表示总亚硝酸盐浓度 ($HNO_2 + NO_2^-$)，$mol \cdot L^{-1}$。可用公式 (11-15) 计算：

$$\left[ N(\text{III}) \right] = \frac{\rho_w C_{N(\text{III})}}{\theta_g M_N} \tag{11-15}$$

其中，$\rho_w$ 表示水的密度，$kg \cdot m^{-3}$；$C_{N(\text{III})}$ 表示总亚硝酸盐含量 ($HNO_2 + NO_2^-$)，$kg \cdot kg^{-1}$；$\theta_g$ 表示土壤质量含水量，%；$M_N$ 表示 N 的摩尔分子量，$0.014\ kg \cdot mol^{-1}$；$\left[ H^+ \right]$ 浓度可根据土壤 pH 计算，$mol \cdot L^{-1}$；$P$ 表示大气压力，Pa。$K_{a,HNO_2}$ 表示亚硝酸解离常数，$mol \cdot m^{-3}$，此值与温度有关，可用公式 (11-16) 表示：

$$K_{a,HNO_2}(T) = K_{a,HNO_2}(298K) \exp\left[ \frac{\Delta H_{a,HNO_2}}{R} \left( \frac{1}{298} - \frac{1}{T} \right) \right] \tag{11-16}$$

其中，$T$ 为实验时的温度，K；$K_{a,HNO_2}(298K)$ 的经验值为 $0.56\ mol \cdot m^{-3}$ (Park and Lee, 1988; Lide, 2004)，$\Delta H_{a,HNO_2}$ 表示恒定温度和压力时 $HNO_2$ 解离反应的熵值。

$H_{HONO}$ 表示气态亚硝酸的亨利系数，此值也与温度有关，可用公式 (11-17) 表示：

$$H_{HONO}(T) = H_{HONO}(298K) \exp\left[ \frac{\Delta H_{HONO}}{R} \left( \frac{1}{298} - \frac{1}{T} \right) \right] \tag{11-17}$$

其中，$H_{HONO}(298\ K)$ 的经验值为 $0.47\ mol \cdot m^{-3} \cdot Pa^{-1}$ (Sander, 2015)，$\Delta H_{HONO}$ 表示恒定温度和压力时 $HNO_2$ 气液分配的熵值。

## 11.5　小　　结

目前，大气 HONO 的研究主要集中在外场浓度的测定，在陆地与大气界面 HONO

排放通量方向的工作偏少。大气 HONO 浓度的测定方法比较成熟,但商业化仪器尚不太多;土壤 HONO 排放的测定研究相对偏少,研究方法以室内模拟实验为主,野外测定结果缺乏。由于土壤 HONO 排放受氮素和水分的影响特别大,特别是农业生产措施施肥和灌溉,因此亟待开展农田和城市土壤 HONO 排放机制及影响因素的研究,以期为优化氮素管理、减少氮素损失、评估空气质量等提供理论和科学依据。

# 参 考 文 献

安俊岭, 李颖, 汤宇佳, 等, 2014. HONO 来源及其对空气质量影响研究进展. 中国环境科学, 34: 273-281.

崔小娟, 董凤忠, 张志荣, 等, 2015. 基于二次谐波调制技术提高 HONO 测量灵敏度的方法研究. 光学学报, 35: 358-365.

段俊, 秦敏, 方武, 等, 2015. 非相干宽带腔增强吸收光谱技术应用于实际大气亚硝酸的测量. 物理学报, 64: 226-233.

段俊, 秦敏, 卢雪, 等, 2016. 基于光纤收发一体 LP-DOAS 系统对大气 HONO 和 $NO_2$ 的测量. 光谱学与光谱分析, 36: 2001-2005.

王儒洋, Jabbour H, 施晓雯, 等, 2018. 大气中气态亚硝酸(HONO)测量方法的研究进展. 环境科学与技术, 41: 43-51.

吴电明, 2015. 土壤与大气界面活性氮(HONO 和 $N_2O$)气体交换. 北京: 中国科学院大学.

吴电明, 夏玉玲, 侯立军, 等, 2018. 土壤亚硝酸气体(HONO)排放过程及其驱动机制. 中国生态农业学报, 26: 190-194.

Acker K, Spindler G, Brüggemann E, 2004. Nitrous and nitric acid measurements during the INTERCOMP2000 campaign in Melpitz. Atmospheric Environment, 38: 6497-6505.

Acker K, Moller D, Wieprecht W, et al., 2006. Strong daytime production of OH from $HNO_2$ at a rural mountain site. Geophysical Research Letters, 33: L02809.

Baldocchi D D, Hincks B B, Meyers T P, 1988. Measuring biosphere-atmosphere exchanges of biologically related gases with micrometeorological methods. Ecology, 69: 1331-1340.

Bargsten A, Falge E, Pritsch K, et al., 2010. Laboratory measurements of nitric oxide release from forest soil with a thick organic layer under different understory types. Biogeosciences, 7: 1425-1441.

Bari A, Ferraro V, Wilson L R, et al., 2003. Measurements of gaseous HONO, $HNO_3$, $SO_2$, HCl, $NH_3$, particulate sulfate and PM2.5 in New York, NY. Atmospheric Environment, 37: 2825-2835.

Bartels-Rausch T, Brigante M, Elshorbany Y F, et al., 2010. Humic acid in ice: photo-enhanced conversion of nitrogen dioxide into nitrous acid. Atmospheric Environment, 44: 5443-5450.

Bhattarai H R, Virkajärvi P, Yli-Pirilä P, et al., 2018. Emissions of atmospherically important nitrous acid(HONO) gas from northern grassland soil increases in the presence of nitrite($NO_2^-$). Agriculture, Ecosystems & Environment, 256: 194-199.

Bhattarai H R, Liimatainen M, Nykänen H, et al., 2019. Germinating wheat promotes the emission of atmospherically significant nitrous acid(HONO) gas from soils. Soil Biology and Biochemistry, 136:107518. DOI: 10.1016/j.soilbio.2019.06.014.

Biemann K, 1962. Mass spectrometry: organic chemical applications. New York: McGraw-Hill.

Caimi R J, Brenna J T, 1997. Quantitative evaluation of carbon isotopic fractionation during reversed-phase high-performance liquid chromatography. Journal of Chromatography A, 757: 307-310.

Chai J, Hastings M G, 2018. Collection method for isotopic analysis of gaseous nitrous acid. Analytical Chemistry, 90: 830-838.

Clemitshaw K, 2004. A review of instrumentation and measurement techniques for ground-based and airborne field studies of gas-phase tropospheric chemistry. Critical Reviews in Environmental Science and Technology, 34: 1-108.

Cui X, Dong F, Sigrist M W, et al., 2016. Investigation of effective line intensities of trans-HONO near 1255 cm$^{-1}$ using continuous-wave quantum cascade laser spectrometers. Journal of Quantitative Spectroscopy and Radiative Transfer, 182: 277-285.

Donaldson M A, Bish D L, Raff J D, 2014. Soil surface acidity plays a determining role in the atmospheric-terrestrial exchange of nitrous acid. Proceedings of the National Academy of Sciences, 111: 18472-18477.

Duan J, Qin M, Ouyang B, et al., 2018. Development of an incoherent broadband cavity-enhanced absorption spectrometer for in situ measurements of HONO and $NO_2$. Atmospheric Measurement Techniques, 11: 4531-4543.

Elshorbany Y F, Kleffmann J, Kurtenbach R, et al., 2010. Seasonal dependence of the oxidation capacity of the city of Santiago de Chile. Atmospheric Environment, 44: 5383-5394.

Foken T, 2017. Measurement technique, micrometeorology. Berlin: Springer Berlin Heidelberg.

George C, Strekowski R S, Kleffmann J, et al., 2005. Photoenhanced uptake of gaseous $NO_2$ on solid organic compounds: a photochemical source of HONO? Faraday Discussions, 130: 195-210.

Green L C, Wagner D A, Glogowski J, et al., 1982. Analysis of nitrate, nitrite, and [$^{15}$N]nitrate in biological fluids. Analytical Biochemistry, 126: 131-138.

Harrison R M, Peak J D, Collins G M, 1996. Tropospheric cycle of nitrous acid. Journal of Geophysical Research, 101: 14429.

Heland J, Kleffmann J, Kurtenbach R, et al., 2001. A new instrument to measure gaseous nitrous acid (HONO) in the atmosphere. Environmental Science & Technology, 35: 3207-3212.

Hirokawa J, Kato T, Mafuné F, 2008. Uptake of gas-phase nitrous acid by pH-controlled aqueous solution studied by a wetted wall flow tube. Journal of Physical Chemistry A, 112: 12143-12150.

Huang G, Zhou X, Deng G, et al., 2002. Measurements of atmospheric nitrous acid and nitric acid. Atmospheric Environment, 36: 2225-2235.

Kleffmann J, Gavriloaiei T, Hofzumahaus A, et al., 2005. Daytime formation of nitrous acid: a major source of OH radicals in a forest. Geophysical Research Letters, 32: L05818. DOI: 10.1029/2005GL022524.

Kleffmann J, Kurtenbach R, Lörzer J, et al., 2003. Measured and simulated vertical profiles of nitrous acid—Part I: Field measurements. Atmospheric Environment, 37: 2949-2955.

Lee B H, Wood E C, Zahniser M S, et al., 2011. Simultaneous measurements of atmospheric HONO and $NO_2$ via absorption spectroscopy using tunable mid-infrared continuous-wave quantum cascade lasers. Applied Physics B, 102: 417-423.

Levy M, Zhang R, Zheng J, et al., 2014. Measurements of nitrous acid (HONO) using ion drift-chemical ionization mass spectrometry during the 2009 SHARP field campaign. Atmospheric Environment, 94: 231-240.

Liao W, Hecobian A, Mastromarino J, et al., 2006. Development of a photo-fragmentation/laser-induced fluorescence measurement of atmospheric nitrous acid. Atmospheric Environment, 40: 17-26.

Lide D R, 2004. CRC handbook of chemistry and physics. Boca Raton: CRC press.

Moldrup P, Olesen T, Gamst J, et al., 2000. Predicting the gas diffusion coefficient in repacked soil: Water-Induced Linear Reduction Model. Soil Science Society of America Journal, 64: 1588-1594.

Mushinski R M, Phillips R P, Payne Z C, et al., 2019. Microbial mechanisms and ecosystem flux estimation for aerobic $NO_y$ emissions from deciduous forest soils. Proceedings of the National Academy of

Sciences, 116: 2138-2145.

Neftel A, Blatter A, Hesterberg R, et al., 1996. Measurements of concentration gradients of $HNO_2$ and $HNO_3$ over a semi-natural ecosystem. Atmospheric Environment, 30: 3017-3025.

Oswald R, Behrendt T, Ermel M, et al., 2013. HONO emissions from soil bacteria as a major source of atmospheric reactive nitrogen. Science, 341: 1233-1235.

Pérez I M, Wooldridge P J, Cohen R C, 2007. Laboratory evaluation of a novel thermal dissociation chemiluminescence method for in situ detection of nitrous acid. Atmospheric Environment, 41: 3993-4001.

Pape L, Ammann C, Nyfeler-Brunner A, et al., 2009. An automated dynamic chamber system for surface exchange measurement of non-reactive and reactive trace gases of grassland ecosystems. Biogeosciences, 6: 405-429.

Park J Y, Lee Y N, 1988. Solubility and decomposition kinetics of nitrous acid in aqueous solution. The Journal of Physical Chemistry, 92: 6294-6302.

Plake D, Stella P, Moravek A, et al., 2015. Comparison of ozone deposition measured with the dynamic chamber and the eddy covariance method. Agricultural and Forest Meteorology, 206: 97-112.

Platt U, Perner D, Harris G W, et al., 1980. Observations of nitrous acid in an urban atmosphere by differential optical absorption. Nature, 285: 312-314.

Remde A, Ludwig J, Meixner F X, et al., 1993. A study to explain the emission of nitric oxide from a marsh soil. Journal of Atmospheric Chemistry, 17: 249-275.

Ren X, Sanders J E, Rajendran A, et al., 2011. A relaxed eddy accumulation system for measuring vertical fluxes of nitrous acid. Atmospheric Measurement Techniques, 4: 2093-2103.

Rummel U, Ammann C, Gut A, et al., 2002. Eddy covariance measurements of nitric oxide flux within an Amazonian rain forest. Journal of Geophysical Research, 107: LBA 17-11-LBA 17-19. DOI: 10.1029/2001JD000520.

Sörgel M, Trebs I, Wu D, et al., 2015. A comparison of measured HONO uptake and release with calculated source strengths in a heterogeneous forest environment. Atmospheric Chemistry and Physics, 15: 9237-9251.

Sakaguchi K, Zeng X, 2009. Effects of soil wetness, plant litter, and under-canopy atmospheric stability on ground evaporation in the Community Land Model(CLM3.5). Journal of Geophysical Research, 114: D01107.

Sander R. 2015. Compilation of Henry's law constants(version 4.0)for water as solvent. Atmospheric Chemistry and Physics, 15: 4399-4981.

Scharko N K, Schütte U M E, Berke A E, et al., 2015. Combined flux chamber and genomics approach links nitrous acid emissions to ammonia oxidizing bacteria and archaea in urban and agricultural soil. Environmental Science & Technology, 49: 13825-13834.

Sleiman M, Gundel L A, Pankow J F, et al., 2010. Formation of carcinogens indoors by surface-mediated reactions of nicotine with nitrous acid, leading to potential thirdhand smoke hazards. Proceedings of the National Academy of Sciences, 107: 6576-6581.

Stutz J, Oh H J, Whitlow S I, et al., 2010. Simultaneous DOAS and mist-chamber IC measurements of HONO in Houston, TX. Atmospheric Environment, 44: 4090-4098.

Su H, Cheng Y, Oswald R, et al., 2011. Soil nitrite as a source of atmospheric HONO and OH radicals. Science, 333: 1616-1618.

Takenaka N, Terada H, Oro Y, et al., 2004. A new method for the measurement of trace amounts of HONO in the atmosphere using an air-dragged aqua-membrane-type denuder and fluorescence detection. Analyst,

129: 1130-1136.

Tang K, Qin M, Duan J, et al., 2019. A dual dynamic chamber system based on IBBCEAS for measuring fluxes of nitrous acid in agricultural fields in the North China Plain. Atmospheric Environment, 196: 10-19.

van Dijk S M, Gut A, Kirkman G A, et al., 2002. Biogenic NO emissions from forest and pasture soils: Relating laboratory studies to field measurements. Journal of Geophysical Research, 107: D20.

Wong K W, Oh H J, Lefer B L, et al., 2011. Vertical profiles of nitrous acid in the nocturnal urban atmosphere of Houston, TX. Atmospheric Chemistry and Physics, 11: 3595-3609.

Wong K W, Tsai C, Lefer B, et al., 2012. Daytime HONO vertical gradients during SHARP 2009 in Houston, TX. Atmospheric Chemistry and Physics, 12: 635-652.

Wu D, Kampf C J, Pöschl U, et al., 2014. Novel tracer method to measure isotopic labeled gas-phase nitrous acid ($HO^{15}NO$) in biogeochemical studies. Environmental Science & Technology, 48: 8021-8027.

Wu D, Horn M A, Behrendt T, et al., 2019. Soil HONO emissions at high moisture content are driven by microbial nitrate reduction to nitrite: tackling the HONO puzzle. The ISME Journal, 13: 1688-1699.

Xue C, Ye C, Ma Z, et al., 2019a. Development of stripping coil-ion chromatograph method and intercomparison with CEAS and LOPAP to measure atmospheric HONO. Science of the Total Environment, 646: 187-195.

Xue C, Ye C, Zhang Y, et al., 2019b. Development and application of a twin open-top chambers method to measure soil HONO emission in the North China Plain. Science of the Total Environment, 659: 621-631.

Zhang N, Zhou X, Bertman S, et al., 2012. Measurements of ambient HONO concentrations and vertical HONO flux above a northern Michigan forest canopy. Atmospheric Chemistry and Physics, 12: 8285-8296.

# 第 12 章 农田系统生物固氮测定方法

## 12.1 导 言

氮是地球上生命体所必需的元素之一，也是作物生长的主要限制因子。虽然大气体积中 78%是分子态氮，但所有植物、动物和大多数微生物都不能直接利用，只有少数微生物具有将氮气转化成氨的能力，具有这种功能的微生物称为固氮微生物，这一过程人们称为生物固氮。据估算，工业革命前全球陆地生态系统年生物固氮量约为 $0.4 \times 10^8 \sim 1.0 \times 10^8$ t(Vitousek et al., 2013)，其中 $5 \times 10^7 \sim 7 \times 10^7$ t 由农田生态系统固定(Herridge et al., 2008)。联合国粮农组织(FAO)统计显示，截至 2013 年世界氮肥用量已超过 $1.0 \times 10^8$ t (Lu and Tian, 2017)。工业氮肥生产是以煤、石油和天然气等不可再生资源为生产原料，生产过程中需要消耗大量的能源。农田系统中氮肥的不合理施用也带来了严重的环境污染问题(朱兆良，2000；张福锁等，2008)。生物固氮是一个既不消耗矿质能源且环境友好，又能减少化学氮肥用量并提高土壤肥力的有效途径(Peoples et al., 1995；陈文新和陈文峰，2004)。近年来，我国科学家在联合固氮机理、固氮调控机制以及固氮合成生物学等研究上不断突破，对提高豆科共生固氮和非豆科联合固氮效率具有重要的指导意义(Jin et al., 2016; Zhan et al., 2016; Yang et al., 2018)。

## 12.2 农田系统生物固氮资源

为发掘和利用农田系统生物固氮潜力，人们首先需要知道现有的固氮微生物资源，固氮能力及其影响因素等。目前已知的固氮微生物都属于原核微生物，根据它们与高等植物之间的关系，一般将固氮作用分为三种类型，即共生固氮、联合固氮和自生固氮。

共生固氮菌是指与高等植物或其他生物共生时表现出具有较高固氮能力的微生物，如与豆科植物互利共生的华癸中慢生根瘤菌(*Mesorhizobium huakuii*)(Chen et al., 1991)，以及与非豆科植物共生的弗兰克氏菌(*Frankia*)。另一类是稻田常见的与红萍(又叫做满江红)等水生蕨类植物共生的蓝藻。植物向固氮微生物提供光合产物供微生物固氮需要，微生物则向植物提供氮素营养，双方互惠互利。研究表明，豆科植物-根瘤菌共生固氮能力居各类固氮体系之首，也是农田生态系统中氮的主要来源之一。Herridge 等(2008)统计结果显示，豆科-根瘤菌共生固氮每年生物固氮量能达到 $2.1 \times 10^7$ t。在过去几十年里，我国科研工作者完成了全国豆科植物结瘤调查，共收集了根瘤样品 7000 多份，并筛选出一批高效的根瘤菌种质资源，为深入研究和挖掘豆科共生固氮潜力提供了有力支撑(陈文新，2004)。

联合固氮菌广泛存在于非豆科植物的根际、根表和根皮层中，与植物有密切关系但不与宿主形成共生结构（James，2000）。一般来说，联合固氮效率不及共生固氮高，但其广泛分布于粮食作物中（如玉米、甘蔗、高粱、水稻、小麦等），是一类不可忽视的固氮资源。基于氮素平衡法和 $^{15}N$ 同位素稀释法，研究发现巴西地区甘蔗联合固氮菌每年每公顷固氮量至少为 40 kg（Urquiaga et al.，2012）。甘蔗联合固氮菌主要有醋酸杆菌属（*Acetobacter*）、芽孢杆菌属（*Bacillus*）、草螺菌属（*Herbaspirillum*）和克雷伯氏菌属（*Klebsiella*）等（胡春锦等，2012）。基于 $^{15}N$ 同位素稀释法，Montañez 等（2009）研究发现玉米吸收的氮中来自联合固氮作用的比例为 12%～33%，玉米根部固氮菌主要是泛菌属（*Pantoea*）、根瘤菌属（*Rhizobium*）和短波单胞菌属（*Brevundimonas*）。Van Deynze 等（2018）在墨西哥 Sierra Mixe 地区发现当地玉米品种的气生根很发达，能分泌一种富含碳水化合物的黏液，研究进一步证实该玉米品种所需氮素营养的 29%～82%是依靠黏液中固氮菌的固氮能力而获得的。Venieraki 等（2011）研究结果表明，希腊地区大麦、小麦根际联合固氮菌主要属于固氮螺菌属（*Azospirillum*）和假单胞菌属（*Pseudomonas*）。基于 $^{15}N$ 同位素稀释法，朱兆良等（1986）研究发现不施氮时水稻吸收氮中来自当季非共生固氮作用的比例约为 21.7%，非共生固氮量为 57～62 kg·ha$^{-1}$。陈夕军等（2007）从江苏省扬州、南通、常州和徐州等地的水稻根、茎和种子分离获得了内生菌 276 个菌株，经过测定发现其中 234 个菌株具有固氮活性，占供试菌株总数的 84.8%。谭志远等（2009）从广东和海南普通野生稻（*Oryza rufipogon*）中分离得到 37 株内生固氮菌，而且都能通过聚合酶链式反应（PCR）扩增出固氮基因（*nifH*）。

自生固氮菌是指自然界中能独立进行生物固氮的微生物，对植物没有依存关系。与共生固氮相比，陆地生态系统自生固氮量通常小得多，粗略估计为 1～20 kg·ha$^{-1}$·a$^{-1}$（Reed et al.，2011）。常见的土壤自生固氮菌包括以圆褐固氮菌（*Azotobacter chroococcum*）为代表的好氧性自生固氮菌、以巴氏固氮梭菌（*Clostridium pasteurianum*）为代表的厌氧性自生固氮菌，以及以鱼腥藻属（*Anabaena*）和念珠藻属（*Nostoc*）为代表的具有异形胞的固氮蓝藻（朱兆良和邢光熹，2002）。早期试验表明，水稻田接种固氮蓝藻可使水稻增产 10%以上，最高能达到 30%（沈银武和黎尚豪，1993）。

## 12.3  生物固氮测定方法

生物固氮对农田生态系统氮素循环有着重要的影响，由于受测定方法的限制，目前对生物固氮的定量研究仍然不足（Herridge et al.，2008）。现有的生物固氮测定方法主要包括总氮差异法、$^{15}N$ 同位素法（包括 $^{15}N$ 自然丰度法、$^{15}N$ 同位素稀释法和 $^{15}N_2$ 示踪法）以及乙炔还原法（Unkovich et al.，2008）。总氮差异法主要依赖于 19 世纪末建立的凯氏定氮法（Kjeldahl method）。随着 20 世纪 40 年代同位素质谱分析技术的进步，$^{15}N$ 同位素示踪法得到广泛应用。20 世纪 60 年代，乙炔还原法开始应用于快速检测固氮酶的活性并间接推算固氮量。由于 $^{15}N_2$ 作为底物直接参与了生物固氮作用，理论上 $^{15}N_2$ 示踪法是测定生物固氮量最直接、准确的办法（Chalk et al.，2017）。

### 12.3.1 总氮差异法

总氮差异法(total nitrogen difference method)是通过测定生态系统中全氮的输入和输出的差值来估算生物固氮量。该方法假设除生物固氮作用外,其他所有可能的氮的外部输入与输出都能被测定,则生态系统中氮的净增加量为生物固氮所产生。该方法优点是简单,费用低,比较适合土壤含氮量较低的情况(Danso, 1995)。但是在田间条件下,通过挥发、硝化-反硝化、淋溶以及地表径流等途径造成的氮损失往往很难准确测定。因此,总氮差异法在早期生物固氮研究中应用较多,但是其测定结果重复性和准确性较差。

### 12.3.2 $^{15}N$ 同位素稀释法

#### 12.3.2.1 $^{15}N$ 同位素稀释法的原理

$^{15}N$ 同位素稀释法($^{15}N$ isotope dilution method)始于 20 世纪 40 年代,在 20 世纪 70~90 年代得到广泛应用。该方法依据是将固氮植物和非固氮植物(参比植物)种植在施用相同量 $^{15}N$ 标记肥料的土壤中,如果两种植物从土壤和肥料中吸收相同比例的氮素,两种植物体内应有相同的 $^{15}N/^{14}N$ 值。当固氮植物固氮时,由于利用了空气中没有标记的氮气,植物体内的 $^{15}N$ 丰度将被稀释,$^{15}N/^{14}N$ 值下降,而参比植物的这一比值则不会发生变化。

#### 12.3.2.2 $^{15}N$ 同位素稀释法的步骤

将固氮植物和非固氮植物(参比植物)种植在施用相同量 $^{15}N$ 标记肥料的土壤中,$^{15}N$ 肥料要均匀标记供试土壤(Chalk, 1985)。值得注意的是,标记肥料的 $^{15}N$ 丰度太低会影响后期样品 $^{15}N$ 丰度的检测,肥料施用量过多又会抑制固氮植物的固氮量。Montañez 等(2009)研究发现,利用 10% $^{15}N$ 硫酸铵标记土壤时,在 5 $mg \cdot kg^{-1}$ 和 25 $mg \cdot kg^{-1}$(以 N 计)施用条件下玉米联合固氮量的测算结果并不一致。由于 $^{15}N$ 肥料施用量一般较少,通常将肥料溶于水中然后均匀喷施在供试土壤中。研究发现,如果 $^{15}N$ 标记土壤培育时间较短,其中的标记氮不稳定且分解较快,土壤 $^{15}N/^{14}N$ 值下降很快,可能会给固氮量估算结果带来很大的误差,这就要求标记土壤中 $^{15}N$ 标记氮的有效性达到相对稳定阶段(朱兆良等,1986)。

试验中定期采集植物地上部分和地下部分样品,洗干净并烘干称重,粉碎,过筛。应用元素分析仪和稳定同位素比例质谱仪(IRMS)分别测定样品的含氮量和 $^{15}N$ 原子丰度。根据上述数据,就可以计算得到固氮植物的生物固氮量。生物固氮百分率(%Ndfa)可通过式(12-1)计算:

$$\%Ndfa = (1 - \frac{atom\%^{15}N \ excess \ N_2 fixing \ plant}{atom\%^{15}N \ excess \ reference \ plant}) \times 100\% \qquad (12-1)$$

式中,atom%$^{15}N$ excess $N_2$ fixing plant 为固氮植物体内的 $^{15}N$ 原子百分超;atom%$^{15}N$ excess reference plant 为非固氮参比植物体内 $^{15}N$ 原子百分超。

固氮植物的总固氮量可通过下式计算:

$$T_{BNF} = \%Ndfa \times M_{Plant} \times N_{Plant} \qquad (12\text{-}2)$$

式中, $T_{BNF}$ 为单位面积固氮植物的生物固氮量, kg·ha$^{-1}$; $M_{Plant}$ 为单位面积固氮植物的生物量, kg·ha$^{-1}$; $N_{Plant}$ 为固氮植物的全氮含量, kg·kg$^{-1}$。

### 12.3.2.3　$^{15}$N 同位素稀释法的特点与应用

$^{15}$N 同位素稀释法适用于在田间条件下测定农田系统的固氮量, 广泛应用于共生固氮体系固氮量的测定, 如花生、大豆和豆科牧草等。该方法灵敏度好、准确度高、可靠性强, 不仅能够测得固氮作物总的固氮量, 而且能够区分固氮作物从空气、土壤和肥料得到的氮素的比例。但是该方法对参比植物的要求很高, 通常要求参比植物与固氮植物有相似的物候特征, 如根系在土壤中的分布、形态特征, 氮素吸收与利用特征以及生长速率等(李香真和陈清, 1997)。Khan 等(2002)在利用 $^{15}$N 同位素稀释法研究蚕豆、鹰嘴豆、绿豆和木豆的固氮量时, 选取了小麦作为参比植物。Goh(2007)基于 $^{15}$N 同位素稀释法研究 3 种豆科牧草(*Trifolium repens, Medicago sativa, Trifolium pratense*)固氮量时选取了 12 种非固氮参比植物, 发现参比植物的选择不同, 牧草的固氮百分率(%Ndfa)从 50%到 90%。Lonati 等(2015)基于 $^{15}$N 同位素稀释法研究了三叶草(*Trifolium alpinum*)为主的草地固氮量, 选取了 3 种草类植物(*Nardus stricta, Avenella flexuosa* 和 *Poa alpine*)作为参比。由于所有水稻田都存在固氮微生物并进行生物固氮作用, 在应用 $^{15}$N 同位素稀释法估算稻田生物固氮量的时候很难找到不固氮的参照物, 常以淹水密闭培养土壤中矿化氮的 $^{15}$N 丰度作为参比值(朱兆良等, 1986)。

## 12.3.3　$^{15}$N 自然丰度法

### 12.3.3.1　$^{15}$N 自然丰度法的原理

$^{15}$N 自然丰度法($^{15}$N natural abundance method)是依据植物利用的不同氮源(土壤氮源和空气氮源)之间 $^{15}$N 自然丰度的差异而形成的植物之间 $^{15}$N 丰度差异来确定固氮植物的固氮量。非固氮植物主要吸收土壤氮素, 因此植物的 $^{15}$N 丰度常与其所在土壤全氮的 $^{15}$N 丰度相近。固氮植物不仅从土壤吸收氮素, 而且还从空气获得氮素, 因而其 $^{15}$N 丰度值比非固氮植物要低, 介于空气氮气与非固氮植物的 $^{15}$N 丰度之间。利用固氮植物与参比植物的 $^{15}$N 丰度差异, 即可估算固氮植物的固氮量(陈朝勋等, 2005; Unkovich et al., 2008)。

### 12.3.3.2　$^{15}$N 自然丰度法的步骤

与 $^{15}$N 同位素稀释法不同, $^{15}$N 自然丰度法不需要施用 $^{15}$N 标记肥料。试验中只需定期采集固氮植物和参比植物, 样品烘干称重, 粉碎, 过筛。应用元素分析仪和稳定同位素比例质谱仪(IRMS)分别测定样品的含氮量和 $^{15}$N 原子丰度。大气中的 $^{15}$N 作为一种较稳定的同位素, 其丰度是稳定而均匀的, 它的自然丰度是一个常数(0.3663% $^{15}$N)。通常以样品中的 $^{15}$N 丰度与标准自然丰度的千分差($\delta^{15}$N)表示其相对丰度, 大气的 $\delta^{15}$N 为零。

如式(12-3)所示：

$$\delta^{15}N = \frac{atom\%^{15}N_{sample} - 0.3663}{0.3663} \tag{12-3}$$

式中，$\delta^{15}N$ 为样品的 $^{15}N$ 与大气 $^{15}N$ 的千分差，‰；$atom\%^{15}N_{sample}$ 为样品 $^{15}N$ 原子丰度。生物固氮百分率(%Ndfa)可以通过式(12-4)计算：

$$\%Ndfa = \frac{\delta^{15}N\ of\ ref - \delta^{15}N\ of\ N_2 fixing\ plant}{\delta^{15}N\ of\ ref - B} \times 100\% \tag{12-4}$$

式中，$\delta^{15}N\ of\ ref$ 为非固氮参比植物的 $\delta^{15}N$ 值；$\delta^{15}N\ of\ N_2\ fixing\ plant$ 为固氮植物的 $\delta^{15}N$ 值；$B$ 值是以空气氮为唯一氮源的固氮植物的 $\delta^{15}N$ 值，一般通过无氮的砂培试验来获得。Unkovich 等(2008)总结列出了包括澳大利亚、新西兰、日本、法国、肯尼亚等 14 个国家常见豆科植物的 $B$ 值。

### 12.3.3.3　$^{15}N$ 自然丰度法的特点与应用

自然丰度法的优点是不需要使用 $^{15}N$ 标记肥料，不破坏固氮植物生长的自然环境，只需要采集少量茎秆、叶片等材料，测定其 $^{15}N$ 丰度就能够估算其固氮量。自然丰度法的限制因素是固氮植物和非固氮参比植物间的 $^{15}N$ 丰度差异很小，通常低于 10‰(Shearer and Kohl, 1986)，这就要求尽可能提高 $^{15}N$ 测量精确度并重视氮素循环过程中氮同位素的分馏效应。由于氮素在植物体内迁移过程中存在着同位素分馏效应，茎和叶的 $^{15}N$ 丰度通常不一样，因此取样时固氮植物和非固氮参比植物都要取可比组织(都取茎或叶)(苏波和韩兴国，1999)。对豆科固氮植物而言，最好是将整株植物取样分析。此外，自然丰度法还面临与 $^{15}N$ 同位素稀释法共同的问题，就是对参比植物的选择要求较高，否则会得出极不合理的数值(杜丽娟和施书莲，1996)。Houngnandan 等(2008)基于 $^{15}N$ 自然丰度法研究 17 个大豆品种固氮量时，选取了 2 种不结瘤大豆作为参比植物。Pauferro 等(2010)基于 $^{15}N$ 自然丰度法研究接种根瘤菌(*Bradyrhizobium*)对 5 个大豆品种固氮量影响时，选取了不结瘤大豆、旱稻和高粱作为参比植物。Mokgehle 等(2014)基于 $^{15}N$ 自然丰度法研究非洲地区 25 个花生品种生物固氮量时，选取了样地附近 8～10 种草本植物作为参比植物。

## 12.3.4　$^{15}N_2$ 示踪法

### 12.3.4.1　$^{15}N_2$ 示踪法的原理

测定生物固氮最直接、准确的方法是 $^{15}N_2$ 示踪法($^{15}N_2$ labelling technique)(Burris and Miller, 1941)。$^{15}N_2$ 示踪法自 20 世纪 40 年代建立以来，目前仍然是测定农田系统生物固氮量最准确有效的手段(Chalk et al., 2017)。该方法原理简单，即将被测样品置于气密装置之中，注入高丰度的 $^{15}N_2$，培养一段时间后取出并测定样品的 $^{15}N$ 丰度。如果有生物固氮作用发生，样品的 $^{15}N$ 丰度就会高于自然丰度。生物固氮百分率(%Ndfa)可以通过式(12-5)计算(Chalk and Craswell, 2018)：

$$\%Ndfa = \frac{atom\%^{15}N \text{ excess samples}}{atom\%^{15}N \text{ excess gas}} \times 100\% \qquad (12\text{-}5)$$

式中，atom% $^{15}$N excess samples 为样品的 $^{15}$N 原子百分超；atom% $^{15}$N excess gas 为 $^{15}$N$_2$ 标记箱内空气的 $^{15}$N 原子百分超。

### 12.3.4.2　$^{15}$N$_2$ 示踪法的步骤

　　气密植物生长箱的研发是应用 $^{15}$N$_2$ 示踪技术测定植物-土壤系统固氮量的前提（图 12-1，图 12-2）。该生长箱需要模拟自然环境中与植物生长相关的温度、湿度、CO$_2$ 和 O$_2$ 浓度等因子，创造适合植物生长的气候条件（Bei et al., 2013）。植物生长箱系统分为上箱体和下箱体，上箱体为有盖无底的透明有机玻璃箱体，下箱体无盖有底。下箱体上缘设有水槽，上箱体下缘放置在水槽内由水密封，将下箱体埋入土壤，地表与水槽底面持平，植物就培育在下箱体的土壤中。田间环境温度、太阳光辐射强度以及云层运动引起的辐射强度的变化，会使箱内热负荷变化十分敏感且突发性强。因此，制冷系统如何应对这种复杂的实际情况，得到稳定的箱内温湿度和控制精度，是自然光照气密植物生长箱研发工作需要解决的关键问题。

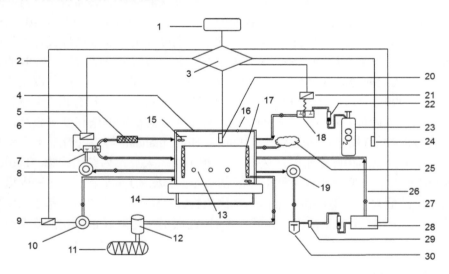

图 12-1　气密植物生长箱设计示意图

1—控制电脑；2—信号线；3—数据采集控制器；4—上部生长箱；5—CO$_2$ 吸收液；6、9、21—继电器；7、18—电磁阀；8、10、19—循环泵；11—制冷机；12—冷却液储槽；13—喷药浇水口；14—下部生长箱；15—风扇；16—采气口；17—蒸发器；20—箱内温湿度传感器；22—气体流量计；23—高纯 CO$_2$；24—箱外温湿度传感器；25—缓冲气袋；26—尼龙气管；27—气路阀门；28—CO$_2$ 浓度分析仪；29—气体干燥器；30—气体过滤器

　　温度控制系统经由置于箱体内外的两个温度传感器采集温度数据至数据采集控制器，传输到计算机进行参数比对。当箱内温度高于箱外温度一定范围时，计算机指示数据采集器通过控制继电器启动循环泵工作，经过制冷机冷却的制冷剂经由管路泵入上箱体内侧壁安置的蒸发器，吸收箱内热量后的制冷剂再循环回到制冷机。当制冷剂温度高

图 12-2　气密植物生长箱在田间应用实例

于某设定温度时，制冷机开始工作。如此循环往复，使箱内温度随着环境温度而实时变化。

　　箱内气体 $CO_2$ 浓度通过 $CO_2$ 红外分析仪或 $CO_2$ 浓度传感器测定后，数据采集器自动采集并传输到计算机。由于水汽吸收波段遍及整个中红外波段，它的存在会干扰红外光谱的定量分析。所以利用红外光谱分析生长箱内气体 $CO_2$ 浓度时，必须减少气路中水汽的干扰。二氧化碳自动控制系统将箱内气体通过管路泵入 $CO_2$ 红外分析仪进行检测，检测结果与设定浓度进行比较，如果箱内 $CO_2$ 浓度大于设定浓度某一范围时，则自动启动电磁阀的常闭出口，经液体氢氧化钠吸收 $CO_2$ 后的气体返回至箱体内；如果箱内 $CO_2$ 浓度低于设定浓度某一范围时，则启动电磁阀向箱内补充高纯 $CO_2$；如果箱内 $CO_2$ 浓度在设定范围内，经 $CO_2$ 红外分析仪检测后气体通过电磁阀常开口直接返回箱体内。

　　此外，$^{15}N_2$ 标记期间，由于生长箱内植物的光合作用，大量 $O_2$ 在箱内累积。如果不去除过多的 $O_2$，箱内气压高于箱外则容易引发生长箱漏气。因此，需要在生长箱内增加除氧装置，如除氧剂或火焰燃烧器(Ito et al., 1980)。生长箱外还连接着一个缓冲气袋，有助于缓冲箱内气体压力的变化。最后，植物生长箱还需要预留喷药、浇水、采样孔，方便 $^{15}N_2$ 标记期间对植物的生长管理以及气体样品的采集。

### 12.3.4.3　$^{15}N_2$ 示踪法的特点与应用

　　$^{15}N_2$ 示踪法无疑是测定生物固氮量最直接、准确的方法。与 $^{15}N$ 同位素稀释法和 $^{15}N$ 自然丰度法相比，应用 $^{15}N_2$ 示踪法的实验结果更加可靠，因为该方法不需要选择非固氮参比植物。该方法在建立之初，主要用来测定豆科植物结瘤的固氮活性(Burris et al., 1943)，土壤自生固氮菌(Delwiche and Wijler, 1956)以及固氮蓝藻的固氮能力(Peters et al., 1977)。20 世纪 80 年代以来，$^{15}N_2$ 示踪法被用来标记整株植物(如水稻、三叶草和黑麦草等)，通常是短期室内培养实验(3~14 d)，预先设定箱内温度，且采用体积较小的植物生长箱(18~100 L)以节约 $^{15}N_2$ 气体(Ito et al., 1980; Eskew et al., 1981; McNeill et al., 1993)。

在田间应用 $^{15}N_2$ 示踪法时，一般需要注意如下几个方面：①由于生长箱在室外风吹日晒雨淋，透明有机玻璃老化较快，因此每次做实验前要仔细检查箱体气密性；②研究显示，市售的高丰度 $^{15}N_2$ 气体(98% $^{15}N$)含有微量的铵态氮、硝态氮、亚硝态氮或氧化亚氮(Dabundo et al., 2014)，可以依次通过高锰酸钾、氢氧化钾和硼酸溶液，降低其含量；③生长箱控制系统中部分电器电流较大、功率较高(如制冷机)，夏季雷雨天气较多，因此田间试验要注意用电安全。由于缺乏有效控制气密植物生长箱内环境因素的手段以及价格较高的 $^{15}N_2$ 气体，在田间条件下用 $^{15}N_2$ 示踪法研究农田系统固氮量的报道不多。Bei 等(2013)研制出适合田间 $^{15}N$ 标记的气密植物生长箱，并利用该装置在稻田原位标记水稻-土壤系统 70 天。随后，Wang 等(2019)和 Ma 等(2019)分别利用该装置在稻田原位标记水稻-土壤系统 42 d 和 74 d。上述研究表明，$^{15}N_2$ 示踪法也适用于估算田间植物-土壤整个系统的生物固氮量。

### 12.3.5 乙炔还原法

#### 12.3.5.1 乙炔还原法的原理

20 世纪 60 年代，科学家发现固氮酶可以使乙炔还原为乙烯，由此建立了测定固氮酶活性的乙炔还原法(acetylene reduction assay，ARA)(Dilworth, 1966)。该方法是将待测材料置于培养瓶中，注入乙炔，反应一定时间后，用气相色谱仪测定瓶内乙烯的生成量，以单位时间内一定量样品所产生的乙烯量来间接推算固氮酶活性及其固氮量。

#### 12.3.5.2 乙炔还原法的步骤

乙炔还原法需要应用气相色谱仪对乙炔和乙烯进行定性和定量分析。纯乙炔是一种无色无味的气体，由于电石反应生成的乙炔常含有硫化氢、磷化氢和氨等杂质，因此需要将乙炔气体通过装有浓硫酸和氢氧化钠溶液的洗气瓶，得到较纯净的乙炔。根据外标法，建立乙炔和乙烯峰高、峰面积和浓度关系的标准曲线。将土壤、根瘤或者固氮菌的菌液装入培养瓶中，抽出10%体积的瓶内气体，注入等体积的乙炔气体，再将瓶子置于培养箱在 25 ℃下培养一定时间，同时设置空白对照。用无菌注射器从瓶中采集气体，注入气相色谱仪进样柱中，测定乙烯生成量。单位时间单位质量样品的乙烯生成速率可以通过式(12-6)计算(Xie et al., 2003)：

$$ARA(C_2H_4 nmol \cdot g^{-1} \cdot h^{-1}) = \frac{V_{st} \times C_{st} \times A_{sa} \times V_B}{V_{sa} \times A_{st} \times T \times W \times 24.5} \tag{12-6}$$

式中，$V_{st}$ 为注入标准乙烯气体体积，mL；$C_{st}$ 为标准乙烯气体浓度；$A_{sa}$ 为样品乙烯峰面积；$V_B$ 为培养瓶内顶空体积，mL；$V_{sa}$ 为注入样品气体体积，mL；$A_{st}$ 为标准乙烯气体峰面积；$T$ 为培养时间，h；$W$ 为土壤样品干重，g；在 25 ℃和 1 个标准大气压下，1 mol

气体所占的体积约为 24.5 L(Unkovich et al., 2008)。

### 12.3.5.3　乙炔还原法的特点与应用

乙炔还原法的优点是灵敏度高，而且操作简单速度快，可用作固氮作用是否存在的快速确认手段。它可以离体测定，也可以整株活体连续测定。该方法主要缺点是不适合长时间田间原位固氮量的测定，只能在短时间内(几分钟到几小时)测定固氮酶的活性。应用乙炔还原法还必须注意培养瓶内氧气浓度、培养时间长短、培养温度以及培养瓶内气体压强等因素(Minchin et al., 1983; Silsbury, 1990; Vessey, 1994)。此外，理想条件下，固氮酶将 $N_2$ 还原为 $2NH_3$ 需要 6 个电子，将 $C_2H_2$ 还原为 $C_2H_4$ 需要 2 个电子，比例为 3∶1。由于固氮体系的差异以及培养条件的不同，不能简单地根据所测定的乙烯量以 3∶1 的比例系数来换算为固氮量，在实际应用中该转换系数差异非常大。研究结果显示，该换算系数在大豆根瘤实验中为 2.7~4.2(Bergersen, 1970)，在淹水土壤实验中为 6~15(Rice and Paul, 1971)，在草地实验中为 0~12(Morris et al., 1985)。因此，乙炔还原法试验通常需要同步设置 $^{15}N_2$ 标记试验对该转换系数进行校准，从而间接估算实际的固氮量(Chalk et al., 2017)。总的来讲，利用乙炔还原法来间接推算农田生态系统固氮量结果的准确性和可靠性不高。

## 参 考 文 献

陈朝勋，席琳乔，姚拓，等，2005. 生物固氮测定方法研究进展. 草原与草坪，(2)：24-26.

陈文新，2004. 中国豆科植物根瘤菌资源多样性与系统发育. 中国农业大学学报，9(2)：6-7.

陈文新，陈文峰，2004. 发挥生物固氮作用，减少化学氮肥用量. 中国农业科技导报，(6)：3-6.

陈夕军，朱凤，童蕴慧，等，2007. 水稻内生联合固氮细菌的分离、种类及对水稻的促生长作用. 扬州大学学报(农业与生命科学版)，28(2)：61-64.

杜丽娟，施书莲，1996. 应用 $^{15}N$ 自然丰度法测定固氮植物的固氮量：III. 参比植物的选择. 土壤，28(4)：210-212.

胡春锦，林丽，史国英，等，2012. 广西甘蔗根际高效联合固氮菌的筛选及鉴定. 生态学报，32(15)：4745-4752.

李香真，陈清，1997. $^{15}N$ 同位素稀释法测定生物固氮量. 核农学通报，(6)：42-44.

沈银武，黎尚豪，1993. 固氮蓝藻培养和应用的结果与展望. 水生生物学报，(4)：67-74.

苏波，韩兴国，1999. $^{15}N$ 自然丰度法在生态系统氮素循环研究中的应用. 生态学报，(3)：120-128.

谭志远，彭桂香，徐培智，等，2009. 普通野生稻(*Oryza rufipogon*)内生固氮菌多样性及高固氮酶活性. 科学通报，(13)：91-99.

张福锁，王激清，张卫峰，等，2008. 中国主要粮食作物肥料利用率现状与提高途径. 土壤学报，45(5)：915-924.

朱兆良，2000. 农田中氮肥的损失与对策. 土壤与环境，(1)：1-6.

朱兆良，邢光熹，2002. 氮循环：维系地球生命生生不息的一个自然过程. 北京：清华大学出版社.

朱兆良，陈德立，张绍林，等，1986. 稻田非共生固氮对当季水稻吸收氮的贡献. 土壤，(1)：225-229.

Bei Q, G Liu, H Tang, et al., 2013. Heterotrophic and phototrophic $^{15}N_2$ fixation and distribution of fixed $^{15}N$ in a flooded rice-soil system. Soil Biology and Biochemistry, 59: 25-31.

Bergersen F J, 1970. The quantitative relationship between nitrogen fixation and the acetylene-reduction assay. Australian Journal of Biological Sciences, 23(4): 1015-1026.

Burris R H, Miller C E, 1941. Application of $^{15}$N to the study of biological nitrogen fixation. Science, 93(2405): 114-115.

Burris R H, Eppling F J, Wahlin H B, et al., 1943. Detection of nitrogen fixation with isotopic nitrogen. Journal of Biological Chemistry, 148(2): 349-357.

Chalk P M, 1985. Estimation of $N_2$ fixation by isotope dilution: an appraisal of techniques involving $^{15}$N enrichment and their application. Soil Biology and Biochemistry, 17(4): 389-410.

Chalk P M, Craswell E T, 2018. An overview of the role and significance of $^{15}$N methodologies in quantifying biological $N_2$ fixation(BNF) and BNF dynamics in agro-ecosystems. Symbiosis, 75(1): 1-16.

Chalk P M, He J Z, Peoples M B, et al., 2017. $^{15}$N$_2$ as a tracer of biological $N_2$ fixation: a 75-year retrospective. Soil Biology and Biochemistry, 106: 36-50.

Chen W, Li G, Qi Y, et al., 1991. Rhizobium huakuii sp. nov. isolated from the root nodules of Astragalus sinicus. International Journal of Systematic and Evolutionary Microbiology, 41(2): 275-280.

Dabundo R, Lehmann M F, Treibergs L, et al., 2014. The contamination of commercial $^{15}$N$_2$ gas stocks with $^{15}$N-labeled nitrate and ammonium and consequences for nitrogen fixation measurements. PLoS One, 9(10): e110335.

Danso S K A, 1995. Assessment of biological nitrogen fixation. Fertilizer Research, 42(1-3): 33-41.

Delwiche C, Wijler J, 1956. Non-symbiotic nitrogen fixation in soil. Plant and Soil, 7(2): 113-129.

Dilworth M, 1966. Acetylene reduction by nitrogen-fixing preparations from *Clostridium pasteurianum*. Biochimica et Biophysica Acta(BBA)-General Subjects, 127(2): 285-294.

Eskew D L, Eaglesham A R J, App A A, 1981. Heterotrophic $^{15}$N$_2$ fixation and distribution of newly fixed nitrogen in a rice-flooded soil system. Plant Physiology, 68(1): 48-52.

Goh K M, 2007. Effects of multiple reference plants, season, and irrigation on biological nitrogen fixation by pasture legumes using the isotope dilution method. Communications in Soil Science and Plant Analysis, 38(13-14): 1841-1860.

Herridge D F, Peoples M B, Boddey R M, 2008. Global inputs of biological nitrogen fixation in agricultural systems. Plant and Soil, 311(1-2): 1-18.

Houngnandan P, Yemadje R G H, Oikeh S O, et al., 2008. Improved estimation of biological nitrogen fixation of soybean cultivars(*Glycine max* L. Merril) using $^{15}$N natural abundance technique. Biology and fertility of soils, 45(2): 175-183.

Ito O, Cabrera D, Watanabe I, 1980. Fixation of dinitrogen-15 associated with rice plants. Applied and Environmental Microbiology, 39(3): 554-558.

James E, 2000. Nitrogen fixation in endophytic and associative symbiosis. Field Crops Research, 65(2-3): 197-209.

Jin Y, Liu H, Luo D, et al., 2016. DELLA proteins are common components of symbiotic rhizobial and mycorrhizal signalling pathways. Nature Communications, 7: 12433.

Khan D F, Peoples M B, Chalk P M, et al., 2002. Quantifying below-ground nitrogen of legumes. 2. A comparison of $^{15}$N and non isotopic methods. Plant and Soil, 239(2): 277-289.

Lonati M, Probo M, Gorlier A, et al., 2015. Nitrogen fixation assessment in a legume-dominant alpine community: comparison of different reference species using the $^{15}$N isotope dilution technique. Alpine Botany, 125(1): 51-58.

Lu C, Tian H, 2017. Global nitrogen and phosphorus fertilizer use for agriculture production in the past half century: shifted hot spots and nutrient imbalance. Earth System Science Data, 9(1): 181-192.

Ma J, Bei Q, Wang X, et al., 2019. Impacts of Mo application on biological nitrogen fixation and diazotrophic communities in a flooded rice-soil system. Science of the Total Environment, 649: 686-694.

McNeill A, Wood M, Gates R P, 1993. The use of a closed system flow-through enclosure apparatus for studying the effects of partial pressure of dinitrogen in the atmosphere on growth of *Trifolium repens* L. and *Lolium perenne* L. Journal of Experimental Botany, 44(6): 1021-1028.

Minchin F R, Witty J F, Sheehy J E, et al., 1983. A major error in the acetylene reduction assay: decreases in nodular nitrogenase activity under assay conditions. Journal of Experimental Botany, 34(5): 641-649.

Mokgehle S N, Dakora F D, Mathews C, 2014. Variation in $N_2$ fixation and N contribution by 25 groundnut(*Arachis hypogaea* L.)varieties grown in different agro-ecologies, measured using [15]N natural abundance. Agriculture, Ecosystems & Environment, 195:161-172.

Montañez A, Abreu C, Gill P R, et al., 2009. Biological nitrogen fixation in maize(*Zea mays* L.)by [15]N isotope-dilution and identification of associated culturable diazotrophs. Biology and Fertility of Soils, 45(3): 253-263.

Morris D R, Zuberer D A, Weaver R W, 1985. Nitrogen fixation by intact grass-soil cores using [15]$N_2$ and acetylene reduction. Soil Biology and Biochemistry, 17(1): 87-91.

Pauferro N, Guimarães A P, Jantalia C P, et al., 2010. [15]N natural abundance of biologically fixed $N_2$ in soybean is controlled more by the *Bradyrhizobium* strain than by the variety of the host plant. Soil Biology and Biochemistry, 42(10): 1694-1700.

Peoples M, Herridge D, Ladha J, 1995. Biological nitrogen fixation: an efficient source of nitrogen for sustainable agricultural production? Plant and Soil, 174(1-2): 3-28.

Peters G A, Toia R E, Lough S M, 1977. Azolla-Anabaena azollae relationship: V. [15]$N_2$ fixation, acetylene reduction, and $H_2$ production. Plant Physiology, 59(6): 1021-1025.

Reed S C, Cleveland C C, Townsend A R, 2011. Functional ecology of free-living nitrogen fixation: a contemporary perspective. Annual Review of Ecology, Evolution, and Systematics, 42: 489-512.

Rice W A, Paul E A, 1971. The acetylene reduction assay for measuring nitrogen fixation in waterlogged soil. Canadian Journal of Microbiology, 17(8): 1049-1056.

Shearer G, Kohl D H, 1986. $N_2$-fixation in field settings: estimations based on natural [15]N abundance. Functional Plant Biology, 13(6): 699-756.

Silsbury J H, 1990. Estimating nitrogenase activity of faba bean(*Vicia faba*)by acetylene reduction(AR)assay. Functional Plant Biology, 17(5): 489-502.

Unkovich M, Herridge D, Peoples M, et al., 2008. Measuring plant-associated nitrogen fixation in agricultural systems. Australian Centre for International Agricultural Research(ACIAR).

Urquiaga S, Xavier R P, de Morais R F, et al., 2012. Evidence from field nitrogen balance and [15]N natural abundance data for the contribution of biological $N_2$ fixation to Brazilian sugarcane varieties. Plant and Soil, 356(1-2): 5-21.

Van Deynze A, Zamora P, Delaux P M, et al., 2018. Nitrogen fixation in a landrace of maize is supported by a mucilage-associated diazotrophic microbiota. PLoS Biology, 16(8): e2006352.

Venieraki A, Dimou M, Vezyri E, et al., 2011. Characterization of nitrogen-fixing bacteria isolated from field-grown barley, oat, and wheat. The Journal of Microbiology, 49(4): 525-534.

Vessey J K, 1994. Measurement of nitrogenase activity in legume root nodules: in defense of the acetylene reduction assay. Plant and Soil, 158(2): 151-162.

Vitousek P M, Menge D N, Reed S C, et al., 2013. Biological nitrogen fixation: rates, patterns and ecological controls in terrestrial ecosystems. Philosophical Transactions of the Royal Society of London B: Biological Sciences, 368(1621): 1-9.

Wang X, Liu B, Ma J, et al., 2019. Soil aluminum oxides determine biological nitrogen fixation and diazotrophic communities across major types of paddy soils in China. Soil Biology and Biochemistry,

131: 81-89.

Xie G H, Cai M Y, Tao G C, et al., 2003. Cultivable heterotrophic N$_2$-fixing bacterial diversity in rice fields in the Yangtze River Plain. Biology and Fertility of Soils, 37(1): 29-38.

Yang J G, Xie X Q, Xiang N, et al., 2018. Polyprotein strategy for stoichiometric assembly of nitrogen fixation components for synthetic biology. Proceedings of the National Academy of Sciences, 115(36): E8509-E8517.

Zhan Y, Yan Y, Deng Z, et al., 2016. The novel regulatory ncRNA, *NfiS*, optimizes nitrogen fixation via base pairing with the nitrogenase gene *nifK* mRNA in *Pseudomonas stutzeri* A1501. Proceedings of the National Academy of Sciences, 113(30): E4348-E4356.

# 第13章　土壤环境中不同形态氮稳定同位素测定方法

## 13.1　导　　言

稳定同位素技术以其安全、准确、不干扰自然，且能够示踪、整合和指示生态系统中生物要素循环及其与环境的关系等优点，可以用来示踪生态系统中生物要素的循环及其与环境的关系、研究不同时间和空间尺度的生态过程与机制并揭示生态系统功能的变化规律(Fry, 2006; Michener and Lajtha, 2007; Peterson and Fry, 1987)。因此，近年来稳定同位素技术在生态学、地球科学和环境科学中得到了广泛的应用。

作为重要的生源元素，氮素的稳定同位素分析技术是研究陆地生态系统氮循环最科学有效的方法之一(Hastings et al., 2013; Robinson, 2001)。通过同位素分析技术获得的氮同位素组成信息及分馏特征在一定的时间和空间上能够综合反映氮循环特征(Denk et al., 2017; Elliott et al., 2019; Hastings et al., 2013; Robinson, 2001)，可以用来示踪氮的来源(Felix et al., 2015; Pan et al., 2018; Proemse et al., 2013; Sugimoto et al., 2011; Ti et al., 2018a)、判断氮的转化过程(Horrigan et al., 1990; Lewicka-Szczebak et al., 2015; Miyajima et al., 2009; Wang et al., 2009)，还可以作为评价氮循环长期变化趋势、水体富营养化程度和生态系统氮饱和度等指示参数(Hogberg et al., 1992; Pardo et al., 2006; Sherwood et al., 2011; Wang et al., 2018)。

土壤氮循环是土壤生态系统中物质循环的基础，土壤氮在循环过程中不断进行着氮素的形态变化和生物化学、物理化学等变化。因此，利用稳定氮同位素技术可进行氮肥利用率、生物固氮、氮平衡、土壤氮转化等研究，可为探索土壤氮利用、氮循环机制、迁移转化规律等提供新思路，对于增进氮循环的理解、减缓环境污染和气候变化、提高作物产量、维持人类健康、促进社会经济与环境可持续发展具有极其重要的科学和现实意义。

## 13.2　氮稳定同位素方法原理

凡是质子数相同而中子数不同，在元素周期表中占据同一位置的同一元素的一组核素，称为该元素的同位素。同位素分为放射性同位素和稳定同位素两大类。放射性同位素具有放射性，可以自发地放出粒子并衰变为另一种同位素原子，而稳定同位素不具有放射性，不能通过衰变过程成为新的原子。同一元素各同位素的相对含量称为同位素相对丰度。氮的同位素有7种($^{12}N$、$^{13}N$、$^{14}N$、$^{15}N$、$^{16}N$、$^{17}N$、$^{18}N$)，其中$^{14}N$和$^{15}N$是稳定同位素。

稳定氮同位素自然丰度的变异一般用重同位素的 $\delta$ 值表示，$\delta$ 值的计算方法如公式

(13-1) 所示：

$$\delta^{15}N = \frac{\left(^{15}N / ^{14}N\right)_{样品} - \left(^{15}N / ^{14}N\right)_{标准}}{\left(^{15}N / ^{14}N\right)_{标准}} \qquad (13\text{-}1)$$

式中，$\left(^{15}N / ^{14}N\right)_{样品}$ 和 $\left(^{15}N / ^{14}N\right)_{标准}$ 分别表示样品和标准样品中 $^{15}N$ 和 $^{14}N$ 同位素丰度的比值。若样品 $\delta^{15}N$ 为正值，表示其较标准值富集，反之则表示其较标准值贫化 $^{15}N$ 同位素。

通常情况下氮的稳定同位素之间没有明显的化学性质差别，但其物理性质诸如分子间弱相互作用力、扩散速率和在相变界面上的传导率等会因其质量上的不同导致物质反应前后在同位素组成上有明显差异，因而发生同位素分馏效应。氮循环过程中会发生氮同位素分馏，例如硝化过程中由于硝化作用铵根中的 $^{14}N$ 较轻而先行转变，导致新产生的化合物中氮同位素值普遍偏负，硝化过程进行中的分馏系数介于–12‰与 29‰之间 (Kendall, 1998)；同化过程会使生物体更加倾向于预先利用 $^{14}N$，导致残留下来的氮同位素发生分馏效应，最终使得 $^{15}N$ 富集而 $\delta^{15}N$ 偏正 (Unkovich, 2013)；反硝化过程中反应前 $NO_3^-$ 中的 $^{14}N$ 由于较轻也会先行转变，最终导致未反应的 $NO_3^-$ 富集较重的 $^{15}N$，$\delta^{15}N$ 值变正，反硝化过程中的氮同位素的分馏系数介于–40‰与–10‰之间 (Cline and Kaplan, 1975; Heaton, 1986)；氨挥发过程的分馏系数 $\delta^{15}N$ 值大于 20‰；矿化作用发生的同时，也会造成比较大的同位素分馏，其分馏系数介于–35‰与 0 之间 (Heaton, 1986; Kendall, 1998)。

然而如果通过人工浓集的方法改变氮元素 $^{15}N$ 的相对丰度，就成为该元素的标记物质，其中氮同位素 $^{15}N$ 丰度高于自然丰度值的即为富集同位素。富集同位素的丰度变异则通过公式 (13-2) 计算：

$$^{15}N原子百分数 = \frac{^{15}N原子数}{^{14}N原子数 + ^{15}N原子数} \times 100\% \qquad (13\text{-}2)$$

式中，$^{15}N$ 原子百分数即测量氮素的 100 个原子中所含 $^{15}N$ 原子的数量。$^{15}N$ 标记的常见高丰度无机化合物 (1%～99%) 包括尿素 $(^{15}NH_2)_2CO$、$^{15}NH_4NO_3$、$NH_4{}^{15}NO_3$、$^{15}NH_4{}^{15}NO_3$、$K^{15}NO_3$、$Na^{15}NO_2$、$^{15}N_2$ 等。

总之，土壤氮循环过程中不同来源的氮化合物因其形成方式不同，使得其具有独特的稳定同位素组成，而在经历不同的生物地球化学过程后，可以直接影响物质的氮同位素丰度和标记其迁移转化过程相关的信息 (图 13-1)。因此，通过同位素分析技术获得的氮同位素信息及分馏特征在一定的时间和空间上能够综合反映氮循环特征。

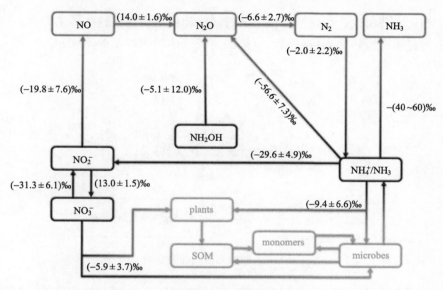

图 13-1　土壤氮循环过程的同位素信息及其分馏效应(Denk et al., 2017)

plants—植物；SOM—土壤有机质；microbes—微生物；monomers—单体

## 13.3　氮稳定同位素测定方法

### 13.3.1　氮稳定同位素分析技术

测定氮稳定同位素比值通常采用质谱法或者光谱法。质谱法是利用离子源将含氮的气体分子电离，形成带电离子，因 $^{14}N$、$^{15}N$ 的原子质量不同，导致包含氮同位素的分子的质量也不同。因此可通过荷质比将含有不同氮同位素的分子离子在磁场中分离，并被不同位置的接收器接收，转化为对应的电信号。通过不同荷质比离子的电信号的比例关系可计算出不同氮同位素分子的相对含量，进而换算出样品气体中氮的同位素比值。

光谱法(图 13-2)的主要测定原理为含有不同氮同位素的气体分子的键能不同，因此其特征吸收波长也不同，而分子对对应波长激光的吸收率符合朗伯-比尔定律，即物质浓度和吸收对应波长的强度成正比关系。因此，可根据吸收率计算含有不同氮同位素的气体分子的相对含量，进而换算出样品气体中氮的同位素比值。

质谱法与光谱法各有其优缺点。质谱法测定氮稳定同位素较为经典，具有精度高、重现性好、结果准确等特点，但质谱法需要使用较为昂贵的质谱仪器，且无法实现在线测量，测定的速率也较低。光谱法是目前随激光发生器小型化后产生的一类新兴测定方法。与质谱法相比，其具有测定效率高、分析成本低、可原位观测等优点，但也同时具有稳定性差、需经常用标准气体校正、对样品要求高、需要准备对应本底"零气"等缺点，可作为质谱法的补充。

因质谱法或者光谱法可直接测定的形态只有气体，因此需要将样品中各种形态氮化合物转化为气体，如 $N_2$ 或 $N_2O$。质谱法根据样品形态，设计了多种可与质谱仪联用的外部设备，如元素分析仪、微量气体浓缩装置和气相色谱仪等。这些外部设备，可自动将不同形态的含氮物质转化为可被质谱直接测定的气体形式，如 $N_2$ 或 $N_2O$。

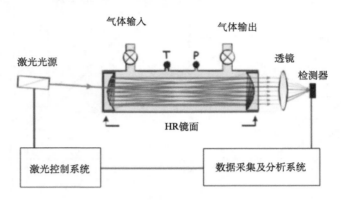

图 13-2　激光光谱原理示意图

质谱分析方法是目前测定同位素丰度的最有效方法，主要由进样系统、离子源、质量分析器和离子检测器等组成，包括带双路进样系统的同位素比值质谱仪、元素分析-同位素比值质谱联用仪、微量气体浓缩-同位素比值质谱联用仪、气相色谱-燃烧-同位素比值质谱联用仪等，具体的质谱仪器类别及详细介绍可参考《稳定同位素示踪技术与质谱分析——在土壤、生态、环境研究中的应用》《同位素质谱技术与应用》等相关资料。

### 13.3.2　样品预处理

在研究土壤中氮循环及其迁移转化过程中，被分析的稳定同位素样品有固体包括植株、土壤、肥料等，也有液体样品如土壤淋溶、径流液和 KCl 等提取的土壤溶液等，而采集到的气体包含得更多，比如 $NH_3$、$N_2O$、$N_2$、$NO_2$、$HNO_3$ 等。不同形态的含氮物质其同位素比值测定预处理原理和过程不同，主要的处理原理和方法如下。

#### 13.3.2.1　固体样品(土壤、植物、肥料)中全氮的氮同位素比值的测定

固体样品(土壤、植物、肥料)中全氮的氮同位素比值测定主要有湿氧化法和杜马斯法。湿氧化法原理为样品中的硝态氮在还原剂的作用下被还原为铵态氮，然后样品中其他含氮物质在 $K_2SO_4$、$CuSO_4$、$Se$ 的共同催化下，被高温下的浓硫酸分解，最终转化为铵态氮。通过向消化液中加入过量的强碱溶液，并通过蒸汽蒸馏，使铵态氮转化为氨气逸出溶液体系，并被酸性吸收液吸收。该吸收液与次溴酸钠反应，铵态氮转化为 $N_2$ 逸出，并注入稳定同位素比值质谱仪测定氮同位素比值。该比值即为样品中全氮的氮同位素比值。

杜马斯法原理为样品中的含氮物质在高纯氧环境中，在 Sn 助燃下，于 1000 ℃下瞬间燃烧，转化为 $N_2$ 和 $NO_x$ 的混合气体。随后混合气体经过高温还原铜，其中 $NO_x$ 被还原为 $N_2$。经过还原的气体除去水和 $CO_2$，经色谱柱分流后注入稳定同位素比值质谱仪测定氮同位素比值。该比值即为样品中全氮的氮同位素比值。

以上两种方法预处理样品过程中需要的仪器与设备、试剂和材料以及注意事项等可参考《稳定同位素示踪技术与质谱分析——在土壤、生态、环境研究中的应用》中相关章节。

## 13.3.2.2　含氮气体或可以转化为含氮气体形式的液体样品氮同位素比值的测定

氮气中氮同位素比值的测定方法原理为 $N_2$ 分子进入质谱离子源,被灯丝发射的电流电离,产生 $m/z$ 28 $[^{14}N^{14}N]^+$、$m/z$ 29 $[^{14}N^{15}N]^+$ 和 $m/z$ 30 $[^{15}N^{15}N]^+$ 的 3 种离子。3 种离子的粒子束流强度与 $[^{14}N^{14}N]$、$[^{14}N^{15}N]$ 和 $[^{15}N^{15}N]$ 三种分子的含量呈线性关系。因此可通过三种离子束流强度的相对比值计算出 $N_2$ 中三种分子的相对含量,进而计算出 $N_2$ 中氮同位素比值。$N_2O$ 中氮、氧同位素比值的测定原理为 $N_2O$ 分子进入质谱离子源,被灯丝发射的电流电离,产生 $m/z$ 44 $[^{14}N^{14}N^{16}O]^+$、$m/z$ 45 $[^{14}N^{15}N^{16}O]^+$、$[^{15}N^{14}N^{16}O]^+$ 和 $m/z$ 46 $[^{14}N^{14}N^{18}O]^+$ 等几种主要离子。每种离子的粒子束流强度与对应分子的含量呈线性关系。因此可通过 $m/z$ 44 与 $m/z$ 45 两种离子束流强度的相对比值计算出 $N_2O$ 中氮同位素比值。

其他含氮气体,或者以生成含氮气体形式来测定样品中的氮稳定同位素比值,诸如氧化亚氮中氮同位素比值、氨气中氮同位素比值、亚硝态氮中氮同位素比值等的测定则通常使用半微量扩散法、化学转化法、蒸汽蒸馏法和细菌反硝化法等。以铵态氮为例,其富集丰度的氮同位素比值可采用蒸汽蒸馏法和半微量扩散法测定,其中蒸汽蒸馏法的基本原理是将土壤提取液或水体样品中的 $NH_4^+$,在 MgO 形成的弱碱性环境中,经水蒸气蒸馏,转化为 $NH_3$ 逸出溶液体系,并被酸性吸收液吸收固定。酸性吸收液通常采用 2% 的硼酸溶液,吸收 $NH_3$ 后的酸性吸收液经硫酸酸化后,于 80 ℃下低温浓缩近干。浓缩后的样品可经 NaBrO 氧化或经元素分析仪高温燃烧生成 $N_2$,然后利用同位素比值质谱仪测定 $N_2$ 的氮同位素比值,即为铵态氮中氮同位素比值。而半微量扩散法则是通过在较小体积的密闭体系中加入适量的土壤提取液或水体样品,并加入适量 MgO,将溶液体系调节为碱性,使溶液中 $NH_4^+$ 转变为 $NH_3$ 逸出溶液,并被含有弱酸性吸收液的滤纸吸收然后高温燃烧生成 $N_2$。该 $N_2$ 的氮同位素比值即为铵态氮的氮同位素比值。

而化学转化的方法可用于样品中自然丰度的测定。同样以铵态氮为例,土壤提取液或水体样品中的 $NH_4^+$ 被 NaBrO 氧化为 $NO_2^-$,在强酸性介质中,与 $NH_2OH$ 反应,转化为 $N_2O$。生成的 $N_2O$ 分子中两个氮原子分别来自于 $NO_2^-$ 和 $NH_2OH$,当采用的 $NH_2OH$ 试剂为同一批次时,$\delta^{15}N(NH_2OH)$ 保持恒定,底物的 $\delta^{15}N(NH_4^+)$ 与生成气体的 $\delta^{15}N(N_2O)$ 间存在线性关系。因此,可通过不同丰度的标准物质(USGS-25,USGS-26,IAEA-N-1)建立标准曲线,利用转化生成气体的 $\delta^{15}N(N_2O)$ 反推出底物 $\delta^{15}N(NH_4^+)$。这些方法的详细处理流程和步骤以及注意事项等,可参考《稳定同位素示踪技术与质谱分析——在土壤、生态、环境研究中的应用》一书以及(Felix et al., 2013; Liu et al., 2014)等研究资料。

特别地,对于硝态氮样品中氮同位素自然丰度的测定,可以采取 $VCl_3$-$NaN_3$ 转化法(Ti et al., 2018b)。其具体方法原理为溶液中的 $NO_3^-$ 在酸性条件下,被 $V^{3+}$ 还原为 $NO_2^-$。$NO_2^-$ 与 $HN_3$ 反应,转化为 $N_2O$(图 13-3)。

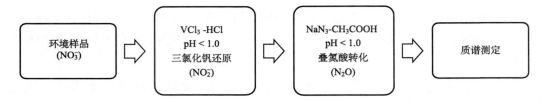

图 13-3　VCl$_3$-NaN$_3$ 转化法转化操作流程图

因生成的 N$_2$O 分子中两个氮原子分别来自于 NO$_2^-$和 HN$_3$，所以存在以下的关系（13-3）：

$$\delta^{15}N(N_2O)=\frac{\delta^{15}N(NO_2^-)+\delta^{15}N(HN_3)}{2}=\frac{\delta^{15}N(NO_3^-)+\delta^{15}N(HN_3)}{2} \tag{13-3}$$

当采用的 NaN$_3$ 试剂为同一批次时，$\delta^{15}N(HN_3)$ 保持恒定，溶液中底物的 $\delta^{15}N(NO_3^-)$ 与生成气体的 $\delta^{15}N(N_2O)$ 间存在线性关系。因此，可通过不同丰度的标准物质（USGS-32，USGS-34）建立标准曲线，利用转化生成气体的 $\delta^{15}N(N_2O)$ 反推出底物 $\delta^{15}N(NO_3^-)$。样品预处理过程使用的仪器设备、试剂和材料、操作步骤如下：

（1）仪器设备

带全自动微量气体预浓缩装置的同位素比值质谱仪，微量移液器，通风橱，恒温摇床。

（2）试剂和材料

NaN$_3$ 溶液，2 mol·L$^{-1}$；CH$_3$COOH 溶液，20%；VCl$_3$；HCl 溶液，1 mol·L$^{-1}$；NaOH 溶液，10 mol·L$^{-1}$。

（3）操作步骤

1）将采集到的溶液样品过 0.22 μm 滤膜，滤去溶液中颗粒及微生物，同时测定其 NO$_3^-$-N 浓度。

2）利用 DIW 将溶液稀释至 NO$_3^-$-N 为 20 μmol·L$^{-1}$ 或 0.28 mg·L$^{-1}$（以 N 计）。

3）移取 5 mL 稀释液于 50 mL 顶空瓶中，压盖密封。

4）利用注射器向瓶中加入 0.8 mL NaN$_3$-CH$_3$COOH 混合溶液。NaN$_3$-CH$_3$COOH 混合溶液由 2 mol·L$^{-1}$ NaN$_3$ 溶液与 20% CH$_3$COOH 溶液以体积比 1∶1 混合制成。

5）利用注射器向瓶中加入 5 mL VCl$_3$-HCl 溶液。VCl$_3$-HCl 溶液由 2.4 g VCl$_3$ 溶于 300 mL 1 mol·L$^{-1}$ 盐酸溶液制成。

6）将 50 mL 顶空瓶放入摇床，37 ℃，120 r·min$^{-1}$，振荡 18 h。

7）利用注射器向瓶中加入 1 mL 10 mol·L$^{-1}$ NaOH 溶液，终止反应。

8）抽取顶空瓶中适量顶空气体，注入 Precon 的进样口，测定 N$_2$O 的 $\delta^{15}N$，并通过标准曲线，计算溶液中 NO$_3^-$的 $\delta^{15}N$。

使用 VCl$_3$-NaN$_3$ 转化法需要注意的是试剂中 NaN$_3$ 为剧毒试剂，且反应过程中会生成 HN$_3$，所以所有有关 NaN$_3$ 的反应需要在通风橱中进行；NaN$_3$-CH$_3$COOH 混合溶液应在反应当天配制，且按需求量配制，以减少污染；NaN$_3$-CH$_3$COOH 混合溶液在配制完成后，应通过高纯 He 以 80 mL·min$^{-1}$ 的速率吹扫 20 min，以除去试剂中的杂质。样品完成测定后，应向样品溶液及剩余的 NaN₃-CH₃COOH 混合溶液中加入过量的次氯酸钠溶液，将残余的 N₃⁻ 完全分解后，方可处理残液。

在测定硝态氮样品中氮同位素自然丰度时，如需同步测定硝酸盐的氧同位素自然丰度，可采用镀铜镉粒–叠氮酸钠转化法(图 13-4)。

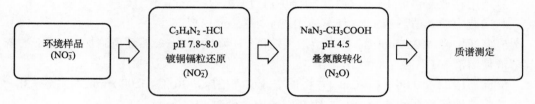

图 13-4　镀铜镉粒–叠氮酸钠转化法转化操作流程图

其方法原理为溶液中的 $NO_3^-$ 在弱碱性条件下，被 Cd-Cu 还原为 $NO_2^-$。$NO_2^-$ 与 $HN_3$ 反应，转化为 $N_2O$。因生成的 $N_2O$ 分子中两个氮原子分别来自于 $NO_2^-$ 和 $HN_3$，$N_2O$ 分子中氧原子来自于 $NO_2^-$，所以存在以下的关系式(13-4)、式(13-5)：

$$\delta^{15}N(N_2O)=\frac{\delta^{15}N(NO_2^-)+\delta^{15}N(HN_3)}{2}=\frac{\delta^{15}N(NO_3^-)+\delta^{15}N(HN_3)}{2} \tag{13-4}$$

$$\delta^{18}O(N_2O)=\delta^{18}O(NO_2^-)=\delta^{18}O(NO_3^-) \tag{13-5}$$

当采用的 NaN₃ 试剂为同一批次时，$\delta^{15}N(HN_3)$ 保持恒定，溶液中底物的 $\delta^{15}N(NO_3^-)$、$\delta^{18}O(NO_3^-)$ 与生成气体的 $\delta^{15}N(N_2O)$、$\delta^{18}O(N_2O)$ 间存在线性关系(图 13-5)。

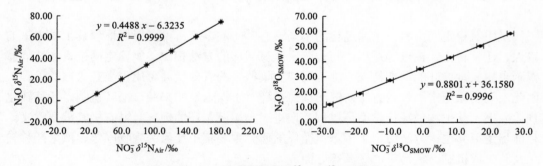

图 13-5　N₂O 与硝酸盐的 $\delta^{15}N$、$\delta^{18}O$ 换算曲线

因此，可通过不同丰度的标准物质(USGS-32，USGS-34)建立标准曲线，利用转化生成气体的 $\delta^{15}N(N_2O)$ 和 $\delta^{18}O(N_2O)$ 反推出底物 $\delta^{15}N(NO_3^-)$ 和 $\delta^{18}O(NO_3^-)$。

(1)仪器和设备

带全自动微量气体预浓缩装置的同位素比值质谱仪，微量移液器，通风橱，恒温摇床。

(2)试剂和材料

NaCl；HCl 溶液，0.5 mol·L⁻¹；咪唑(C₃H₄N₂)溶液，1 mol·L⁻¹；Cd-Cu；NaN₃ 溶液，2 mol·L⁻¹；CH₃COOH 溶液，20%；NaOH 溶液，6 mol·L⁻¹。

（3）操作步骤

1）将采集到的溶液样品过 0.22 μm 滤膜，滤去溶液中颗粒及微生物，同时测定其 $NO_3^--N$ 浓度。

2）利用 DIW 将溶液稀释至 $NO_3^--N$ 为 20 μmol·L$^{-1}$ 或 0.28 mg·L$^{-1}$（以 N 计）。

3）使用移液器移取 16mL 稀释液于 50 mL 顶空瓶中。

4）向瓶中加入适量 NaCl，使溶液中 $c_{Cl^-}>0.5$ mol·L$^{-1}$。

5）向瓶中滴入 0.5 mol·L$^{-1}$ HCl 溶液使溶液 pH 降低至 2.5，然后再滴加 1 mol·L$^{-1}$ 咪唑溶液使溶液 pH 升至 7.8～8.0。

6）向瓶中加入 0.05 g Cd-Cu，并将顶空瓶放入摇床，30 ℃，200 r·min$^{-1}$，振荡 3h，过滤，将滤液转移至新的 50 mL 顶空瓶中，压盖密封。

7）利用注射器向瓶中加入 0.8 mL $NaN_3$-$CH_3COOH$ 混合溶液，并剧烈振荡摇匀。$NaN_3$-$CH_3COOH$ 混合溶液由 2 mol·L$^{-1}$ $NaN_3$ 溶液与 20% $CH_3COOH$ 溶液以体积比 1：1 混合制成。

8）将 50 mL 顶空瓶放入摇床，30 ℃，200 r·min$^{-1}$，振荡 30 min。

9）利用注射器向瓶中加入 0.5 mL 6 mol·L$^{-1}$ NaOH 溶液，终止反应。

10）抽取顶空瓶中适量顶空气体，注入 Precon 的进样口，测定 $N_2O$ 的 $\delta^{15}N$、$\delta^{18}O$，并通过标准曲线，计算溶液中 $NO_3^-$ 的 $\delta^{15}N$、$\delta^{18}O$。该方法可同时测定硝酸盐中氮、氧同位素自然丰度，其注意事项可参照 $VCl_3$-$NaN_3$ 转化法。

## 13.4　氮稳定同位素方法在土壤氮循环中的应用与展望

采用氮稳定同位素技术通过检测不同形态 $^{15}N$ 的丰度，可以更好地理解土壤中氮的输入、迁移转化、输出等过程，与传统研究氮循环的方法相比，氮稳定同位素方法能够揭示土壤氮素循环的动态特征，准确反映土壤氮素的有效性并可用于来源去向的示踪。因此，利用氮稳定同位素方法研究土壤氮循环对于探索氮的来源、循环机制、迁移转化规律并揭示其生物地球化学循环过程、增进对土壤氮循环的理解等具有极其重要意义。目前稳定氮同位素方法应用于土壤氮循环的研究主要集中在氮的生物固定、氮素迁移转化及其生成机制、氮污染的溯源等方面。

生物固氮是土壤氮的重要来源之一，目前研究土壤-植物生物固氮的传统方法有乙炔还原法、全氮差值法和酰脲估测法等，但这些方法一直受到精度和野外原位采样等因素的限制。通过稳定氮同位素方法测定 $^{15}N$ 在植物各器官的富集量，同时结合 $^{15}N$ 自然丰度法，相对全氮差值法等传统固氮量的估算，可提高生物固氮量的估算精度（Bai et al., 2012; Houngnandan et al., 2008）。

在氮素迁移转化过程中（硝化、矿化、反硝化、氨挥发以及氮淋溶等）会发生氮同位素分馏效应，其中矿化对土壤 $\delta^{15}N$ 的变化起主要作用。准确计算土壤的可利用氮含量和氮矿化率，对于更好地了解生态系统的氮循环作用和指导相关农业生产具有重要意义。另外，硝化作用和反硝化作用产生 $N_2O$ 的反应机制不同。因此，硝化作用和反硝化作用产生 $N_2O$ 的过程存在氮氧同位素分馏的差异，从而导致 $N_2O$ 同位素组成的差异（Zhang et al., 2011)。所以，利用氮稳定同位素标记法、SP 值同位素异构体法以及多种同位素法相结合研究 $N_2O$ 的产生机制及微生物过程可为研究 $N_2O$ 的排放途径提供一种可供选择的方法。

稳定氮同位素方法也可以用来研究农田土壤氮肥去向及所施氮肥在土壤-植物系统存留时间等。$^{15}N$ 同位素稀释法能够将标记的 $^{15}N$ 跟其他来源的氮素明显区别开来，可确定植物对氮素的吸收和分配，以及土壤氮素供应的有效性，是研究氮肥在土壤-植物系统中转化、迁移和流失的有效方法。因此，可以用一定丰度、形态和数量的标记氮肥代替所施氮肥，施加到一定面积的隔离小区内，通过测定不同氮库中 $^{15}N$ 丰度来确定氮素去向。

另外，土壤氮循环过程中，作为主要的氮输入源，有机质、雨水、化学肥料、生活废弃物和动物有机肥等具有不同的氮同位素自然丰度特征(Nikolenko et al., 2018)，目前已有大量研究采用氮稳定同位素技术解析环境中特别是大气和水体含氮化合物来源及其迁移转化规律，用以定量土壤氮循环过程对环境的影响。例如大气中氨来源不同，其 $\delta^{15}N$ 也表现出明显的差异，化石燃料燃烧排放的氨同位素自然丰度高于农业源氨(Felix et al., 2013; Freyer, 1978; Heaton, 1986)。因此，利用氮同位素自然丰度信息，可以明确农田土壤排放的氨对大气氨的贡献(Ti et al., 2018a; Pan et al., 2016)。自从 Kohl 等(1971)首次利用硝酸盐氮同位素评估农田化肥对河流中硝酸盐污染的影响以来，稳定氮同位素作为一种有效的示踪技术在识别水体中氮尤其是硝态氮的来源及迁移转化过程中也得到了广泛的应用。

总之，氮稳定同位素方法是研究土壤氮循环的一种极为有用的工具，目前在土壤氮素迁移转化、来源去向等方面也得到了广泛应用，并显示出强大的生命力。尽管许多研究还处于探索阶段，但随着稳定同位素分析仪器性能的提高和方法的不断更新完善，该领域的研究将会进入一个全面发展和应用的新阶段。

# 参 考 文 献

曹亚澄, 张金波, 温腾, 等, 2018. 稳定同位素示踪技术与质谱分析: 在土壤、生态、环境研究中的应用. 北京: 科学出版社.

Bai S H, Sun F, Xu Z, et al., 2012. Appraisal of $^{15}N$ enrichment and $^{15}N$ natural abundance methods for estimating $N_2$ fixation by understorey Acacia leiocalyx and A. disparimmain a native forest of subtropical Australia. Journal of Soils and Sediments, 12(5): 653-662.

Cline J D, Kaplan I R, 1975. Isotopic fractionation of dissolved nitrate during denitrification in the Eastern Tropical North Pacific Ocean. Marine Chemistry, 3(4): 271-299.

Denk T R A, Mohn J, Decock C, et al., 2017. The nitrogen cycle: a review of isotope effects and isotope modeling approaches. Soil Biology and Biochemistry, 105: 121-137.

Elliott E M, Yu Z J, Cole A S, et al., 2019. Isotopic advances in understanding reactive nitrogen deposition and atmospheric processing. Science of the Total Environment, 662: 393-403.

Felix J D, Elliott E M, Avery G B, et al., 2015. Isotopic composition of nitrate in sequential Hurricane Irene precipitation samples: implications for changing $NO_x$ sources. Atmospheric Environment, 106: 191-195.

Felix J D, Elliott E M, Gish T J, et al., 2013. Characterizing the isotopic composition of atmospheric ammonia emission sources using passive samplers and a combined oxidation-bacterial denitrifier approach. Rapid

Communications in Mass Spectrometry, 27(20): 2239-2246.

Freyer H D, 1978. Preliminary $^{15}$N studies on atmospheric nitrogenous trace gases. Pure and Applied Geophysics, 116(2-3): 393-404.

Freyer H D, 1991. Seasonal variation of $^{15}$N/$^{14}$N ratios in atmospheric nitrate species. Tellus Series B, 43(1): 30-44.

Fry B, 2006. Stable isotope ecology. New York: Springer.

Hastings M G, Casciotti K L, Elliott E M, 2013. Stable isotopes as tracers of anthropogenic nitrogen sources, deposition, and impacts. Elements, 9(5): 339-344.

Heaton T H E, 1986. Isotopic studies of nitrogen pollution in the hydrosphere and atmosphere: a review. Chemical Geology (Isotope Geoscience Section), 59: 87-102.

Hogberg P, Tamm C O, Hogberg M, 1992. Variations in $^{15}$N abundance in a forest fertilization trial: critical loads of N, N-saturation, contamination and effects of revitalization fertilization. Plant & Soil, 142(2): 211-219.

Horrigan S G, Montoya J P, Nevins J L, et al., 1990. Natural isotopic composition of dissolved inorganic nitrogen in the Chesapeake Bay. Estuarine Coastal & Shelf Science, 30(4): 393-410.

Houngnandan P, Yemadje R G H, Oikeh S O, et al., 2008. Improved estimation of biological nitrogen fixation of soybean cultivars (Glycine max L. Merril) using $^{15}$N natural abundance technique. Biology and Fertility of Soils, 45(2): 175-183.

Kendall C, 1998. Chapter 16-Tracing Nitrogen Sources and Cycling in Catchments. Isotope Tracers in Catchment Hydrology: 519-576.

Kohl D H, Shearer G B, Commoner B, 1971. Fertilizer nitrogen: Contribution to nitrate in surface water in a corn belt watershed. Science, 174(4016): 1331-1334.

Lewicka-Szczebak D, Well R, Bol R, et al., 2015. Isotope fractionation factors controlling isotopocule signatures of soil-emitted N$_2$O produced by denitrification processes of various rates. Rapid Communications in Mass Spectrometry, 29(3): 269-282.

Liu D W, Fang Y T, Tu Y, et al., 2014. Chemical method for nitrogen isotopic analysis of ammonium at natural abundance. Analytical Chemistry, 86(8): 3787-3792.

Michener R, Lajtha K, 2007. Stable isotopes in ecology and environmental science. Blackwell Publishing Ltd USA.

Miyajima T, Yoshimizu C, Tsuboi Y, et al., 2009. Longitudinal distribution of nitrate delta $^{15}$N and delta $^{18}$O in two contrasting tropical rivers: implications for instream nitrogen cycling. Biogeochemistry, 95(2-3): 243-260.

Nier A O, 1950. A redetermination of the relative abundances of the isotopes of carbon, nitrogen, oxygen, argon, and potassium. Physical Review, 77(6): 789-793.

Nikolenko O, Jurado A, Borges A V, et al., 2018. Isotopic composition of nitrogen species in groundwater under agricultural areas: a review. Science of the Total Environment, 621: 1415-1432.

Pan Y P, Tian S L, Liu D W, et al., 2016. Fossil fuel combustion-related emissions dominate atmospheric ammonia sources during severe haze episodes: Evidence from $^{15}$N stable isotope in size-resolved aerosol ammonium. Environ Sci Technol, 50: 8049-8056.

Pan Y P, Tian S L, Liu D W, et al., 2018. Isotopic evidence for enhanced fossil fuel sources of aerosol ammonium in the urban atmosphere. Environmental Pollution, 238: 942-947.

Pardo L H, Templer P H, Goodale C L, et al., 2006. Regional assessment of N saturation using foliar and root delta $^{15}$N. Biogeochemistry, 80(2): 143-171.

Peterson B J, Fry B, 1987. Stable isotopes in ecosystem studies. Annual Review of Ecology and Systematics,

18(1): 293-320.

Proemse B C, Mayer B, Fenn M E, et al., 2013. A multi-isotope approach for estimating industrial contributions to atmospheric nitrogen deposition in the Athabasca oil sands region in Alberta, Canada. Environmental Pollution, 182: 80-91.

Robinson D, 2001. $\delta^{15}$N as an integrator of the nitrogen cycle. Trends Ecol Evol, 16(3): 153-162.

Sherwood O A, Lehmann M F, Schubert C J, et al., 2011. Nutrient regime shift in the western North Atlantic indicated by compound-specific delta $^{15}$N of deep-sea gorgonian corals. Proceedings of the National Academy of Sciences of the United States of America, 108(3): 1011-1015.

Sugimoto R, Kasai A, Fujita K, et al., 2011. Assessment of nitrogen loading from the Kiso-Sansen Rivers into Ise Bay using stable isotopes. Journal of Oceanography, 67(2): 231-240.

Ti C P, Gao B, Luo Y X, et al., 2018a. Isotopic characterization of $NH_x$-N in deposition and major emission sources. Biogeochemistry, 138(15): 85-102.

Ti C P, Wang X, Yan X Y, 2018b. Determining delta $^{15}$N-$NO_3^-$ values in soil, water, and air samples by chemical methods. Environmental Monitoring and Assessment, 190(6): 341. https://doi.org/10.1007/s10661-018-6712-5

Unkovich M, 2013. Isotope discrimination provides new insight into biological nitrogen fixation. New Phytologist, 198(3): 643-646.

Wang H, Zhou H Y, Peng X T, et al., 2009. Denitrification in Qi'ao Island coastal zone, the Zhujiang Estuary in China. Acta Oceanologica Sinica, 28(1): 37-46.

Wang X T, Cohen A L, Luu V, et al., 2018. Natural forcing of the North Atlantic nitrogen cycle in the Anthropocene. Proceedings of the National Academy of Sciences of the United States of America, 115(42): 10606-10611.

Zhang J B, Zhu T B, Cai Z C, et al., 2011. Nitrogen cycling in forest soils across climate gradients in Eastern China. Plant & Soil, 342(1-2): 419-432.

# 第 14 章 基于稳定同位素技术的水体硝酸盐来源辨别方法

## 14.1 导　　言

地表水和地下水中的硝酸盐($NO_3^-$)污染是一个世界性问题，对人类健康构成潜在威胁。水体中 $NO_3^-$-N 质量浓度本身对人体无直接危害，但被还原为亚硝态氮后可能引起婴儿高铁血红蛋白病例，引发肝癌、胃癌及高血压等疾病(Panno et al., 2006)。世界卫生组织设定了一个 $NO_3^-$-N 饮用水的氮浓度限值为 10 mg/L。此外，高浓度的 $NO_3^-$-N 促进了水体富营养化，并且增加温室气体 $N_2O$ 的排放(Kendall, 1998; Xia et al., 2013)。

水体 $NO_3^-$ 污染来源复杂，包括化肥与粪肥、生产、生活污水及大气氮(N)沉降、土壤有机氮等。传统的水化学方法利用各种污染源的排放数据、$NO_3^-$ 质量浓度及其他离子浓度特征来分析水体 $NO_3^-$ 的污染来源。随着技术的进步，氮氧稳定同位素技术已经广泛应用于环境污染方面的研究，并在示踪水体 $NO_3^-$ 污染来源、迁移和转化方面显示出较强的优越性。研究人员根据不同 $NO_3^-$ 污染来源的氮氧同位素特征值的差异性原理(分别为 $^{15}N/^{14}N$ 和 $^{18}O/^{16}O$)，并与其他环境同位素及化学分析技术相结合，计算了地表水、地下水、降水中 $NO_3^-$ 不同来源贡献率，评价了硝化/反硝化过程，能够有效判别水体 $NO_3^-$ 污染来源(Burns et al., 2009; Xue et al., 2009)。

## 14.2 氮氧同位素溯源水体硝酸盐原理

自然界中的氮原子的稳定同位素有两种：$^{14}N$ 和 $^{15}N$。大气中 $^{14}N$ 和 $^{15}N$ 的相对丰度为 99.6337% 和 0.3663%，且 $^{15}N/^{14}N$ 值在不同地区、不同高度恒为 1/272，通常以大气氮(AIR)作为标准物。自然界中的氧原子的稳定同位素有 3 种：$^{16}O$、$^{17}O$ 和 $^{18}O$。$^{16}O$、$^{17}O$ 和 $^{18}O$ 的相对丰度分别为 99.759%、0.037%和 0.204%。一般采用维也纳标准海洋水(VSMOW)作为标准物。

氮元素在自然界的物理、化学、生物等诸多过程将导致其同位素发生分馏。造成氮同位素分馏的主要过程有固氮、同化、矿化、硝化、反硝化作用及氨的挥发过程。其中，硝化、反硝化作用和同化作用分馏效应比较明显，分馏系数分别为 $-29\sim-12$、$-40\sim-5$、$-27\sim0$(Chen et al., 2007)。化石燃料不完全燃烧、汽车尾气、雷电和光化学反应而引起的 $NO_3^-$ 氧同位素分馏是造成大气源的 $\delta^{18}O$ 值差异的主要因素。但是不同条件下氮、氧的生物地球化学过程导致的分馏效应也不同，不同形态氮在同化过程中的分馏效应也不同，光照和溶解氧等条件也能通过影响生物地球化学反应来影响同位素分馏效应。其中，大气氮沉降和化学氮肥中 $\delta^{15}N$ 较轻，而有机肥、污水中 $\delta^{15}N$ 较重(图 14-1)(Oelmann et al., 2007; Rock et al., 2011; Xue et al., 2009; Stögbauer et al.,2008; 徐志伟等, 2014)。因此,基于不同源 $\delta^{15}$N 的差异可以辨别水体硝酸盐的来源。

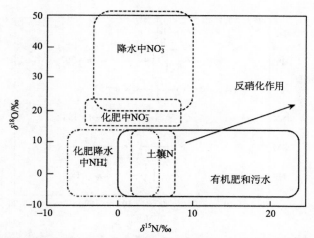

图 14-1　不同来源硝态氮稳定同位素值分布(Stögbauer et al., 2008; 徐志伟等, 2014)

由于来源于大气氮沉降、土壤、化肥、有机肥中 $NO_3^-$-N 的 $\delta^{15}$N 值分布有重叠现象,单独使用硝酸盐的 $\delta^{15}$N 值不能将这些污染源区分开来。于是,学者们开始考虑同时测定硝酸盐中的 $\delta^{18}$O 值,结果发现 $\delta^{18}$O 值随着硝化作用路径、形成 $NO_3^-$-N 环境中 $H_2O$ 和 $O_2$ 中 $\delta^{18}$O 同位素比值不同而变化,由此造成 $\delta^{18}$O 值存在明显分异现象(Kendall et al., 1998)。因此,利用 $\delta^{15}$N、$\delta^{18}$O 双稳定同位素示踪技术能够更为准确地判定 $NO_3^-$ 的来源(图 14-1)。

## 14.3　水体硝酸盐污染源定性判别方法

通常在研究中,我国水体 $NO_3^-$ 污染源大致分为大气降水、土壤、凋落物中的 $NO_3^-$ 以及粪肥与污水、大气降水及化肥中铵根、化肥中 $NO_3^-$ 等 6 种来源(图 14-2)。不同来源的氮源由于同位素分馏作用的存在,$\delta^{15}$N 和 $\delta^{18}$O 的氮氧同位素的值会有所差异。大气氮沉降由于受到各种化学反应及人为污染来源的影响,$\delta^{15}$N 的典型值域范围较广,为 $-9‰\sim9‰$。其中,大气降水 $NO_3^-$ 中 $\delta^{15}$N 的典型值域为 $-3‰\sim7‰$,而铵根 $\delta^{15}$N 为 $-9‰\sim9‰$(Oelmann et al., 2007; Rock et al., 2011; Xue et al., 2009)。与国外文献研究得出的大气氮沉降 $\delta^{15}$N 值($-13‰\sim13‰$)相比较,我国大气氮沉降 $\delta^{15}$N 典型值域较窄。粪肥与污水因在储存、处理等过程中受到氨挥发、硝化作用影响,$\delta^{15}$N 值较高,其典型值域为 $3‰\sim17‰$(Li et al., 2010; Xue et al., 2009;徐志伟等, 2014)。这与国外研究得出的粪肥及污水中的 $\delta^{15}$N 值($5‰\sim25‰$、$4‰\sim19‰$)较为接近。我国土壤 $\delta^{15}$N 值的典型值域为 $3‰\sim8‰$,而国外文献报道的土壤 $\delta^{15}$N 值为 $0\sim8‰$,其下限较国内的研究结果要高(徐志伟等, 2014)。这可能与土壤深度、植被类型、气候以及土壤中有机质矿化、硝化作用的影响不同有关。来自大气 $N_2$ 固定的氮肥(尿素、硝态氮肥、铵态氮肥)因在氮固定作用过程中分馏作用较小，各种化肥之间 $\delta^{15}$N 值差异不大。化肥中 NO$_3^-$和铵根中 $\delta^{15}$N 的典型值域分别为-2‰～4‰、-4‰～2‰，这与国外化肥中 $\delta^{15}$N 值（-6‰～6‰）相比值域较小。

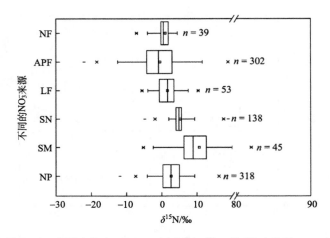

图 14-2　我国水体中不同 NO$_3^-$来源的 $\delta^{15}$N 值（徐志伟等, 2014）

NP—大气降水 NO$_3^-$；SM—污水与粪肥；SN—土壤氮；LF—凋落物；APF—大气降水及化肥；NF—化肥中 NO$_3^-$

为进一步区分 $\delta^{15}$N 值范围重叠的硝酸盐，$\delta^{18}$O 值也得到越来越多的应用。1987 年 Amberger 等首次测定硝酸盐中的 $\delta^{18}$O 值后，学者们开始测定潜在的几种硝酸盐污染中硝酸盐的 $\delta^{15}$N 和 $\delta^{18}$O 值，并根据全球各地的学者们的研究绘制了常见硝酸盐污染中硝酸盐的 $\delta^{18}$O 值范围图（图 14-3），使得以后的学者们只需测定水样中硝酸盐的 $\delta^{15}$N 和 $\delta^{18}$O 值，对比该范围图就可以定性判别水体中硝酸盐污染的主要来源。如雨水和化肥中 NO$_3^-$的 $\delta^{15}$N 的值大多取于-10‰～8‰，差别不大，但 $\delta^{18}$O 值存在较大差异，雨水中 $\delta^{18}$O 为45‰～75‰，而化肥中 $\delta^{18}$O 为20‰左右（Kendall et al., 1998）（图 14-3）。因此，借助 $\delta^{18}$O 值可以进一步区分水体中来自该两种污染源的 NO$_3^-$来源。

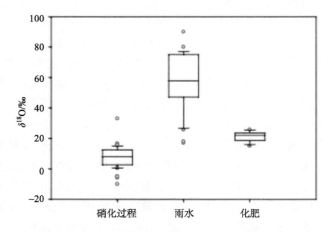

图 14-3　不同 NO$_3^-$来源的 $\delta^{18}$O 值（Xue et al., 2009）

除了水体氮氧同位素以外，水化学组分能够反映水体的形成过程，也隐含污染来源信息，常通过分析水中化学组分间的相关关系判断污染来源。如 $Ca^{2+}$、$Mg^{2+}$、$SO_4^{2-}$是农业常用化肥$(NH_4)_2SO_4$、$(Ca, Mg)CO_3$ 的组分，可通过上述离子与 $NO_3^-$相关性信息推测地下水氮污染是否来源于化肥；$Cl^-$在市政污水、牲畜粪便中大量存在，$NO_3^-/Cl^-$值的大小可作为硝酸盐污染源判别的佐证(Liu et al., 2013; Lu et al., 2015; Wang et al., 2016)。

通过河段 $NO_3^-$浓度与水中 $Cl^-$ 浓度相关关系可以辨别 $NO_3^-$主要污染源(Spruill et al., 2002)。$Cl^-$具有生物和化学惰性，它的浓度只在与其他水源混合时才会发生变化(Liu et al., 2006)。一般来讲，肥料源的平均 $NO_3^-/Cl^-$ 值高，而 $Cl^-$ 的浓度相对较低，所以肥料源和降雨往往具有较高的 $NO_3^-/Cl^-$值和较低的 $Cl^-$浓度(Liu et al., 2006)。在城市区，$NO_3^-/Cl^-$ 值和 $Cl^-$ 浓度均比较高，表明污水是主要来源，因为污水源 $Cl^-$ 和 $NO_3^-$都比较高(图 14-4)。在集约农业区，$Cl^-$ 的浓度高[$(2379\pm3560)\mu mol\cdot L$]，但 $NO_3^-/Cl^-$ 值低$(0.06\pm0.05)$，说明养殖废水是主要来源，因为养殖废水有很高的 $Cl^-$ 的浓度，是区分肥料和降雨源的主要原因。通过化学指标可以很好地验证各区域硝酸盐的主要污染源。

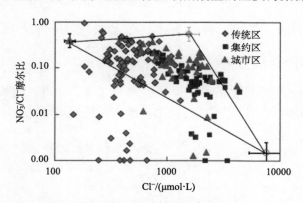

图 14-4　应用水体化学性质辨别水体硝酸盐主要污染源(Xia et al., 2017)

水体的大肠菌群和粪大肠菌群数可以用来辨别污染物主要来源是否是养殖废水和生活污水。如图 14-5 所示，大肠菌群和粪大肠菌群数的最大可能数(MPN)之间有很好的相关性。由于生活污水在排放时大多经过处理环节，因此养殖废水中大肠菌群和粪大肠菌群数要远大于生活污水。和养殖废水中大肠菌群和粪大肠菌群数相比，生活污水中大肠菌群和粪大肠菌群数相对较低，但是总体高于化肥源中大肠菌群和粪大肠菌群数(Xia et al., 2017)。已有研究如德国 Nauholzbach 流域，研究者们发现雨季水库水体中大肠菌群和粪大肠菌群数比平常高 20～100 倍(Kistemann et al., 2002)。养殖废水中往往也含有高浓度的 $NH_4^+$，研究发现大肠菌群和粪大肠菌群数与水体中 $NH_4^+$有很好的相关性，也进一步证明了可以应用大肠菌群和粪大肠菌群数辨别污染物主要来源是否是养殖废水。

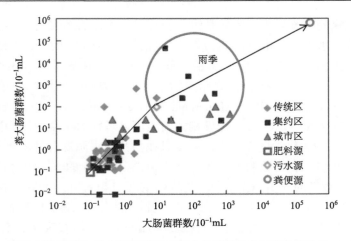

图 14-5　应用大肠菌群与粪大肠菌群数辨别水体硝酸盐主要污染源(Xia et al., 2017)

## 14.4　水体硝酸盐污染源定量解析方法

### 14.4.1　质量平衡混合模型法

在理论上，如果水体中的硝酸盐污染源不大于 3 个，就可以用基于质量平衡的混合模型来量化各个污染源对水体硝酸盐污染的贡献率。该模型可以表示为

$$
\begin{cases}
\delta^{15}N = \sum_{i=1}^{3} f_i \times \delta^{15}N_i \\[2mm]
\delta^{18}O = \sum_{i=1}^{3} f_i \times \delta^{15}O_i \\[2mm]
1 = \sum_{i=1}^{3} f_i
\end{cases}
\tag{14-1}
$$

式中，$i$ 表示污染源 1、2、3；$\delta^{15}N$ 和 $\delta^{18}O$ 表示混合后水体中的硝酸盐 $\delta^{15}N$ 和 $\delta^{18}O$ 值；$\delta^{15}N_i$ 和 $\delta^{18}O_i$ 表示污染源 $i$ 中硝酸盐的 $\delta^{15}N$ 和 $\delta^{18}O$ 值；$f_i$ 为不同污染源的贡献率，总和为 1。

该质量混合模型只能用于确定潜在污染源不超过 3 种的情况，不能考虑到其余未知潜在污染源的混合，应用范围有限。而且，硝酸盐 $\delta^{15}N$ 和 $\delta^{18}O$ 值可能受到硝化、反硝化作用而导致的同位素分馏作用和源头值混合等因素影响，可能会引起计算结果存在误差，因为该模型没有考虑上述这些因素的影响。尽管如此，该模型还是可以应用于污染源较为简单的水体。此外，质量平衡混合模型还可以通过将来源相似的污染源合为一个源头值，进而减少源头来分析，例如可将农村生活污水和牲畜粪便作为农村污染源，土壤有机质硝化和化肥污染作为农田面源污染计算，分别采取措施予以控制，也能实现防治污染的目的。

### 14.4.2　贝叶斯同位素模型法

SIAR（stable isotope analysis in R）混合模型是由 Parnell 等于 2008 年建立，是用贝叶斯框架建立在狄利克雷分布的一个逻辑先验分布，来估算混合物中各来源贡献比例的概率分布，其模型表达如下：

$$\begin{cases} X_{ij} = \sum_{k=1}^{k} p_k (S_{jk} + C_{jk}) + \varepsilon_{ij} \\ S_{jk} \sim N(\mu_{jk}, \omega_{jk}^2) \\ C_{jk} \sim N(\lambda_{jk}, \tau_{jk}^2) \\ \varepsilon_{ij} \sim N\left(0, \sigma_j^2\right) \end{cases} \tag{14-2}$$

式中，$X_{ij}$ 为第 $i$ 个样品中第 $j$ 种同位素的值（$i$=1,2,3,$\cdots$，$N$；$j$=1,2,3,$\cdots$，$J$）；$S_{jk}$ 为第 $k$ 种源中第 $j$ 种同位素的值（$k$=1,2,3,$\cdots$，$K$）；$\mu_{jk}$ 为平均值；$\omega_{jk}^2$ 为正态分布的方差；$C_{jk}$ 为第 $j$ 种同位素在第 $k$ 个源上的分馏系数；$\lambda_{jk}$ 为平均值；$\tau_{jk}^2$ 为正态分布的方差；$P_k$ 为第 $k$ 个源的贡献率，它由模型计算得到；$q_{jk}$ 为同位素 $j$ 在第 $k$ 种源中的浓度；$\varepsilon_{ij}$ 为残差，表示各混合物间剩下的未量化的变异，平均值为 0；$\sigma_j^2$ 为正态分布的方差。

通过文献调研，四种常见硝酸盐源（肥料、降雨、生活污水、养殖废水）的 $\delta^{15}N$ 和 $\delta^{18}O$ 均值和方差如表 14-1 所示。

表 14-1　同位素监测值及其分馏系数

| 源 | 同位素监测值 | | 分馏系数 | |
|---|---|---|---|---|
| | $\delta^{15}N$（均值±SD） | $\delta^{18}O$（均值±SD） | $\delta^{15}N$（均值±SD） | $\delta^{18}O$（均值±SD） |
| 农田径流 | 5.40±0.42 | 14.33±2.35 | −13.62±3.28 | −9.8±2.14 |
| 降雨 | 2.34±0.51 | 21.77±5.27 | −13.62±3.28 | −9.8±2.14 |
| 生活污水 | 15.67±4.27 | 12.58±3.06 | −13.62±3.28 | −9.8±2.14 |
| 禽畜废水 | 12.84±3.20 | 10.37±1.95 | −13.62±3.28 | −9.8±2.14 |

IsoSource 模型也是基于贝叶斯框架的质量平衡混合模型，模型在混合计算中满足同位素质量守恒，通过测试的同位素值信息来确定混合物各部分的比例范围，因而同样可以用来估算各种硝酸盐来源对河流硝酸盐污染的贡献率，计算出的每个解代表了一个资源百分比的组合。在该模型中，在一定增量范围内，使用标准线型混合模型来模拟每一种可能污染比例（和为 1），模型在混合计算中满足同位素质量守恒，通过测试的同位素值信息来确定混合物各部分的比例范围，因而同样可以用来估算各种硝酸盐来源对河流硝酸盐污染的贡献率，计算出的每个解代表了一个资源百分比的组合。在软件中设置好模型的增量参数（increment）和容差参数（tolerance），模型利用迭代方法计算出水样中不同污染来源所占贡献率的概率分布图，并给出所有来源计算结果的平均值。不同来源所有可能的百分比组合则按下式计算：

$$组合数量 = \left[ \begin{matrix} \left(\dfrac{100}{i}\right) + (s-1) \\ s-1 \end{matrix} \right] = \dfrac{\left[\left(\dfrac{100}{i}\right) + (s-1)\right]!}{\left(\dfrac{100}{i}\right)!(s-1)!} \tag{14-3}$$

式中，$i$ 为增量参数；$s$ 为硝酸盐来源数量。

　　该模型可以将各种潜在污染源贡献的可能组合都显示出来。将各个组合中模拟出来的各比例结果相加，如果相加之和的值在设定的容差范围之内（如±0.01），即可认为该模拟的组合值是合适的解。一般情况下，模型会提供一个各污染来源的平均值。该模型的优点在于有完善的软件界面，易于学习使用，不需要像 SIAR 模型中编程写入代码，简单方便，不仅能计算出污染源的贡献比例，还能计算出潜在的污染贡献比例。

### 14.4.3　定量解析过程中的反硝化作用

　　反硝化作用在河流系统中普遍存在。而反硝化过程中 $\delta^{15}N$ 和 $\delta^{18}O$ 的同位素分馏可能会有显著差异，如分馏效应会导致 $\delta^{15}N$ 变化范围为−40‰～−5‰，$\delta^{18}O$ 变化范围为−16‰～−4‰（Cey et al., 1999; Chen et al., 2009; Divers et al., 2014; Fukada et al., 2003; Mengis et al., 1999）。因此，在贝叶斯同位素模型中，忽略反硝化过程也会导致 $NO_3^-$ 源辨别的不确定性。

　　反硝化过程 $\delta^{15}N$ 和 $\delta^{18}O$ 分馏系数根据经典 Rayleigh（瑞利）公式计算。该式描述了反硝化过程中，残留硝酸盐的同位素值与残留硝酸盐比例的对数成线性关系，可表示为

$$\delta_{Rt} = \delta_{R0} + \varepsilon \ln(f) \tag{14-4}$$

式中，$\delta_{Rt}$ 为硝酸盐中 $\delta^{15}N$ 或 $\delta^{18}O$ 在 $t$ 时间同位素值；$\delta_{R0}$ 为硝酸盐中 $\delta^{15}N$ 或 $\delta^{18}O$ 在初始时间同位素值；$f$ 是水体中残留硝酸盐比例；$\varepsilon$ 是分馏系数。分馏系数受环境条件的影响，如 $NO_3^-$ 浓度、有效性和电子供体浓度（Kendall, 1998）。用式（14-2）解析硝酸盐来源时，尽量采用相对封闭的河段为研究对象，减少外源硝酸盐的混合效应。

## 14.5　方法应用实例

　　以秦淮河流域为例，详细介绍水体硝酸盐的辨别方法。秦淮河流域位于 31°40′～32°10′N，118°40′～119°20′E，主要分布在江苏省南京市和句容市，属亚热带季风气候，年平均气温为 15.1 ℃，年平均降水量为 1018.6 mm，年平均无霜期为 229 d，年日照为 2116 h，是典型的南方亚热带耕作区，旱地主要为油菜与玉米轮作，水田主要为小麦与水稻轮作。秦淮河全长 110 km，流域面积达 2631 km²，其中江宁区占流域总面积的 40.1%，溧水占 17.7%，南京主城区占 8.8%，镇江市的句容市占 33.4%。秦淮河有南北两源，南源出自溧水县，称溧水河；北源出自句容市，称句容河。溧水河和句容河汇合为秦淮河干流。在江宁东山镇分为秦淮新河和秦淮河，秦淮河进入南京城区后又分为内、外秦淮河两条主河流，最终合流后汇入长江。采样区域介于江苏省句容市和南京市之间，采样河流为秦淮河北源句容河和内外秦淮河。

采样点布置在东至句容市的句容河，西至南京市江宁区的外秦淮河，采样河段长约 71.9 km，集水面积占秦淮河流域面积的 82.3%。设置干流点 14 个，支流点 5 个，共计 19 个采样点(图 14-6)。所有点的布置均采用 GPS 定位，考虑到周边土地利用类型、河流支流和汇流的作用，采样点多布置在城市进出水口，河流的支流、汇流口；通过预采样分析河水硝氮浓度，在河水硝氮浓度变化较大的地段加大布点密度，而在其浓度变化较小的地段，减小布点密度。$z1$~$z6$ 之间的区域为传统农业区，该区内耕地面积广，养殖业少。$z1$、$z2$ 分别为水库区点和受水库区影响点，这两个点水体滞留时间长，水流缓慢。$z3$ 点位于句容市区，为城区采样点，$z4$~$z7$ 是受城区($z3$)影响点，仅 $z1$、$c1$、$c2$ 为传统农业区点。$z9$~$z12$，$c3$~$c5$ 为城市周边的集约农业区点，该区内耕地面积小，养殖业多，建筑用地较多，$z13$ 和 $z14$ 位于南京市，为城市区点。

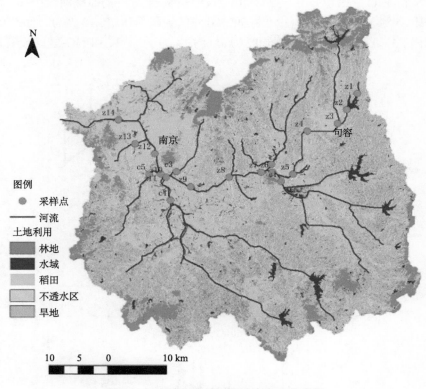

图 14-6　秦淮河流域河网分布和土地利用

## 14.5.1　样品采集、处理与测定

水样采集于 2010 年 6 月到 2012 年 12 月，用采水桶于采样点桥上采集河流中部浅表 0.3~0.5 m 处河水，采样频率为每月 1 次，每次采样时间为 08：00~14：00，根据预测定每个采样点的 $NO_3^-$ 浓度，计算每个采样点需水量，使得树脂浓缩用水中 $NO_3^-$ 的量达到 100~200 μmol，采水量 1~10 L，装入洁净的塑料桶中，立即运至实验室进行处理。现场测定气温、水温、水样的溶解氧及其饱和度、pH、Eh。用 0.45 μm 的聚碳

酸酯膜过滤一定的水样，以备测定水中的离子浓度含量，放入 4 ℃冰箱中，24 h 内测定其中的硝态氮($NO_3^-$)、氨态氮($NH_4^+$)、氯离子($Cl^-$)。此外，2011 年 3、6、9、12 月份采集的原状河水，采用多管发酵法分别测定了水体的大肠菌群和粪大肠菌群数[执行《水质 粪大肠菌群的测定 多管发酵法和滤膜法（试行）》（HJ/T 347—2007）]。

### 14.5.2　水体硝酸盐定性分析

秦淮河水体硝酸盐含量总体偏高，干流 $NO_3^-$ 平均浓度为 1.75 $mg·L^{-1}$。如图 14-7 所示，传统农业区（TAR）浓度较低，平均为 1.25 $mg·L^{-1}$，其次为集约农业区，平均浓度为 1.55 $mg·L^{-1}$，城市区浓度最高，平均为 2.35 $mg·L^{-1}$。河流 $\delta^{15}N$-$NO_3^-$ 变异范围为 -4.9‰～36.1‰，平均值为 10.4‰。$\delta^{18}O$-$NO_3^-$ 变异范围为 4.3%～24.5%，平均值为 13.1%。全河段尽管 $\delta^{15}N$ 和 $\delta^{18}O$ 变化趋势不一致（图 14-7），但是从 z4 到 z7 的监测河段中，$\delta^{15}N$ 和 $\delta^{18}O$ 值同时上升。$\delta^{15}N$-$NO_3^-$ 从旱季（12.2‰±4.2‰）降低到雨季（8.7‰±3.7‰），而 $\delta^{18}O$-$NO_3^-$ 从旱季（平均 11.5‰）增加到雨季（平均 12.8‰）（图 14-7）。 $\delta^{15}N$ 和 $NO_3^-$ 之间没有显著的相关性。

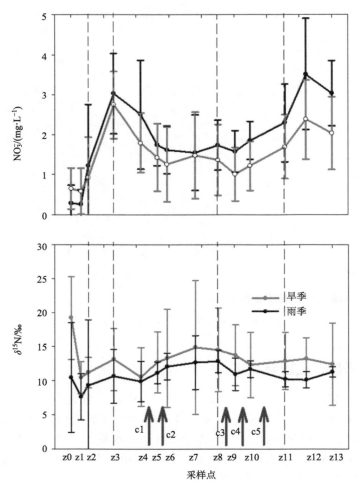

图 14-7　秦淮河 NO$_3^-$浓度、$\delta^{15}$N 空间变异

绘制 $\delta^{15}$N 和 $\delta^{18}$O 关系图（图 14-8），河水采样点同位素值位于肥料源、粪便源和污水源同位素值之间。具体而言，肥料源是传统农业区和集约农业区主要 NO$_3^-$污染源。而在城市区，主要污染源为粪便源和污水源。与以往研究相比，本研究的辨别方法有两个特点：①由于每种污染源同位素值变异范围大，我们直接测定了研究区污染源的同位素值，而不是应用文献报道的污染源同位素值，因而能减少源识别的不确定性。②根据粪便源和污水源 $\delta^{15}$N 和 $\delta^{18}$O 的不同，有效实现对两种源的区分。然而，如图 14-8 所示，由于同位素数据有限，且每种源氮氧同位素仍有较大变异，各源同位素值之间存在重叠现象，该方法只能大致定性判别主要污染源。

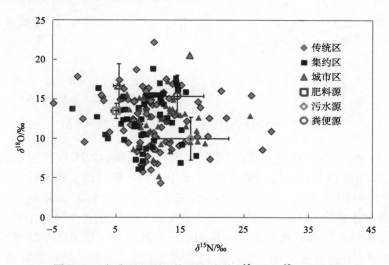

图 14-8　秦淮河主要污染源和水体 $\delta^{15}$N 和 $\delta^{18}$O 关系图

## 14.5.3　水体硝酸盐来源定量分析

以上我们通过氮氧同位素，结合水体化学性质和大肠菌群与粪大肠菌群数对不同河段硝酸盐主要污染源进行了判别和验证，但是各种源具体贡献多少还不清楚。我们应用 SIAR 贝叶斯同位素模型对各河段硝酸盐的来源进行定量解析，同时考虑了反硝化作用所导致的同位素分馏效应。

在贝叶斯同位素模型中，为考虑反硝化作用，应用式（14-4）计算反硝化过程 $\delta^{15}$N 和 $\delta^{18}$O 分馏系数。据文献报道，$\delta^{15}$N 和 $\delta^{18}$O 比率介于 1.0 与 2.3 之间表明有潜在的反硝化作用（Cey et al., 1999; Chen et al., 2009; Divers et al., 2014; Fukada et al., 2003; Mengis et al., 1999）。以秦淮河相对封闭的河段为例，$\delta^{15}$N/$\delta^{18}$O 为 1.9，介于文献报道值之间。分别绘制 $\delta^{15}$N 和 $\delta^{18}$O 与 ln（N-NO$_3^-$）的关系图，如图 14-9 所示，$\delta^{15}$N 和 $\delta^{18}$O 与 ln（N-NO$_3^-$）均成反相关关系，即随着反硝化的进行，硝氮浓度降低，$\delta^{15}$N 和 $\delta^{18}$O 趋向富集。

根据图 14-9 中 $\delta^{15}$N 和 $\delta^{18}$O 与 ln（N-NO$_3^-$）的关系，可以使用式（14-2）计算分馏系数。由此得出 $\delta^{15}$N 的分馏系数为-7.4‰±1.8‰，$\delta^{18}$O 的分馏系数为-6.2‰±1.0‰。与文献报

道 $\delta^{15}N$ 的分馏系数为-40‰～-5‰，$\delta^{18}O$ 的分馏系数为-16‰～-4‰相符（Chen et al., 2009; Panno et al., 2006）。但是我们的计算结果较小，位于区间的上方位。控制实验表明，较小的分馏因子通常与快速反硝化速率有关，而较大的数值与较慢的反硝化速率相关（Mariotti et al., 1988）。例如，在密西西比河，如果 $\delta^{18}O$ 分馏系数取值 -10‰，$\delta^{15}N$ 的分馏吸收取值-5‰，由此估算反硝化消纳量占总氮的 65%，而如果 $\delta^{15}N$ 和 $\delta^{18}O$ 分馏系数都取值-20‰，则反硝化作用消纳量降为约 40‰（Panno et al., 2006）。尽管我们的计算仍存在较大的不确定性，但是可以明确河流水体反硝化作用不可忽视。

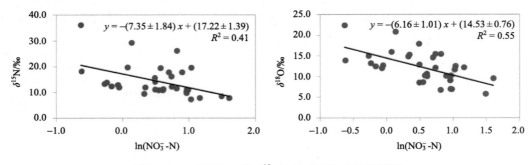

图 14-9　$\ln(NO_3^--N)$ 和 $\delta^{18}O$ 与 $\ln(NO_3^--N)$ 的关系图

如图 14-10 所示，在传统农业区，旱季污水的贡献最高（49.9%），其次是肥料（28.5%），雨水（12.9%）和粪便（8.7%）。而在雨季（5 月至 10 月），肥料的贡献高达 45.1%，污水和雨水分别为 21.8% 和 18.6%。尽管该区域全年施氮肥量高达 550～600 kg·ha$^{-1}$（以 N 计），但肥料仅在雨季才是河水 $NO_3^-$ 的主要来源。这是因为该区域主要种植水稻，而水稻的生长季和施肥也主要在雨季。根据区域大量的田块实验结果，氮素的平均径流和淋洗损失分别为 5% 和 2%（Tian et al., 2007; Zhu and Chen, 2002）。以本区域句容农业流域为例（图 14-6 监测点 z1），每年通过径流损失的氮量高达 52.6 t（以每公顷 300 kg 氮计）。雨季氮肥损失对河流水体氮浓度的贡献为 0.12 mg·L$^{-1}$，占水体中 $NO_3^-$ 浓度的 16%～38%。在旱季，肥料不是水体硝氮的主要来源，其原因是旱季施氮量相对较小，雨水产生的径流和淋失也少。氮素损失后，在流域中还要经过更长时间的停留和消纳（Yan et al., 2011）。据 Li 等（2013）的报道，流域径流中高达 52.1% 的氮在流域迁移过程中被反硝化消纳。

在集约农业区，旱季污水是主要来源（51.1%），而雨季污水只占 31.5%。与污水源贡献变化相反，粪便贡献从旱季的 19.6% 增加到雨季 36.9%。与此同时，肥料贡献下降至 14.8%。造成该变异的可能原因是土地利用方式变化。在集约农业区，水田一般用于水产养殖，而旱地用于家禽养殖。这种改变减少了肥料投入，但增加了粪便的产生。在雨季，虽然雨水有稀释作用，但是前期积累的粪便被雨水冲刷后，加之温度较高，碳源充足，氨氮会迅速发生硝化作用转化成硝氮，导致河流水体中硝酸盐浓度快速上升（Laurent and Mazumder, 2014）。

在城市区，无论是在旱季还是雨季，污水都是最重要的 $NO_3^-$ 源，分别占 66.6% 和 48.4%（图 14-10）。城区居住人口密集，大量的污水排放是造成水体硝氮浓度上升的主要原因。大量不透水陆面的存在，增加了径流水体流速，减少了水力停留时间，减少了沿途 NO$_3^-$消纳量。秦淮河流域城市化进展快，污水处理效率未能达到 100%。根据《城镇污水处理厂污染物排放标准》(GB 18918—2002)，NH$_4^+$-N 和 TN 允许排放标准分别为 15 mg·L$^{-1}$ 和 20 mg·L$^{-1}$。在硝化作用下，从污水厂排放的高浓度活化氮显著增加了河水中硝氮浓度。根据我们的调查，在句容市(z4)污水排放口，污水中溶解的无机氮(DIN)浓度范围为 0.1～35.4 mg·L$^{-1}$，对河流水体中(z4)氮素浓度的贡献高达 61%。在旱季，河流水流量小，生活污水贡献会更大。

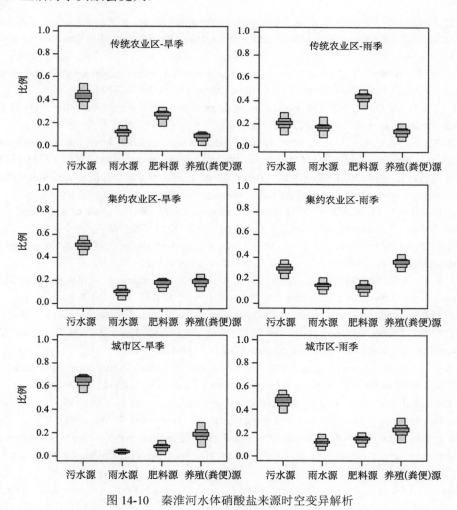

图 14-10　秦淮河水体硝酸盐来源时空变异解析

　　总之，利用氮、氧稳定同位素识别水体硝酸盐污染源弥补了传统方法无法定量化识别污染源的缺点，其应用前景十分广阔。目前，我国地表水、地下水水体 $\delta^{15}$N 研究表明，污水、肥料、粪便对水体 NO$_3^-$污染产生严重的影响，但是对不同污染源的来源比例拆分、季节动态研究相对较少。应用 $\delta^{15}$N 和 $\delta^{18}$O 双同位素示踪技术，将提高我国水体 NO$_3^-$污染来源比例评价的定量化水平，为我国地表水和地下水管理提供依据。

# 参 考 文 献

徐志伟, 张心昱, 于贵瑞, 等, 2014. 中国水体硝酸盐氮氧双稳定同位素溯源研究进展. 环境科学, 35(8): 3230-3238.

Burns D A, Boyer E W, Elliott E M, et al., 2009. Sources and transformations of nitrate from streams draining varying land uses: evidence from dual isotope analysis. Journal of Environment Quality, 38(3): 1149-1159.

Cey E E, Rudolph D L, Aravena R, et al., 1999. Role of the riparian zone in controlling the distribution and fate of agricultural nitrogen near a small stream in southern Ontario. Journal of Contaminant Hydrology, 37(1-2): 45-67.

Chen F J, Jia G D, Chen J Y, 2009. Nitrate sources and watershed denitrification inferred from nitrate dual isotopes in the Beijiang River, south China. Biogeochemistry, 94(2): 163-174.

Chen F J, Li X H, Jia G D, 2007. The application of nitrogen and oxygen isotopes in the study of nitrate in rivers. Advances in Earth Science, 22(12): 1251-1257.

Deutsch B, Mewes M, Liskow I, et al., 2006. Quantification of diffuse nitrate inputs into a small river system using stable isotopes of oxygen and nitrogen in nitrate. Organic geochemistry, 37(10): 1333-1342.

Ding J, Xi B, Gao R, et al., 2014. Identifying diffused nitrate sources in a stream in an agricultural field using a dual isotopic approach. Science of the Total Environment, 484: 10-18.

Divers M T, Elliott E M, Bain D J, 2014. Quantification of nitrate sources to an urban stream using dual nitrate isotopes. Environmental Science & Technology, 48(18): 10580-10587.

El Gaouzi F Z J, Sebilo M, Ribstein P, et al., 2013. Using $\delta^{15}$N and $\delta^{18}$O values to identify sources of nitrate in karstic springs in the Paris basin(France). Applied Geochemistry, 35: 230-243.

Fukada T, Hiscock K M, Dennis P F, et al., 2003. A dual isotope approach to identify denitrification in groundwater at a river-bank infiltration site. Water Research, 37(13): 3070-3078.

Hill A R, 1979. Denitrification in the nitrogen budget of a river ecosystem. Nature, 281(5729): 291-292.

Kendall C, 1998. Tracing nitrogen sources and cycling in catchments//Kendall C, McDonnell J J. Isotope Tracers in Catchment Hydrology. Amsterdam: Elsevier: 519-576.

Kistemann T, Classen T, Koch C, et al., 2002. Microbial load of drinking water reservoir tributaries during extreme rainfall and runoff. Applied and Environmental Microbiology, 68(5): 2188-2197.

Korth F, Deutsch B, Frey C, et al., 2014. Nitrate source identification in the Baltic Sea using its isotopic ratios in combination with a Bayesian isotope mixing model. Biogeosciences, 11(17): 4913-4924.

Laurent S J, Mazumder A, 2014. Influence of seasonal and inter-annual hydro-meteorological variability on surface water fecal coliform concentration under varying land-use composition. Water Research, 48(1): 170-178.

Li S L, Liu C Q, Li J, et al., 2010. Assessment of the sources of nitrate in the Changjiang River, China using a nitrogen and oxygen isotopic approach. Environmental Science & Technology, 44(5): 1573-1578.

Li X, Xia Y, Li Y, et al., 2013. Sediment denitrification in waterways in a rice-paddy-dominated watershed in eastern China. Journal of Soils and Sediments, 13(4): 783-792.

Liu C Q, Li S L, Lang Y C, et al., 2006. Using $\delta^{15}$N and $\delta^{18}$O values to identify nitrate sources in karst ground water, Guiyang, Southwest China. Environmental Science & Technology, 40(22): 6928-6933.

Liu X, Sun S, Ji P, et al., 2013. Evaluation of historical nitrate sources in groundwater and impact of current irrigation practices on groundwater quality. Hydrological Sciences Journal/Journal des Sciences Hydrologiques, 58(1): 198-212.

Lu L, Cheng H, Pu X, et al., 2015. Nitrate behaviors and source apportionment in an aquatic system from a watershed with intensive agricultural activities. Environ Sci: Processes Impacts, 17(1): 131-144.

Mariotti A, Landreau A, Simon B, 1988. $^{15}N$ isotope biogeochemistry and natural denitrification process in groundwater: application to the chalk aquifer of northern France. Geochimica et Cosmochimica Acta, 52(7): 1869-1878.

Mengis M, Schif S L, Harris M, et al., 1999. Multiple geochemical and isotopic approaches for assessing ground water $NO_3^-$ elimination in a Riparian Zone. Ground Water, 37(3): 448-457.

Moore J W, Semmens B X, 2008. Incorporating uncertainty and prior information into stable isotope mixing models. Ecology Letters, 11(5): 470-480.

Oelmann Y, Kreutziger Y, Bol R, et al., 2007. Nitrate leaching in soil: tracing the $NO_3^-$ sources with the help of stable N and O isotopes. Soil Biology and Biochemistry, 39(12): 3024-3033.

Panno S V, Hackley K C, Kelly W R, et al. 2006. Isotopic evidence of nitrate sources and denitrification in the Mississippi River, Illinois. Journal of Environmental Quality, 35(2): 495-504.

Parnell A C, Inger R, Bearhop S, et al., 2010. Source partitioning using stable isotopes: coping with too much variation. PLoS One, 5(3): e9672. DOI: 10.1371/journal.pone.0009672.

Rock L, Ellert B H, Mayer B, 2011. Tracing sources of soil nitrate using the dual isotopic composition of nitrate in 2M KCl-extracts. Soil Biology & Biochemistry, 43(12): 2397-2405.

Spruill T B, Showers W J, Howe S S, 2002. Application of classification-tree methods to identify nitrate sources in ground water. Journal of Environment Quality, 31(5): 1538-1549.

Stögbauer A, Strauss H, Arndt J, et al., 2008. Rivers of North-Rhine Westphalia revisited: tracing changes in river chemistry. Applied Geochemistry, 23(12): 3290-3304.

Tian Y H, Yin B, Yang L Z, et al., 2007. Nitrogen runoff and leaching losses during rice-wheat rotations in Taihu Lake Region, China. Pedosphere, (4): 39-50.

Wang W, Song X, Ma Y, 2016. Identification of nitrate source using isotopic and geochemical data in the lower reaches of the Yellow River irrigation district(China). Environmental earth sciences, 75(11): 936. DOI: 10.1007/s12665-016-5721-3.

Xia Y Q, Li Y F, Li X B, et al., 2013. Diurnal pattern in nitrous oxide emissions from a sewage-enriched river. Chemosphere, 92(4): 421-428.

Xia Y Q, Li Y F, Zhang X Y, et al., 2017. Nitrate source apportionment using a combined dual isotope, chemical and bacterial property, and Bayesian model approach in river systems. Journal of Geophysical Research: Biogeosciences, 122(1): 2-14.

Xue D, Botte J, Baets B D, et al., 2009. Present limitations and future prospects of stable isotope methods for nitrate source identification in surface- and groundwater. Water Research, 43(5): 1159-1170.

Xue D, Baets B D, Cleemput O V, et al., 2012. Use of a Bayesian isotope mixing model to estimate proportional contributions of multiple nitrate sources in surface water. Environmental Pollution, 161: 43-49.

Yan X, Cai Z, Yang R, et al., 2011. Nitrogen budget and riverine nitrogen output in a rice paddy dominated agricultural watershed in eastern China. Biogeochemistry, 106(3): 489-501.

Yang L, Han J, Xue J, et al., 2013. Nitrate source apportionment in a subtropical watershed using Bayesian model. Science of the Total Environment, 463-464: 340-347.

Zhu Z L, Chen D L, 2002. Nitrogen fertilizer use in China-Contributions to food production, impacts on the environment and best management strategies. Nutrient Cycling in Agroecosystems, 63(2-3): 117-127.

# 第 15 章　氮转化过程功能微生物表征方法

## 15.1　导　　言

　　氮是地球上所有生命体的基本元素，也是地球上生命体的限制性元素。大气氮是目前为止地球上可以自由获取的最大氮库。但绝大多数生物只能利用诸如铵盐和硝酸盐等生物可利用形态的氮进行生长。这些生物可利用的氮形态依赖于不同的氮转化过程，而这些氮转化过程主要是由具有高度生理代谢多样性的微生物驱动的氮转化网络实现的。目前已知的微生物驱动的地球氮转化过程主要包括：氮固定、硝化、厌氧氨氧化、反硝化、异化/同化硝酸盐还原成铵、一氧化氮歧化等(Kuypers et al., 2018)。个别氮转化过程可以通过非生物的化学氧化还原反应实现，比如氨氧化微生物产生的羟胺可以游离到细胞外，被土壤中 $MnO_2$ 或 $Fe^{3+}$ 等通过非酶促反应氧化生成重要的温室气体氧化亚氮($N_2O$)(Liu et al., 2017)。但该过程中的羟胺却是在氨氧化微生物中由氨单加氧酶(AMO)催化产生的，而产物 $N_2O$ 也可进一步被反硝化微生物的氧化亚氮还原酶(NOS)催化生成氮气($N_2$)。因此，微生物在地球氮素转化过程中处于极其重要的核心地位，养活着地球上的生命。

　　目前对氮转化功能微生物表征的方法主要分为：①基于功能基因的实时荧光定量(quantitative real-time PCR, qPCR)技术，通过设计特定引物利用 qPCR 技术对环境中氮转化微生物的特定功能基因进行丰度表征(Wang et al., 2014)；②基于功能基因的高通量测序技术，该技术可以获得氮转化功能微生物的群落信息，并可以进一步解析氮转化微生物群落分布和结构及其与环境因子的关系等(Wang et al., 2015)；③基于微生物活性的稳定同位素核酸探针(DNA/RNA-SIP)技术，可以把特定氮转化过程和驱动该过程的功能微生物类群相偶联(Jia and Conrad, 2009)，对 $^{13}$C-DNA/RNA 的宏基因组测序分析可以进一步获取功能微生物的基因组及其潜在生理代谢多样性等信息(Dumont and Murrell, 2005)；④基于细胞水平的标识，包括传统的荧光原位杂交技术(fluorescence in situ hybridization, FISH)(Konneke et al., 2005; Wagner et al., 2003)，以及最近发展起来的 FISH 和纳米二次离子质谱(NanoSIMS)、扫描电子显微镜(SEM)、拉曼光谱(Raman microspectroscopy)、流式细胞仪等技术的联合表征方法(Eichorst et al., 2015)。

　　这些方法的综合运用有助于解析地球氮素转化过程背后的微生物学机制，对发现新的地球微生物氮素转化过程以及发现驱动已知氮素转化过程的微生物新物种都有巨大帮助。本章将回顾目前已知的地球微生物氮素转化过程，并逐一介绍以上四种氮素转化功能微生物的表征方法。

## 15.2　微生物驱动的氮转化过程

目前已知由微生物驱动的氮素转化过程包括至少 13 个氧化还原反应,涉及 8 种氮素价态(Kuypers et al., 2018)(图 15-1)。包括:固氮作用、硝化作用、反硝化作用、厌氧氨氧化作用、异化/同化硝酸盐还原成铵和一氧化氮歧化成氮气和氧气等。需要提醒的是,过去十几年特别是随着微生物基因组学研究的快速发展,发现参与氮转化的微生物存在巨大的生理代谢多样性,比如很多微生物可以同时驱动固氮和脱氮作用(Stein and Klotz, 2016; Yan et al., 2008),而亚硝酸盐氧化细菌也可以利用甲酸、氢气和硫化物生长等(Daims et al., 2016; Fussel et al., 2017)。此外,这些氮转化过程互相偶联形成一个复杂的代谢网络,比如厌氧条件下硝酸盐还原成亚硝酸盐不仅可以作为反硝化的第一步,同时亚硝酸盐也可以被硫氧化贝日阿托氏菌(*Beggiatoa*)进一步还原成铵盐(Preisler et al., 2007)。对主要的氮循环过程分别介绍如下:

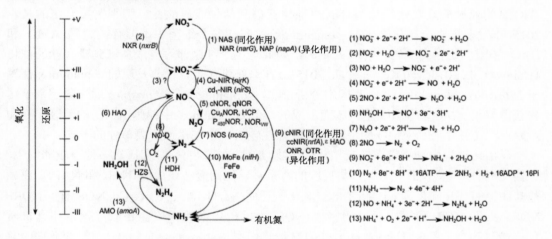

$$(1)\ NO_3^- + 2e^- + 2H^+ \longrightarrow NO_2^- + H_2O$$
$$(2)\ NO_2^- + H_2O \longrightarrow NO_3^- + 2e^- + 2H^+$$
$$(3)\ NO + H_2O \longrightarrow NO_2^- + e^- + 2H^+$$
$$(4)\ NO_2^- + e^- + 2H^+ \longrightarrow NO + H_2O$$
$$(5)\ 2NO + 2e^- + 2H^+ \longrightarrow N_2O + H_2O$$
$$(6)\ NH_2OH \longrightarrow NO + 3e^- + 3H^+$$
$$(7)\ N_2O + 2e^- + 2H^+ \longrightarrow N_2 + H_2O$$
$$(8)\ 2NO \longrightarrow N_2 + O_2$$
$$(9)\ NO_2^- + 6e^- + 8H^+ \longrightarrow NH_4^+ + 2H_2O$$
$$(10)\ N_2 + 8e^- + 8H^+ + 16ATP \longrightarrow 2NH_3 + H_2 + 16ADP + 16Pi$$
$$(11)\ N_2H_4 \longrightarrow N_2 + 4e^- + 4H^+$$
$$(12)\ NO + NH_4^+ + 3e^- + 2H^+ \longrightarrow N_2H_4 + H_2O$$
$$(13)\ NH_4^+ + O_2 + 2e^- + H^+ \longrightarrow NH_2OH + H_2O$$

图 15-1　微生物驱动的氮转化过程(修改自 Kuypers et al., 2018)

微生物驱动的氮转化过程的 13 个氧化还原反应,涉及氮素 8 种价态。参与的主要微生物酶系有:同化硝酸盐还原酶(NAS, *nasA* 和 *nirA*);膜结合异化硝酸盐还原酶(NAR, *narGH*)和周质异化硝酸盐还原酶(NAP, *napA*);亚硝酸盐氧化还原酶(NXR, *nxrAB*);含血红素亚硝酸盐还原酶($cd_1$-NIR, *nirS*)和含铜亚硝酸盐还原酶(Cu-NIR, *nirK*);细胞色素 *c* 依赖型一氧化氮还原酶(cNOR, *cnorB*)、对苯二酚依赖型一氧化氮还原酶(qNOR, *norZ*)、含铜对苯二酚依赖型一氧化氮还原酶($Cu_A$NOR)、NADH 依赖型细胞色素 $P_{450}$ 一氧化氮还原酶($P_{450}$NOR, *p450nor*)、黄素-二铁一氧化氮还原酶($NOR_{VW}$, *norVW*)、杂合簇蛋白(HCP, *hcp*);羟胺氧化还原酶(HAO, *hao*);氧化亚氮还原酶(NOS, *nosZ*);一氧化氮歧化酶(NO-D, *norZ*);同化亚硝酸盐还原酶(cNIR, *nasB* 和 *nirB*);周质细胞色素 *c* 异化亚硝酸盐还原酶(ccNIR, *nrfAH*);ε-羟胺氧化还原酶(ε-HAO, *haoA*);八血红素亚硝酸盐还原酶(ONR);八血红素连四硫酸盐还原酶(OTR);钼-铁(MoFe, *nifHDK*)、铁-铁(FeFe, *anfHGDK*)、钒-铁(VFe, *vnfHGDK*)固氮酶;联氨脱氢酶(HDH, *hdh*);联氨合成酶(HZS, *hzsCBA*);氨单加氧酶(AMO, *amoCAB*)。图中蓝色内容为目前常用于 qPCR 以及克隆文库/高通量测序的靶标功能基因

固氮过程[即图 15-1 中反应(10)]只存在于少数具有固氮酶的微生物中,包括细菌和古菌,目前还未发现具有固氮作用的真核生物。固氮酶分为三类:铁-铁(FeFe)固氮酶、钒-铁(VFe)固氮酶、钼-铁(MoFe)固氮酶,它们序列、结构和功能都相似。有些固氮微

生物(*Azotobacter vinelandii*)同时含有三种固氮酶基因,其他固氮微生物一般含有一种固氮酶基因(Zehr et al., 2003)。考虑到 Mo 和 Fe 分别在陆地和海洋生态系统中相对匮乏,因此限制了陆地和海洋的固氮作用(Vitousek and Howarth, 1991)。

硝化作用包括好氧氨氧化和亚硝酸盐氧化两个过程。好氧氨氧化过程由反应(13)+(6)+(3)组成。一般认为,氨氧化细菌(AOB)中氨氧化是通过两个步骤完成的,首先 $NH_3$ 通过氨单加氧酶(AMO)催化生成 $NH_2OH$,随后 $NH_2OH$ 经过羟胺氧化还原酶(HAO)催化生成 $NO_2^-$;氨氧化古菌(AOA)中虽未发现与 AOB 中类似的 *hao* 基因,但推测 AOA 可能通过一种 Cu-HAO 催化 $NH_2OH$ 生成 $NO_2^-$(Hallam et al., 2006; Walker et al., 2010)。最新证据表明 AOB 中 HAO 催化 $NH_2OH$ 的产物是 NO 而非 $NO_2^-$,从 NO 进一步氧化成 $NO_2^-$ 可能仍需要未知酶的催化,并推测这种酶可能是 Cu-NIR(Caranto and Lancaster, 2017),但在最新发现的嗜热 AOA 纯菌株"*Ca.* Nitrosocaldus islandicus"中并未发现 *nirK* 基因(Daebeler et al., 2018),因此 AOA 和 AOB 中该步反应的机制仍然存在很多不确定性(Qin et al., 2018)。亚硝酸盐氧化过程即反应(2),由亚硝酸盐氧化细菌(NOB)的亚硝酸盐氧化还原酶(NXR)催化亚硝酸盐生成硝酸盐。特别需要介绍的是,2015 年发现了完全硝化微生物(comammox),即在一个细菌中不但存在编码 AMO 和 HAO 基因,还存在编码 NXR 的基因,因此这一个细菌即可完成从氨到硝酸盐的催化(Daims et al., 2015; van Kessel et al., 2015)。在系统进化上,目前发现的 comammox 都属于 *Nitrospira* lineage II,并且基因组分析推测,comammox 是 *Nitrospira* 通过基因水平转移获得编码 AMO 和 HAO 基因簇而形成的。但 comammox 中编码 AMO 的基因序列和 AOA 及 AOB 中编码 AMO 的基因序列同源性较低,在进化上形成单独的一支。

反硝化过程由种类繁多的反硝化微生物(细菌、古菌和真菌)在厌氧条件下驱动发生,包括反应(1)+(4)+(5)+(7)。参与反应的酶系有异化硝酸盐还原酶(NAR 和 NAP)、亚硝酸盐还原酶(Cu-NIR 和 cd1-NIR)、一氧化氮还原酶(cNOR、qNOR、$Cu_ANOR$、$P_{450}NOR$、NORvw 和 HCP)和氧化亚氮还原酶(NOS)。反硝化中的硝酸盐还原过程常和有机质(Zumft, 1997)、甲烷(Haroon et al., 2013)、硫化物(Cardoso et al., 2006)、氢或亚铁的氧化作用(Weber et al., 2006)等偶联发生。

厌氧氨氧化细菌属于细菌浮霉菌门,俗称"红菌",广泛分布于各种自然和人为厌氧环境中,比如海洋、淡水、陆地以及废水处理系统等(Oshiki et al., 2016)。厌氧氨氧化由反应(4)+(12)+(11)组成。亚硝酸盐在亚硝酸盐还原酶(Cu-NIR 和 cd1-NIR)催化下生成NO,NO 和 $NH_4^+$ 在联氨合成酶(HZS)催化下生成联氨($N_2H_4$),$N_2H_4$ 在联氨脱氢酶(HDH)催化下生成 $N_2$,其中 $N_2H_4$ 的合成和脱氢过程在双层膜包裹的厌氧氨氧化体中进行(Oshiki et al., 2016)。

同化/异化硝酸盐还原成铵作用由反应(1)+(9)组成。异化亚硝酸盐还原成铵大部分是由嗜热的热球菌属家族的细菌来完成的,这种反应是由 *nrfAH* 编码的周质细胞色素 *c* 异化亚硝酸盐还原酶(ccNIR)、八血红素亚硝酸盐还原酶(ONR)或者八血红素连四硫酸盐还原酶(OTR)催化完成的(Kuypers et al., 2018)。羟胺是异化亚硝酸盐还原为铵的中间产物,能够和相应的酶结合在一起直到转变成铵。异化亚硝酸盐还原成铵是异化硝酸盐还原成铵(DNRA)的关键反应。微生物利用 DNRA 和电子供体的氧化耦合来生长,比如有机物、二价铁、氢气、硫化物、甲烷等电子供体。同化亚硝酸盐还原酶(cNIR)和同化硝酸盐还原酶(NAS)一样普遍分布，这两种酶经常被同一个 *nas* 操纵子编码(Maia and Moura, 2014)。

一氧化氮歧化生成氮气和氧气是最新发现的氮转化过程，即反应(8)。在湖泊和湿地等富含甲烷和硝酸盐缺氧环境中，发现 *Ca.* Methylomirabilis oxyfera 可通过歧化反应从一氧化氮中产生氮气和氧气，然后利用氧气进行好氧甲烷氧化(Ettwig et al., 2010)。这一反应需要一种不寻常的酶 qNOR，暂被称为一氧化氮歧化酶(NO-D)。一氧化氮歧化反应的存在似乎比预想的更为普遍，比如这种不寻常的酶 qNOR 的基因在 γ-变形菌门和拟杆菌门等其他菌门中也存在(Ettwig et al., 2012)。

## 15.3　氮转化功能微生物表征的方法

### 15.3.1　基于功能基因的实时荧光定量 PCR 技术

#### 15.3.1.1　实时荧光定量 PCR 基本原理

实时荧光定量 PCR(qPCR)是一项以 PCR 为基础的对特定目标基因的定量技术，即随着 PCR 过程中目标基因的每一轮 PCR 扩增，荧光信号不断放大，从而对目标基因拷贝数进行实时定量。目前主要有以下两种 qPCR 方法：

一是通过荧光染料与双链 DNA 结合产生的荧光强度进行定量分析。在 PCR 反应体系中加入 SYBR Green 等荧光染料，此类染料会与 PCR 反应过程中产生的所有双链 DNA 结合，并且在和双链 DNA 结合后会发出高强度荧光。随着每一轮 PCR 扩增中目标基因拷贝数的倍增，荧光信号强度也会随之倍增。因此通过和目标基因标准曲线荧光信号强度的比较，即可定量出特定样品中目标基因的拷贝数。该种方法简便且成本较低，但由于 SYBR Green 可以与 PCR 过程中产生的所有双链 DNA 无差异地结合，比如包括引物二聚体和非特异性扩增(见 15.2.2 节对 comammox 的 *amoA* 基因的非特异性扩增的分析)等，因此可能导致对目标基因拷贝数量的高估。

二是利用携带荧光报告基团的特异 DNA 探针与目标基因结合时释放的荧光信号强度对目标基因进行定量。荧光 DNA 探针只和与自身序列互补的 DNA 片段结合，因此可以有效避免引物二聚体等的干扰，使定量结果更加准确。荧光 DNA 探针的基本结构是 5'端携带一个荧光报告基团，3'端携带一个淬灭基团。游离的探针上两个基团的距离很近，淬灭基团会抑制报告基团使其无法发出荧光。但在 PCR 过程中，探针在退火过程中与目标基因的特定位置结合。在延伸阶段，由于 Taq 酶具备 5'-3'核酸外切酶活性，会将探针切割开，使荧光报告基团和淬灭基团分开从而释放出荧光信号。每增加一个目标基因的拷贝就会有一个探针释放出荧光信号，因此随着 PCR 反应和目标基因拷贝数倍增，荧光信号也会随之倍增。

#### 15.3.1.2　氮转化微生物功能基因的 qPCR

相对于使用荧光染料的 qPCR 方法，利用荧光报告基团的 qPCR 方法准确度更高，但由于其成本较高和较烦琐，且在设计一对引物基础上，需在这对引物之间区域再选择特异探针结合的保守区域，而一些多样性很高的目标基因序列很难同时选择出三个合适的 DNA 序列保守区，因此针对大多数氮转化微生物功能基因的定量一般采用依据荧光染料的 qPCR 方法。常用的氮转化微生物的功能基因及其 qPCR 的引物见表 15-1。

**表 15-1　常用的氮转化微生物功能基因 qPCR 或（高通量）测序引物**

| 目标基因 | 引物名称 | 引物序列(5′-3′) | 片段长度/bp | 用途 | 文献 |
|---|---|---|---|---|---|
| AOA_*amoA* | Arch-amoAF | STA ATG GTC TGG CTT AGA CG | 638 | qPCR 和测序 | (Francis et al., 2005) |
| | Arch-amoAR | GCG GCC ATC CAT CTG TAT GT | | | |
| AOB_*amoA* | amoA-1F | GGGGTTTCTACTGGTGGT | 491 | qPCR 和测序 | (Rotthauwe et al., 1997) |
| | amoA-2R | CCCCTCKGSAAAGCCTTCTTC | | | |
| Comammox_ clade A_*amoA* | comaA-244f_a | TACAACTGGGTGAACTA | 415 | qPCR 和测序 | (Pjevac et al., 2017) |
| | comaA-244f_b | TATAACTGGGTGAACTA | | | |
| | comaA-244f_c | TACAATTGGGTGAACTA | | | |
| | comaA-244f_d | TACAACTGGGTCAACTA | | | |
| | comaA-244f_e | TACAACTGGGTCAATTA | | | |
| | comaA-244f_f | TATAACTGGGTCAATTA | | | |
| | comaA-659r_a | AGATCATGGTGCTATG | | | |
| | comaA-659r_b | AAATCATGGTGCTATG | | | |
| | comaA-659r_c | AGATCATGGTGCTGTG | | | |
| | comaA-659r_d | AAATCATGGTGCTGTG | | | |
| | comaA-659r_e | AGATCATCGTGCTGTG | | | |
| | comaA-659r_f | AAATCATCGTGCTGTG | | | |
| Comammox_ clade B_*amoA* | comaB-244f_a | TAYTTCTGGACGTTCTA | 415 | qPCR 和测序 | (Pjevac et al., 2017) |
| | comaB-244f_b | TAYTTCTGGACATTCTA | | | |
| | comaB-244f_c | TACTTCTGGACTTTCTA | | | |
| | comaB-244f_d | TAYTTCTGGACGTTTTA | | | |
| | comaB-244f_e | TAYTTCTGGACATTTTA | | | |
| | comaB-244f_f | TACTTCTGGACCTTCTA | | | |
| | comaB-659r_a | ARATCCAGACGGTGTG | | | |
| | comaB-659r_b | ARATCCAAACGGTGTG | | | |
| | comaB-659r_c | ARATCCAGACAGTGTG | | | |
| | comaB-659r_d | ARATCCAAACAGTGTG | | | |
| | comaB-659r_e | AGATCCAGACTGTGTG | | | |
| | comaB-659r_f | AGATCCAAACAGTGTG | | | |
| Comammox_ *amoA* | Ntsp-amoA-359R | WAGTTNGACCACCASTACCA | 197 | qPCR 和测序 | (Fowler et al., 2018) |
| | Ntsp-amoA-162F | GGATTTCTGGNTSGATTGGA | | | |

续表

| 目标基因 | 引物名称 | 引物序列 (5′-3′) | 片段长度/bp | 用途 | 文献 |
|---|---|---|---|---|---|
| Nitrospira_<br>*nxrB* | nxrB169f | TAC ATG TGG TGG AAC A | 485 | qPCR 和测序 | (Pester et al., 2014) |
| | nxrB638r | CGG TTC TGG TCR ATC A | | | |
| Nitrobacter_<br>*nxrB* | NxrB-1F | ACGTGGAGACCAAGCCGGG | 380 | qPCR 和测序 | (Vanparys et al., 2007) |
| | NxrB-1R | CCGTGCTGTTGAYCTCGTTGA | | | |
| Nitrobacter_<br>*nxrA* | F1norA | CAGACCGACGTGTGCGAAAG | 322 | qPCR 和测序 | (Poly et al., 2008) |
| | R1norA | TCYACAAGGAACGGAAGGTC | | | |
| *narG* | narG-f | TCGCCSATYCCGGCSATGTC- | 173 | qPCR 和测序 | (Bru et al., 2007) |
| | narG-r | GAGTTGTACCAGTCRGCSGAYTCSG | | | |
| *napA* | V17m | TGGACVATGGGYTTYAAYC | 152 | qPCR 和测序 | (Bru et al., 2007) |
| | napA4r | ACYTCRCGHGCVGTRCCRCA- | | | |
| *nirK* | NirK876 | ATYGGCGGVAYGGCGA | 165 | qPCR 和测序 | (Henry et al., 2004) |
| | NirK1040 | GCCTCGATCAGRTTRTGGTT | | | |
| *nirS* | Cd3aF | GTNAAYGTNAARGARACNGG | 525 | qPCR 和测序 | (Michotey et al., 2000; Throback et al., 2004) |
| | R3cd | GA (C/G) TTCGG (A/G) TG (C/G) GTC TTGA | | | |
| *nosZ* | nosZ1F | WCSYTGTTCMTCGACAGCCAG | 259 | qPCR 和测序 | (Henry et al., 2006) |
| | nosZ1R | ATGTCGATCARCTGVKCRTTYTC | | | |
| | nosZ2F | CGCRACGGCAASAAGGTSMSSGT | 267 | qPCR 和测序 | |
| | nosZ2R | CAKRTGCAKSGCRTGGCAGAA | | | |
| *nifH* | PolF | TGC GAY CCS AAR GCB GAC TC | 342 | qPCR 和测序 | (Poly et al., 2001) |
| | PolR | ATS GCC ATC ATY TCR CCG GA | | | |

需要注意的是氮转化微生物的一些功能基因，比如编码 NXR 的 *nxrA* 和 *nxrB* 基因序列多样性极高，很难仅用一对 PCR 引物覆盖 *nxrA* 或 *nxrB* 基因全部多样性，因此需要针对 *Nitrospira* 和 *Nitrobacter* 中的 *nxrB* 基因分别设计引物进行 qPCR 定量分析 (Pester et al., 2014; Vanparys et al., 2007)。

同样由于某些功能基因具有极高的序列多样性，很难设计出既覆盖所有序列多样性同时特异性又很高的 qPCR 引物，当充分考虑第一个要素时往往导致 PCR 扩增特异性很差。这种情况必须对相应 qPCR 产物进行琼脂糖凝胶电泳和克隆文库测序，从而判断是否有非特异性 PCR 条带产生。比如笔者通过大量实验数据以及和国内外同行沟通发现，目前针对 comammox 的 clade B 的引物 (Pjevac et al., 2017) 以及能够同时包含 comammox 的 clade A 和 B 的引物 (Fowler et al., 2018)，针对很多环境样品扩增时都会产生严重的非特异性 PCR 扩增，产生大量的非目标条带，且这些非目标条带不能通过改善 PCR 条件如提高退火温度等而消除，这会导致对目标功能基因数量的严重高估。因此，也说明这些 PCR 引物仍需要进一步优化，或针对特定环境样品需要设计其独特的 PCR 引物，从而避免产生非特异性扩增的片段。

### 15.3.2　基于氮转化功能基因的高通量测序技术

如前所述，氮转化微生物具有很高的种群多样性，比如氨氧化微生物不但包括氨氧化细菌，还包括氨氧化古菌(Konneke et al., 2005)以及最近发现的完全硝化微生物(Daims et al., 2015; van Kessel et al., 2015)。且具有同一功能的氮转化微生物其生理代谢特征和生态位都有很大的差异。比如目前一般认为氨氧化细菌喜欢高铵环境，主导了中性和碱性农田旱地土壤的氨氧化过程(Jia and Conrad, 2009)；氨氧化古菌对底物氨具有更高的亲和力，主导了全球海洋以及酸性土壤的氨氧化过程(Francis et al., 2005; Nicol et al., 2008)；而最新发现的完全硝化微生物 comammox 对底物氨的亲和力比氨氧化细菌和绝大多数氨氧化古菌都高，可能在饮用水等寡营养环境中发挥了重要作用(Kits et al., 2017; Wang et al., 2017)。总之，氮转化微生物具有较高的物种(16S rRNA 基因和功能基因)多样性和生态位分异(Alves et al., 2018)。研究氮转化微生物的生态学分布规律对认识地球氮转化过程的微生物学机制具有重要意义。以往主要通过功能基因的克隆文库测序或变性梯度凝胶电泳(DGGE)等技术研究氮转化微生物的种群多样性以及生态学分布规律(He et al., 2007; Wu et al., 2011)，但克隆文库和 DGGE 技术的分析通量很小，针对某一个功能基因一般每次只能分析几十至上百个序列信息。随着高通量测序的迅速发展，目前功能基因 PCR 扩增子(amplicon)的高通量测序和通过宏基因组高通量测序来研究氮转化功能基因多样性的手段已非常成熟(Gubry-Rangin et al., 2011; Pester et al., 2012)。

### 15.3.2.1　基于功能基因 amplicon 高通量测序

基于功能基因 amplicon 高通量测序和功能基因克隆文库测序都是针对功能基因 PCR 产物的测序技术，最主要区别是前者利用第二代(Illumina HiSeq 或 MiSeq 测序平台)或第三代(PacBio Smart 测序平台)高通量测序技术，而后者利用 Sanger 第一代测序技术，因此测序通量和成本都相差千倍左右。考虑到氮转化微生物具有很高的多样性，因此基于功能基因 amplicon 高通量测序能够前所未有地更好地揭示氮转化微生物的多样性。

多个环境样品的功能基因高通量测序的基本原理是：通过在每个样品功能基因 PCR 引物上添加特定的 barcode 序列，然后把不同样品的 PCR 产物等摩尔混合进行 HiSeq 或 MiSeq 高通量测序，测序结果通过不同的 barcode 分配到每个样品中。HiSeq 平台通过双端测序(paired-end sequencing)一般可以获得 150×2bp 的读长，但目前利用 HiSeq Rapid SBS Kit V2 试剂盒已经可以最长达到 250×2bp 的读长。MiSeq 平台通过双端测序(paired-end sequencing)目前最多可以检测 300×2bp 读长的片段。PacBio Smart 平台虽然拥有更高的测序读长，但目前由于其测序正确率不如以上两个平台，在 amplicon 测序方面使用仍不成熟。因此要根据功能基因 PCR 扩增产物的长度不同选择测序平台。对于 PCR 产物长度大于测序平台读长的功能基因需要重新设计 PCR 引物，满足不同测序平台的读长要求。

目前用于功能基因 amplicon 高通量测序数据分析的软件主要有 QIIME、MUTHOR 以及 RDP 等在线版本的分析途径(http://fungene.cme.msu.edu/)。其中 RDP 数据库中整理了包括 AOA/AOB/comammox_*amoA*、*nifH*、*nirA*、*nirB*、*nosZ*、*narA*、*narG*、*nitrobacter_* *nxrA*、*nitrobacter_nxrB* 和 *nitrospira_nxrB* 等多个微生物氮转化功能基因的数据。这些数据可以作为氮转化功能基因高通量数据分析的参考数据库。

　　功能基因高通量测序可以深入分析氮转化微生物生态学分布规律及其和环境因子的关系。例如 James I. Prosser 团队通过对全球、区域和当地三个尺度 AOA 的 *amoA* 基因高通量测序分析，发现 18 个 AOA 种系型(lineage)都可以根据对土壤 pH 适应性的不同归类于嗜酸类群、酸性-中性类群和碱性类群三种类群中的一种(Gubry-Rangin et al., 2011)。此外，通过功能基因高通量数据分析还可以揭示一些新的功能微生物类群。例如 Michael Wanger 团队通过对 NCBI 中海量 AOA 的 *amoA* 基因分析以及对全球 16 个土壤 AOA 的 *amoA* 基因高通量测序发现土壤中存在一个 *Nitrososphaera* 的旁枝，暂命名为 *Nitrososphaera* sister cluster(Pester et al., 2012)。随后韩国的研究团队分离获得了该类群的纯菌株，并把该类群正式命名为 *Nitrosocosmicus*(Jung et al., 2016)。

### 15.3.2.2　基于宏基因组测序的氮转化功能基因分析

　　目前利用宏基因组研究氮转化网络的思想逐渐盛行，之前类似的思想是利用基因芯片技术研究氮转化网络。通过宏基因组手段研究氮转化网络的优势是可以一网打尽所有氮转化过程相关功能基因，并同时包含了各个功能基因的丰度和序列信息。但之前制约该研究手段的有两点：①氮转化功能基因在整个宏基因组数据中所占比例较低，因为需要较深的宏基因组测序，考虑到当时测序成本很高，极大制约了该方法的运用；②没有专门整合氮转化网络所有功能基因的数据库。而目前常用功能基因数据库，如 COG、KEGG、eggNOG 和 SEED，它们各有其不同侧重点。利用这些已有数据库对宏基因组氮转化功能基因进行注释存在很多问题：①这些数据库不能包含详尽的氮转化微生物功能基因；②这类基于直系同源性(orthology)的数据库不能保证氮转化功能基因和每个 orthologous group 一一对应，常常一个 orthologous group 中包含多个基因家族，这将导致错误的注释结果；③这类数据库并不是针对氮循环设计的，因为数据库过于庞大，在计算过程中将会浪费大量计算资源和成本等。

　　最近 Tu 等(2018)针对以上问题构建了专门针对氮转化功能基因的数据库。其基本思路：①通过提取 KEGG 和 UniPort 数据中所有的氮转化功能基因，并通过比对和质量控制构建了专门针对氮转化功能基因核心数据库。②通过与 COG、eggNOG、KEGG 和 SEED/Subsystems 数据库比对进一步丰富和矫正氮转化功能基因核心数据库，最终形成完整的氮转化功能基因数据库，命名为 NCycDB(网址为 https://github.com/qichao1984/NCyc)。③特别注意的是，该数据库明确了一些序列类似但并不属于氮循环功能基因的同源基因，用于避免对比对结果的错误注释。目前该数据库共包括 68 个功能基因，8 个主要的氮转化途径(硝化、反硝化、同化硝酸盐还原、异化硝酸盐还原、氮固定、厌氧氨氧化、有机氮降解/合成和其他氮转化途径)，84759 条代表性序列[根据序列同源性≥95%划分分类操作单元（OTUs）]；④编写了 PERL 脚本，可以和 USEARCH、BLAST、DIAMOND 等搜索软件兼容产生分析结果(图 15-2)。

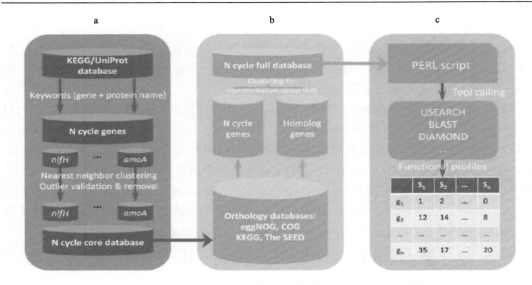

图 15-2　NCycDB 数据库构建流程(修改自 Tu et al., 2018)

a. 核心数据库构建。KEGG/UniProt database—KEGG/UniProt 数据库；Keywords (gene + protein name)—关键词(基因+蛋白名称)；N cycle genes—氮循环基因；Nearest neighbor clustering Outlier validation & removal—最近邻聚类离群值的验证和去除；N cycle core database—氮循环核心数据库。b. 完整数据库构建及同源检测。N cycle full database—氮循环完整数据库；Orthology databases—直系同源数据库；N cycle genes—氮循环基因；Homolog genes—同源基因；Clustering for representative sequences—代表性序列聚类。c. 宏基因组分析。PERL script—perl 脚本；Tool calling—工具调用(如 USEARCH/BLAST/DIAMOND)；Functional profiles—功能配置文件

### 15.3.3　基于氮转化微生物活性的 $^{13}$C-DNA/RNA-SIP 技术

#### 15.3.3.1　$^{13}$C-DNA/RNA-SIP 基本原理及特点

稳定同位素核酸探针技术(DNA/RNA-SIP)是利用稳定同位素如 $^{15}$N、$^{18}$O、$^{13}$C 等标记微生物核酸 DNA 或 RNA，从而把复杂环境中特定生物地球化学过程和功能微生物类群偶联起来的一种技术(Radajewsk et al., 2000)。其基本原理见图 15-3。

目前 $^{13}$C-DNA/RNA-SIP 技术在硝化微生物的研究中已经非常成熟。氨氧化微生物和亚硝酸盐氧化微生物主要通过自养途径固定 $CO_2$，因此可以用 $^{13}CO_2$ 对其核酸 DNA 和 RNA 进行同位素标记。2009 年，Jia 和 Conrad(2009)通过添加铵盐和 $^{13}CO_2$ 示踪一个 pH 中性的德国农田土壤硝化微生物类群，发现 AOB 是该土壤硝化过程的主要驱动者；2011 年，Xia 等(2011)进一步通过 $^{13}$C-DNA-SIP 技术证实 AOB 在弱碱性施肥农田土壤的氨氧化过程中起主导作用，但同时发现有少量的 AOA 也被 $^{13}CO_2$ 标记，在氨氧化过程中也起了一定的作用；而 Zhang 等(2012)以及 Lu 等(2012)随后通过 $^{13}$C-DNA-SIP 技术又发现 AOA 是酸性土壤氨氧化过程的主要驱动者。

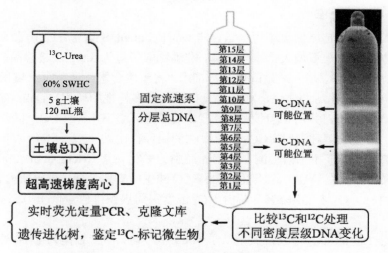

图 15-3　稳定同位素核酸探针技术示意图（修改自 Wang et al., 2015）

预培养时，在 120 mL 血清瓶中加入 5 g 风干土，加入适量的灭菌蒸馏水，将土壤含水量调节至土壤田间最大持水量的 60%。
正式培养时，逐滴均匀加入 $^{13}$C-Urea 溶液，使土壤中 Urea-N 含量达到每克干重土壤中 100 μg

$^{13}$C-DNA-SIP 与 $^{13}$C-RNA-SIP 各具特色。从敏感性方面来看，$^{13}$C-RNA-SIP 更为敏感。$^{13}$C-DNA-SIP 要求微生物基因组得到足够多 $^{13}$C(>20%)才能保证 $^{12}$C-DNA 与 $^{13}$C-DNA 在超高速密度梯度离心时成功分离开。但是在原位条件下功能微生物可能代谢并不十分旺盛，细胞分裂缓慢甚至不分裂，新的 $^{13}$C 标记的 DNA 合成速率较慢，这样就带来两个问题：① $^{13}$C-DNA-SIP 培养时间较长，$^{13}$CO$_2$ 的初级消费者容易被其他微生物取食分解而造成实验偏差，无法正确反映原位情况；②需持续投放 $^{13}$CO$_2$ 增加了实验成本。与 DNA 相比，RNA 有更快的合成速率，能够在较短的培养时间内获取足够量的 $^{13}$C(>15%即可)(Whiteley et al., 2007)，RNA 的标记速度是 DNA 的 6.5 倍，实验结果更能反映原位状况。因此 $^{13}$C-RNA-SIP 在一定程度上弥补了 $^{13}$C-DNA-SIP 的不足。比如 Pratscher 等(2011)结合 RNA-SIP 和 DNA-SIP 技术，发现 AOA_amoA 基因可以在 RNA-SIP 中成功被标记上，而在 DNA-SIP 中却标记不上。但是 RNA 的稳定性远不如 DNA，降解速度极快，且环境样品 RNA 提取较 DNA 更为困难(Uhlik et al., 2013)。

下文将以土壤硝化微生物为例介绍 $^{13}$C-DNA/RNA-SIP 技术在土壤氮循环功能微生物研究中的运用。

### 15.3.3.2　硝化微生物的 $^{13}$C-DNA-SIP

#### 1. 微宇宙培养

微宇宙培养实验可参考以下设计：采集的环境样品部分进行原位指标测定，剩余样品进行微宇宙培养实验。微宇宙培养实验可设置为三个实验处理(每个处理设置三个重复)：$^{13}$C 标记处理、$^{12}$C 对照处理和 C$_2$H$_2$ 抑制处理，研究表明乙炔对氨单加氧酶具有持久抑制性，因此乙炔能有效抑制氨氧化微生物的 amoA 基因转录活性(Pierre et al., 2010)，从而抑制氨氧化作用(Bédard and Knowles, 1989)。

(1)微宇宙培养预实验

1)取新鲜土壤测定原位土壤含水量(soil water content, SWC)后过 10 目筛混匀风干，根据含水量以及原位土壤最大持水量计算，准确称取干重为 5.0 g 土壤样品，均匀平铺于 120 mL 的血清瓶底部，加入适量的灭菌蒸馏水，将土壤含水量调节至土壤田间最大持水量的 60%后(此时硝化活性最强，利于氨氧化微生物多样性的研究)(Dalias et al., 2002)，用丁基橡胶塞密封瓶口并用铝盖锁紧后于 28 ℃黑暗环境下培养 14 d，以降低本底土壤 $CO_2$ 排放量，减少土壤呼吸对 $^{13}CO_2$ 标记底物的稀释作用。

2)每隔 7 d 利用气相色谱检测一次培养瓶中的 $CO_2$ 浓度(Meng et al., 2005)，每次测定结束后，采用压缩空气(80%氮气和 20%氧气)冲刷所有培养瓶，排出瓶内累积的 $CO_2$。培养实验的目标 $CO_2$ 浓度为 5%，瓶内 $CO_2$ 浓度每周累积排放量低于 0.5%($5000 \times 10^{-6}$)即可。

3)当培养土壤的 $CO_2$ 呼吸排放量低于 $5000 \times 10^{-6}$ 时，向计划作为 $C_2H_2$ 处理组的培养瓶加入 1.2 mL $C_2H_2$，经过 5 d 培养后，$C_2H_2$ 处理组的土壤原位的氨氧化微生物即会失去氨氧化活性。

4)预培养结束后，测定 $^{12}C$ 对照处理组样品的 SWC、无机氮、pH 等土壤理化指标。

(2)正式微宇宙培养实验

1)每周所有培养瓶用压缩空气(80%氮气和 20%氧气)冲刷 1 min。

2)$^{13}C$ 标记处理组：每个培养瓶逐滴均匀加入 $^{13}C$-Urea-N 溶液，使得每克干重土壤中 Urea-N 含量达到 100 μg，密封后加入 6.0 mL 的 $^{13}CO_2$ 进一步展开培养。

3)$^{12}C$ 对照处理组：每个培养瓶逐滴均匀加入 $^{12}C$-Urea-N 溶液，使得每克干重土壤中 Urea-N 含量达到 100 μg，密封后加入 6.0 mL $^{12}CO_2$。

4)$C_2H_2$ 处理：每个培养瓶逐滴均匀加入 $^{13}C$-Urea-N 溶液，使得每克干重土壤中 Urea-N 含量达到 100 μg，密封后加入 6.0 mL $^{13}CO_2$ 和 1.2 mL 的乙炔气体。

5)如此往复培养 8 周后完成培养。

在培养过程中要定期检测硝态氮的产生和铵态氮的硝化情况，同时可以通过 qPCR 检测 AOA、AOB 功能基因 *amoA* 情况(图 15-4)。利用高通量测序技术对土壤 DNA 的 16S rRNA 基因进行分析，也可以得到 AOA、AOB 和 NOB 在总体微生物中相对丰度的变化情况，从而判断其是否生长(Wang et al., 2015)。

## 2. 土壤样品 DNA 提取

目前，土壤样品 DNA 主要使用 FastDNA® SPIN Kit for soil(MP Biomedicals 公司)试剂盒提取。

## 3. 超高速密度梯度离心

1)相关试剂的制备方法如下：

① Tris-HCl(1 mol·L$^{-1}$, pH=8.0)：将 121.1 g Tris base 溶解于 800 mL 去离子水中，盐酸调节 pH 至 8.0，用去离子水定容至 1000 mL。

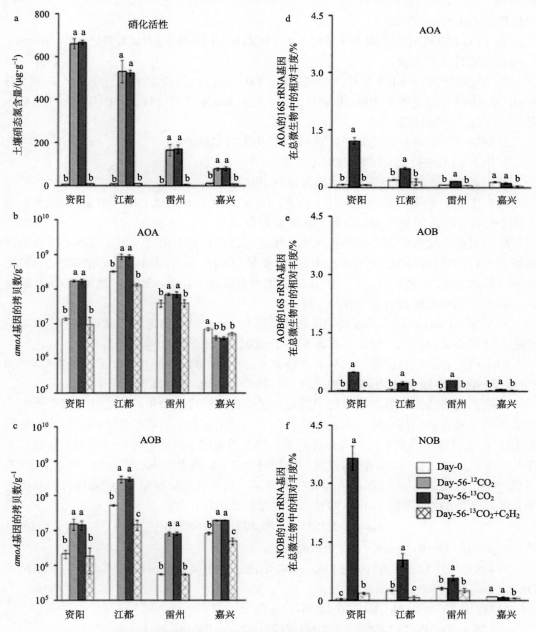

图 15-4　土壤硝化活性及硝化微生物的群落组成和大小（修改自 Wang et al., 2015）

② Gradient Buffer（梯度缓冲液，GB）[GB 含 0.1 mol·L$^{-1}$ Tris-HCl（pH=8.0），0.1 mol·L$^{-1}$ KCl, 1 mmol·L$^{-1}$ EDTA]：加入 50 mL 1 mol·L$^{-1}$ Tris-HCl，3.75 g KCl 和 1 mL 0.5 mol·L$^{-1}$ EDTA 于 400 mL 去离子水中，用去离子水定容至 500 mL，0.2 μm filter（滤膜）过滤并灭菌。

③ 70%乙醇：加入 350 mL 无水乙醇至 150 mL 去离子水中。

④ 氯化铯溶液（作为介质分离不同密度梯度的核酸）：溶解 603 g 氯化铯于 500 mL

终体积的 GB 中。

⑤ PEG 6000 溶液：去离子水溶解 150 g PEG 6000 和 46.8 g NaCl，并定容至 500 mL，0.2 μm 滤膜过滤并灭菌。

⑥ TE 缓冲液：1 mL Tris-HCl 溶液（pH = 8.0，1 mol·L$^{-1}$）和 200 μL 的 EDTA 溶液（pH = 8.0，0.5 mol·L$^{-1}$）定容于 100 mL 容量瓶中，并用 NaOH 调至 pH 至 8.0（以溶解 DNA 样品），于 −20 ℃ 保藏直至使用。

2）调制氯化铯溶液，使其折光率 nD-TC 为 1.4153±0.0002。

3）用 NanoDrop 测定土壤总 DNA 含量。

4）用 GB 将 2 μg 的土壤总 DNA 定容到 100 μL。

5）在 15 mL 的离心管中配制如下体系：4.9 mL CsCl，0.9 mL GB，100 μL GB（含 2 μg 土壤 DNA），利用涡旋振荡仪将离心液完全混合。

6）通过折光仪测定离心液的折光率，使其与目标折光率相同。超高速离心溶液的目标折光率（理想值）nD-TC 是 1.4029±0.0002。如果 nD-TC 偏大，添加 GB 溶液；如果 nD-TC 偏小，添加 CsCl 溶液。然而，这一步的添加更多依赖于经验，比如多次加入 CsCl 溶液后，折光率仍然可能没有发生任何变化。

7）采用 10 mL 注射器将超高速离心液转移到 5 mL 的超高速离心试管中，注意将两个超高速离心试管称重，确保总重量差小于±0.01 g，以使离心体系平衡。

8）上机离心。超高速离心的基本参数如下。时间：44 h。温度：20℃。速度：45000 r·min$^{-1}$（190000$g$，$g$ 为重力加速度）。时间：持续。加速：9。减速：不中断。

9）超高速离心结束后，取出转子固定于试验台上对应的槽中，小心拧开离心管帽，用专用镊子垂直取出离心管，固定于铁架台上。采用恒流泵将离心管中的液体均匀分为 15 层：入水口针头斜向上扎入离心管肩部，针头切面向上抵住管壁，再在离心管底部正中扎一小孔，通过恒流泵的流速设置，控制每个 2 mL 的无菌离心管收集 370 μL，但需多放一层，保证第 15 层 DNA 液体体积的准确，利用折光仪测定 15 层液体每层的折光率。各层液体的浮力密度，可以通过以下经验公式进行计算：

$$\rho = -31.2551x^2 + 99.2031x - 75.9318 \tag{15-1}$$

式中，$\rho$ 为浮力密度，g·mL$^{-1}$；$x$ 为折光率。

10）向每层中加入 550 μL 的 PEG 6000 溶液，首尾倒置混匀，37 ℃ 水浴 1 h 以沉淀 DNA。

11）在 15℃，13000$g$ 离心 30 min 后，去除上清液。

12）加入 500 μL 70%乙醇清洗 DNA 沉淀，离心 10 min，除去上清液。

13）重复步骤 12），以再次洗脱氯化铯和 PEG 试剂，减少对后续分析的干扰。

14）敞口于室温无菌室中将 DNA 干燥 30 min 后，加入 30 μL TE 缓冲液溶解 DNA，于 −20 ℃ 保存。

### 4. $^{13}$C-DNA 的鉴定

超高速密度梯度离心后可通过分层得到不同层级的 DNA，可采用以下三个方法鉴定土壤氮循环功能微生物 DNA 的标记程度。

（1）DNA 浓度分析

检测各个分层的 DNA 的浓度，与 $^{12}CO_2$ 对照处理的重层 DNA 相比，$^{13}CO_2$ 标记处理样品的重层 DNA 浓度通常较高，然而，该指标通常很难作为 DNA-SIP 成功的主要标准。

（2）PCR 和 qPCR 分析

$^{13}CO_2$ 标记处理土壤中氮循环功能微生物的 DNA 被 $^{13}C$ 所标记，超高速离心后 $^{13}C$-DNA 将在试管下部重浮力密度梯度区带中相对富集，利用氮循环功能微生物功能基因的引物，定性（常规 PCR）或者定量（qPCR）分析功能基因在不同浮力密度 DNA 中的分布，并与 $^{12}CO_2$ 对照处理相比，根据功能基因基因拷贝数在重层 DNA 中（通常为收集的第 4～6 层）的相对数量，即可准确判定氮循环功能微生物 DNA 被 $^{13}C$ 标记的程度，进一步评估目标微生物对某个浓度 $^{13}C$ 标记底物的利用情况（图 15-5）（Wang et al., 2014）。

（3）高通量测序分析（目前最准确的方法）

通过对各层中微生物总 16S rRNA 基因进行高通量测序，分析目标微生物在各层总微生物中所占的比例。如果标记成功，目标微生物在 $^{13}C$ 处理重层 DNA 中的比例将会远高于 $^{12}C$ 处理的重层（图 15-5）（Wang et al., 2014）。

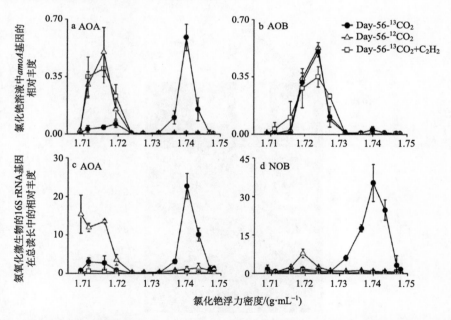

图 15-5  各重浮力密度梯度区带中功能微生物及功能基因的相对丰度（修改自 Wang et al., 2014）

### 15.3.3.3  硝化微生物的 $^{13}C$-RNA-SIP

硝化微生物的 $^{13}C$-RNA-SIP 可参考 Whiteley 2007 年在 *Nature Protocol* 发表的"RNA stable-isotope probing"（Whiteley et al., 2007）。

## 1. 微宇宙培养

$^{13}$C-RNA-SIP 的微宇宙培养与 $^{13}$C-DNA-SIP 类似，底物浓度与培养时间根据研究目的适当调整，培养的土壤样品中硝化微生物的 $^{13}$C-RNA 原子丰度高于 15%即可通过超高速密度梯度离心分离得到 $^{13}$C-RNA。

## 2. 土壤样品总 RNA 提取

目前主要使用 Qiagen AllPrep DNA/RNA Mini Kit 提取土壤样品总 RNA，详细操作见试剂盒使用指南 RNA cleanup and purification of in vitro transcripts 部分[注意：从该实验开始，涉及的所有操作及试剂耗材务必做到无核酸酶(Nuclease-free)]。

土壤样品总 RNA 提取完成后，取 5 μL 进行琼脂糖凝胶电泳，琼脂糖凝胶使用 1× TBE 配置，浓度为 1.5%，电泳时长 20 min，电压 70 V。若电泳结果如图 15-6 所示，一般有 16S rRNA 和 23S rRNA 的完整条带，即可证明土壤样品总 RNA 提取成功。土壤微生物总 RNA 浓度通过 NanoDrop®测定，最终用 Nuclease-free 水将总 RNA 浓度调至 50 ng·μL$^{-1}$ 用于下游实验。

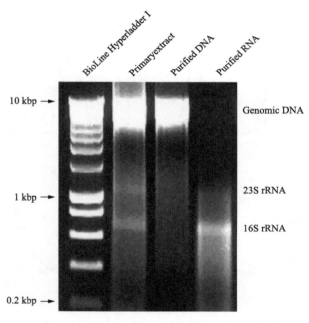

图 15-6　Qiagen AllPrep DNA/RNA Mini Kit 所提取核酸的典型琼脂糖凝胶电泳结果(Whiteley et al., 2007)
BioLine Hyperladder I—标志物；Primary extract—初级提取物；Purified DNA—纯化后 DNA；Purified RNA—纯化后 RNA

## 3. 超高速密度梯度离心

1)相关试剂的制备方法(用 Nuclease-free 水配置所有试剂)。

① Tris-HCl(1 mol·L$^{-1}$，pH=8.0)：将 121.1 g Tris base 溶解于 800 mL 水中，盐酸调节 pH 至 8.0，用水定容至 1000 mL。

② Gradient Buffer[GB 含 0.1 mol·L$^{-1}$ Tris-HCl(pH=8.0)，0.1 mol·L$^{-1}$ KCl，1 mmol·L$^{-1}$ EDTA]：加入 50 mL 1mol·L$^{-1}$ Tris-HCl，3.75 g KCl 和 1 mL 0.5 mol·L$^{-1}$ EDTA 于 400 mL 水中，用水定容至 500 mL，0.2 μm 滤膜过滤并灭菌。

③ 65%乙醇：加入 325 mL 无水乙醇至 175 mL 水中，使用时提前冰浴。

④ 三氟乙酸铯溶液(作为介质分离不同密度梯度的核酸)：使用 GB 溶解，浓度为 2.0 g·mL$^{-1}$。

⑤ TE Buffer：1 mL Tris-HCl 溶液(pH = 8.0，1 mol·L$^{-1}$)和 200 μL 的 EDTA 溶液(pH = 8.0，0.5 mol·L$^{-1}$)定容于 100 mL 容量瓶中，并用 NaOH 调至 pH 至 8.0(以溶解 DNA 样品)，于−20 ℃保藏直至使用。

2)在 15 mL 的离心管中配制如下体系：4.5 mL CsTFA，515 μL GB，10 μL 土壤样品总 RNA(总量约 500～600 ng)，终体积为 5.2 mL，上下颠倒充分混合。

3)加入适量 GB 或 CsTFA 调节离心溶液浮力密度至 1.79 g·mL$^{-1}$，调节过程中使用折光仪测定折光率。各层液体的浮力密度可以通过以下经验公式进行计算：

$$\rho = 384.44060x^2 - 1031.008x + 692.65494$$

$$(15\text{-}2)$$

式中，$\rho$ 为浮力密度，g·mL$^{-1}$；$x$ 为折光率。

4)采用 10 mL 注射器将离心液转移到 5 mL 的超高速离心试管中，注意将两个超高速离心试管称重，确保总重量差小于±0.01 g，确保离心体系平衡。

5)上机离心。超高速离心的基本参数如下。时间：65 h。温度：20 ℃。速度：39000 r·min$^{-1}$(130000g)。时间：持续。加速：9。减速：不中断。

6)超高速离心结束后，取出转子固定于试验台上对应的槽中，小心拧开离心管帽，用专用镊子垂直取出离心管，固定于铁架台上。采用恒流泵将离心管中的液体均匀分为 15 层：入水口针头斜向上扎入离心管肩部，针头切面向上抵住管壁，再在离心管底部正中扎一小孔，通过恒流泵的流速设置，控制每个 2 mL 的无菌离心管收集 312.5 μL，但需多放一层，保证第 15 层 RNA 液体体积的准确，利用折光仪测定 15 层液体每层的折光率，并通过离心溶液密度计算经验公式推导各层液体的浮力密度(注意：分层及折光率测定时间较长，应提前准备冰盒，缓解 RNA 的降解)。

7)向每层中加入 2 倍体积异丙醇，首尾倒置混匀，−20 ℃放置 30 min。

8)4 ℃，14000g 离心 30 min 后，去除上清液。

9)加入 150 μL 65%冰乙醇清洗 RNA 沉淀，14000g 离心 30 min 除去上清液。

10)自然干燥 RNA 后，加入 30 μL TE，于−80 ℃保存。

### 4. $^{13}$C-RNA 的鉴定

超高速密度梯度离心后可通过分层得到不同层级的 RNA，可采用以下几种方法鉴定土壤氮循环功能微生物 RNA 的标记程度。

(1)分子指纹图谱法

使用细菌或古菌的通用引物进行 16S rRNA 基因 RT-PCR 扩增，再通过变性梯度凝胶电泳(DGGE)或者末端限制性片段长度多态性(T-RFLP)对 RT-PCR 产物进行分型，比较 $^{13}$C 处理的重层和轻层之间以及 $^{13}$C 处理的重层和 $^{12}$C 处理的重层之间的指纹图谱是否存在显著差异，从而确定目标微生物的标记情况(Lu and Conrad , 2005)。

(2)qPCR 分析

利用 qPCR 技术对 $^{13}C$ 和 $^{12}C$ 处理的各个浮力密度层中氮转化微生物的 16S rRNA 基因或 amoA 基因进行定量分析，检验目标微生物是否在 $^{13}C$ 处理的重层中得到富集。

### 15.3.3.4　硝化微生物的 $^{13}C$-DNA-SIP 与宏基因组相结合

宏基因组(metagenomics)是指环境样品中所有微生物的基因组信息，当然这其中也包括硝化微生物，宏基因组学则是指通过高通量测序分析，对环境样品中微生物多样性与群落组成、遗传进化、功能活性以及微生物与环境因子的关系进行研究。宏基因组学极好地规避了大部分环境微生物无法分离培养的问题，为更深入研究了解环境中的硝化微生物提供了强有力的帮助。但是对于复杂环境样品而言，宏基因组的组装困难给宏基因组学的发展带来了巨大的挑战(Uhlik et al., 2013)。

$^{13}C$-DNA-SIP 技术很好地弥补了宏基因组学的这一缺陷。通过 $^{13}C$-DNA-SIP 可将复杂环境样品中的活性硝化微生物 $^{13}C$-DNA 从总 DNA 中分离出来然后进行测序，这极大降低样品群落组成的复杂程度，同时还避免了低丰度硝化功能微生物被忽略的情况。王保战等针对土壤氨氧化古菌开展了 $^{13}C$-DNA-SIP-metagenomics 的工作，成功获得了 3 个新的 AOA 基因组，发现一个新的 genus(种)，并系统研究了其物种进化和环境适应性等(Wang et al., 2019)。

## 15.3.4　基于细胞水平的氮转化微生物表征方法

微生物发挥功能的基本载体是细胞。微生物分子生物技术通过对环境样品中提取的总微生物 DNA/RNA 等进行高通量的测序分析，极大地扩展人们对微生物多样性和功能的认知(DeLong, 2004; Rappé and Giovannoni, 2003)。然而，这忽略了细胞在增殖、分化和代谢过程的差异对基因表达、细胞行为的影响(Altschuler and Wu, 2010; Bauer et al., 2017)，整体的测序结果仅能表示微生物群落某一稳态的均值或仅代表相对丰度较高的微生物的代谢功能，无法表征单个细胞的独有特性或细胞间的功能差异。

在对参与氮循环的功能微生物研究中，环境样品单个细胞间生态位和功能活性的差异已有大量报道(Lechene et al., 2007; Musat et al., 2008; Popa et al., 2007)。如 Musat 等(2008)研究发现即便同一菌属的固氮菌，不同细胞间固氮速率都有显著差异。因此，在单细胞水平对细胞形态、活性、功能和系统发育水平进行研究，对揭示原位自然环境中参与氮循环的功能微生物的代谢和功能异质性具有重要意义。

单细胞分析技术主要有三个重要指标：高灵敏度、高选择性和高时空分辨率(刘佳和刘震, 2016)。例如微生物的单细胞尺寸小，一般直径 0.5~20 μm，对单细胞的分离和定位、样品前处理有很高的要求。单细胞中化学物质绝对量是微量至痕量水平，因此，高灵敏性和选择性是单细胞分析的必要条件。此外，微生物生化反应发生时间是毫秒级别的，细胞新陈代谢不断变化，这就要求分析技术具有快速响应、高时空分辨率等特性，才能反映细胞的动态变化。

随着各种单细胞成像、质谱分析以及分选技术的发展，在复杂环境样品中探究微生

物单细胞的系统分类信息及代谢特征成为可能。本节着重从单细胞成像技术
[FISH/CARD-FISH、拉曼(Raman)光谱成像、SEM 等]、单细胞质谱分析(NanoSIMS)、
单细胞分离技术等三个方面对单细胞水平微生物表征技术进行阐述,以及综述相关技术
及其联用在氮转化功能微生物研究中的应用,并做简要展望。

### 15.3.4.1　基于荧光原位杂交(FISH)的单细胞荧光显微成像

FISH 是一项利用荧光标记的寡核苷酸或多核苷酸探针,直接在染色体、细胞或组织
水平定位靶序列的分子生态学技术,该技术结合了分子生物学的快速检测鉴定和显微技
术的形态分析优势,能够对复杂的环境样品中难培养和未培养的微生物进行菌种鉴定、
数量及细胞形态等分析(Amann and Fuchs, 2008; Pernthaler and Amann, 2004)。如 Kartal
等(2007)采用 FISH 技术,监测了从活性污泥中分离厌氧氨氧化菌的富集过程中,厌氧
氨氧化菌在总菌群中相对丰度的变化(图 15-7)。

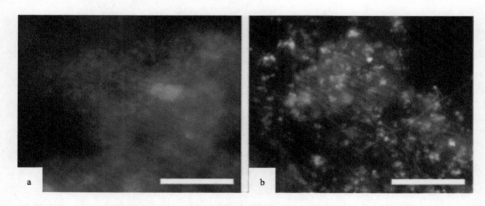

图 15-7　*Candidatus* Anammoxoglobus propionicus 菌群在零时刻(a)和富集 2 个月后(b)总微生物菌群的
丰度变化(Kartal et al., 2007)

黄色代表 *Ca.* Anammoxoglobus propionicus 细胞,其被含有 Cy3 染料的 Apr 820 厌氧氨氧化菌探针所标记。蓝色代表微生物
细胞,其被含有 Cy5 染料的 EUB 总微生物探针所标记。*Ca.* Anammoxoglobus propionicus 在菌群中相对丰度由<1%(a)增加
至 60%(b)。比例尺为 20 μm

随着 FISH 技术的迅速发展和优化,适用于不同样品和研究目的的方法逐渐成熟。
传统的 FISH 存在着检测灵敏度低、探针杂交效率低等问题(Amann et al., 1995),而催化
报告沉积荧光原位杂交技术(catalyzed reporter deposition-FISH, CARD-FISH)或者酪胺信
号扩增荧光原位杂交技术(tyramide signal amplification-FISH, TSA-FISH)等显著提高了
传统 FISH 的检测灵敏度(Eickhorst and Tippkotter, 2008; Pernthaler et al., 2002)(图 15-8,
表 15-2)。近年来,CARD-FISH 在氮转化功能微生物的研究中有较多的应用,如
CARD-FISH 在定量海水(Galán et al., 2009, 2012; Prosser and Nicol, 2008)、土壤(Li et al.,
2015)、污泥(Pavlekovic et al., 2009)等复杂环境样品中的厌氧氨氧化菌有较大的优势,
能准确直观地反映其在原位环境中的相对丰度。Moraru 等(2010)采用 CARD-FISH 对海
水中的氨氧化古菌的 16S rRNA 基因和 *amoA* 基因进行了定量。

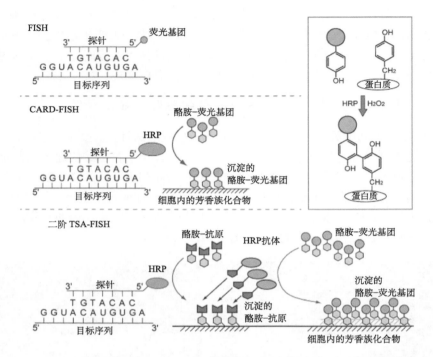

图 15-8　FISH、CARD-FISH 和二阶 TSA-FISH 的原理示意图（Kubota, 2013; 路璐, 2017）

方框内的化学反应表示酪胺在细胞内的沉降过程

　　基因 mRNA 的 CARD-FISH 将微生物的系统分类和功能活性更好地联系在一起。Pilhofer 等（2009）采用该技术对固氮菌细胞内重要功能基因 *nifH* mRNA 进行定量分析（图 15-9），将原位环境中的固氮菌种类和其固氮活性有机地联系起来。此外，Pratscher 等（2011）通过 CARD-FISH 技术将土壤中的氨氧化古菌 *amoA* mRNA 和古菌的 16S rRNA 基因进行定量耦合分析，揭示了氨氧化古菌在土壤氨氧化过程中的重要作用。

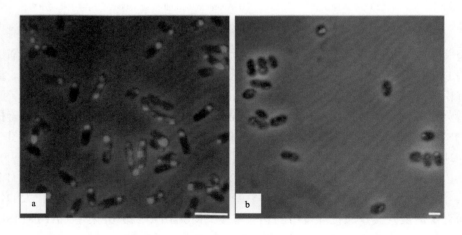

图 15-9　固氮菌 *Klebsiella oxytoca*（a）和 *Azotobacter vinelandii*（b）胞内 nifH mRNA（红色）的分布丰度特征，比例尺为 2 μm（Pilhofer et al., 2009）

**表 15-2　CARD-FISH 的主要步骤**

**菌体细胞固定和制备**

1. 微生物细胞用甲醛或乙醇进行固定，将固定后的细胞转移到玻片上，或过滤到的滤膜上；

2. 在制备好的玻片或滤膜上滴加 0.1%～0.2%的琼脂，在温度 35～60 ℃条件下固封细胞，干燥后的样品置于−20 ℃下保存；

**细胞通透性处理**

3. 根据细胞样品的研究需要，将样品置于溶菌酶/蛋白酶 K/HCl/溶菌酶+无色肽酶等溶液中进行通透性处理，或使用微波物理震荡方法进行处理；

4. 在 1×PBS (phosphate buffer saline，磷酸盐缓冲液)中放置 5～15 min；

5. 用过量双蒸水洗涤 1 min，并室温干燥；

**内源过氧化氢酶失活处理**

6. 将样品置于含有 0.15% $H_2O_2$ 的乙醇或 0.1%的焦碳酸二乙酯溶液中，或 0.01 mol·L$^{-1}$ 的 HCl 溶液中，室温静置 5～15 min；

7. 用过量双蒸水洗涤 1 min，并室温干燥；

**寡核苷酸探针杂交**

8. 制备杂交缓冲液(如：0.9 mol·L$^{-1}$ NaCl, 20 mmol·L$^{-1}$ Tris-HCl, 10%硫酸葡聚糖 1%阻断剂, 0.01% SDS，甲酰胺用量取决于探针种类)；

9. 将杂交缓冲液和探针(如：0.1 μmol L$^{-1}$)混合，将样品置于混合液中在 35～46 ℃条件下静置 2～3 h；

10. 制备洗涤液(如：20 mmol·L$^{-1}$ Tris-HCl, 5 mmol·L$^{-1}$ EDTA, 0.01% SDS，氯化钠用量取决于甲酰胺含量)；

11. 杂交后的样品置于预热至 48 ℃的洗涤液中静置 10 min；

12. 再用 1×PBS 在室温下洗涤 15 min，用吸水纸去除多余液体，不要让样品完全干燥；

**酪胺荧光信号扩增**

13. 配制荧光扩增缓冲液(如：0.0015% $H_2O_2$, 0.1%阻断剂, 10%～20%硫酸葡聚糖, 1×PBS, 0.5～5 ng·μL$^{-1}$)；

14. 将样品浸入到荧光扩增缓冲液中，在黑暗条件下 37 ℃或 46 ℃静置 20～45 min；

15. 在 1×PBS 溶液中静置 5～10 min；

16. 用双蒸水室温下洗涤 5～10 min，并在黑暗条件下常温晾干或在酒精中脱水再晾干；

17. 样品固定于载玻片上，在显微镜上观察。

## 15.3.4.2　单细胞拉曼光谱成像

　　拉曼光谱分析是研究生物大分子的结构、动力学和功能的有效方法，是一种非破坏性且快速的检测方法，样品制备简单，甚至无需前处理就可直接检测。该技术不仅可以测定细胞一些元素的分布，且能分析化合物组成和分布，如蛋白质、核酸、糖类和色素等(Wagner, 2009)。其原理是入射激光和样品表面作用后，部分散射光频率发生了改变，通过分析散射光频率的改变而得出样品分子的指纹图谱信息。由于不同的元素和化合物化学键对应的拉曼波峰不同，进而可以推测样品的元素或化合物信息(Huang et al., 2010)。

　　拉曼光谱分析在氮转化功能微生物研究中已有较多的应用。Yuan 等(2013)采用拉曼光谱分析探究了纳米银颗粒对氨氧化细菌 *Nitrosomonas europaea* ATCC 19718 活性的影响，结果表明纳米银颗粒显著破坏了该氨氧化细菌的细胞膜结构，且抑制了其代谢活性。

Pätzold 等(2008)根据氨氧化和厌氧氨氧化微生物菌群的特征拉曼光谱,在原位污泥样品中定位这两种菌群的分布和丰度特征。

此外,拉曼光谱分析仪结合稳定同位素标记技术可以用于研究微生物的功能及活性。活性微生物细胞同化了高分子质量的同位素之后,使得细胞分子质量增加,由于拉曼光谱与物质分子质量成反比,进而该细胞的拉曼光谱会相对未被同位素标记的细胞有一定的偏移,被称为红移,由此来鉴定功能微生物或比较同一菌群间代谢活性(Huang et al., 2009)。Cui 等(2018)采用 $^{15}N$ 培养土壤,通过检测细胞的拉曼红移特征,在原位土壤环境中鉴定出氮固定微生物菌群(图 15-10)。

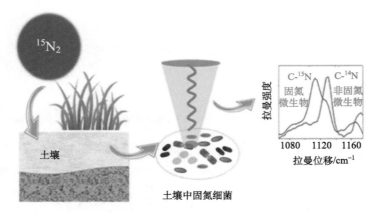

图 15-10　单细胞共振拉曼光谱技术和稳定同位素标记技术相结合揭示土壤环境中的氮固定微生物(修改自 Cui et al., 2018)

### 15.3.4.3　单细胞扫描电子显微镜成像

SEM 是细胞生物学上获取高分辨率图像的重要成像仪器。其原理是利用高速的电子束在真空条件下,撞击样品表面,通过分析与样品撞击产生的二次电子、X 射线等获得样品表面形态和元素信息(王醒东等, 2012)。在微生物上的应用主要用于获得细胞或亚细胞水平的高分辨率图像,通过能量弥散 X 射线探测分析,可进一步获取细胞的化学元素分布信息。通过 SEM 成像技术,可以获得氨氧化古菌 *Nitrososphaera viennensis* 和 *Nitrosotalea devanaterra* 的细胞高清形态图(图 15-11)(Lehtovirta-Morley et al., 2011; Tourna et al., 2011)。

### 15.3.4.4　基于纳米二次离子质谱技术(NanoSIMS)的单细胞质谱分析

NanoSIMS 可以在单细胞水平测定元素及其同位素、化合物的定量和定性分布图像,作为目前最为先进的界面分析技术,在微生物学研究中已显示其强大的功能。其原理是采用初级离子(如 $Cs^+$ 或 $O^-$ 初级离子束)轰击固体表面,溅射出的次级离子引入磁场质量分析器,不同离子具有不同的质荷比,在静电场被分离开,经质谱检测器检测记录并成像,得出样品表面的元素或化合物的丰度分布。NanoSIMS 可以检测从氢到铀的所有元

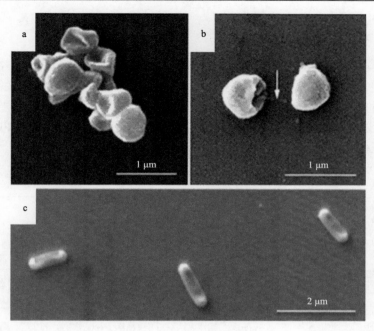

图 15-11　氨氧化古菌 *Nitrososphaera viennensis*(a, b) 和 *Nitrosotalea devanaterra*(c) 的扫描电子显微镜成像图(Lehtovirta-Morley et al., 2011; Tourna et al., 2011)

素、同位素和化合物，且具有较高的空间分辨率($<50$ nm) 和质量分辨率(有效区分 $^{13}C$ 和 $^{12}C$)。NanoSIMS 的样品制备是关键的环节，由于 NanoSIMS 是在超高真空环境中运行，要求样本必须经过脱水处理使之能承受真空。常用的脱水方法有化学固定液(如甲醛或乙醇等)、低温脱水、环氧树脂包埋等(胡行伟等，2013)。

　　NanoSIMS 技术在研究氮转化功能微生物方面有极大的优势，其能精确示踪 N 元素在单细胞水平的分布特征。该技术最早应用于固氮微生物的研究，Lechene 等(2006, 2007)采用稳定同位素底物 $^{15}N_2$ 培养固氮菌株 *Teredinibacter turnerae* 和名为 *Lyrodus pedicellatus* 的船蛆(体内有固氮菌与其共生)，在单细胞水平揭示了不同固氮菌群的固氮特性。丝状蓝藻能同时固定 $N_2$ 和 $CO_2$，其包括营养细胞和异形胞。Popa 等(2007)通过结合 $^{15}N_2$ 标记培养实验和 NanoSIMS 分析，发现丝状固氮蓝藻 *Anabaena oscillarioides* 固定的氮元素能被异形胞快速地转运至营养细胞中，且在亚细胞水平探明了 *A. oscillarioides* 胞内 C 和 P 的分布情况。$^{15}N_2$ 标记培养和 NanoSIMS 结合使用也揭示了海洋硅藻-蓝藻共生体的单细胞固氮速率差异(Foster et al., 2011)。Carpenter 等(2018)采用 $^{13}C$ 和 $^{15}N$ 标记的碳源和氮源培养实验和 NanoSIMS 分析技术，揭示了混合营养类藻类 *Prymnesium parvum* 获取 C 和 N 的主要途径，且不同细胞间氮同化的速率相差近 10 倍。此外，NanoSIMS 也成功地应用到氨氧化微生物的研究中，Tourna 等(2011)通过向含有氨氧化古菌 *N. viennensis* 的培养基中加入 $^{13}C$ 标记的丙酮酸，发现约 10%的 C 元素来自于 $^{13}C$ 丙酮酸，证明了其具有混合营养生长的潜能。Halm 等(2009)通过向湖泊水体样品中添加 $^{15}NO_2^-$和 $^{15}NH_4HCO_3$ 的培养实验，揭示了该环境中反硝化和氮固定作用的转化速率，结合 NanoSIMS 分析首次揭示了氮固定对维持湖泊氮稳定的重要性。

### 15.3.4.5　单细胞表征技术联用

不同的科研仪器在分析对象、精确度、样品要求等方面都各有差异，在微生物研究中常常需要同时获得微生物的形态结构、发育信息及生理功能等信息，这就要求不同的科研仪器联用来达到研究目的，因此，不同单细胞表征技术的联用应运而生，如图 15-12。其中，FISH 技术是获得微生物系统发育信息的最佳途径，此节重点介绍 FISH 技术与其他单细胞表征技术的联用。

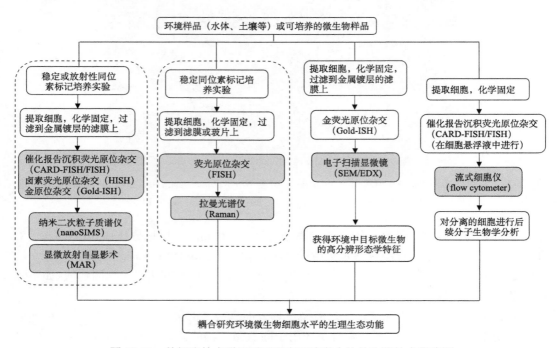

图 15-12　单细胞技术联用用于研究环境微生物的主要技术路线图

### 1. FISH 技术与 NanoSIMS 的联用

FISH 技术与 NanoSIMS 的联合使用在微生物学研究中的应用，使得同时获得单细胞水平的系统发育信息和代谢活性信息成为可能。两者的首次联用是 Orphan 等(2001)利用 FISH 与 SIMS 结合的方法，证实了海洋沉积物中存在的厌氧甲烷氧化古菌能够代谢 $^{13}CH_4$。

FISH 技术能对目标微生物进行荧光标记，采用激光显微切割仪(laser microdissection microscope, LMD)对目标微生物区域进行标记，在 NanoSIMS 仪器上找到目标区域进行元素扫描测定，获得同位素代谢信息。如 Krupke 等(2013)向海水中加入 $^{15}N_2$ 进行培养，培养结束后将海水中的微生物细胞过滤至滤膜(导电镀膜处理，如镀 Pt、Au、Pd 等)，采用蓝藻的探针进行 CARD-FISH(图 15-13a)，对蓝藻细胞进行定位后，NanoSIMS 测定其 $^{15}N$ 同化量(图 15-13b)，进而得出单细胞氮固定速率。

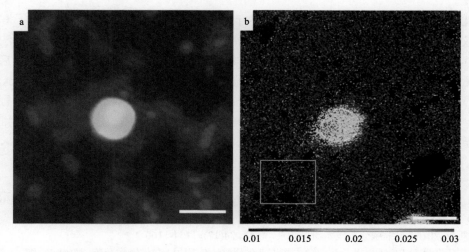

图 15-13　海水样品针对 UCYN-A 蓝藻的 CARD-FISH 荧光成像图(a)和 NanoSIMS 所测得的 $^{13}C/^{12}C$ 比例分布图(b)，比例尺为 1 μm(Krupke et al., 2013)

卤素原位杂交(halogen in situ hybridization, HISH)与 NanoSIMS 联用目前也常用于研究微生物单细胞水平的生理生态功能。HISH 是在 CRAD-FISH 技术基础上的修改，是将卤素元素(如氟、氯)连接至酪胺上，在进行杂交和荧光扩增的过程中，目标微生物中沉积了大量卤素元素，这样使得 NanoSIMS 可以通过测定卤素元素的分布从而确定目标微生物的位置(Musat et al., 2008)。Musat 等采用 HISH-NanoSIMS 对湖泊水体中三种厌氧光合细菌 *Chromatium okenii*, *Lamprocystis purpurea* 和 *Chlorobium clathratiforme* 的碳氮利用效率进行了研究，结果发现细胞总量仅占总微生物群落 0.03% 的 *C.okenii*，却同化了 70%的总碳和 40%的总氮，该研究提出代谢活性最强的微生物不一定在数量上占优势。

**2. FISH 技术与其他单细胞技术的联用**

FISH 技术与其他光学、电子学仪器，如显微放射自显影术(microauutoradiography, MAR)、SEM/EDX、流式细胞仪等仪器的联用也很成功地应用于微生物的研究中。CARD-FISH-MAR 的技术路线是首先采用放射性同位素标记的底物培养微生物，在对细胞进行荧光原位杂交分类鉴定后，通过微量自动照相集成技术，根据放射性强弱判定底物代谢特性(Alonso and Pernthaler, 2005)。例如 Sauder 等(2017)通过 $^{14}C$-碳酸盐培养实验和 CARD-FISH-MAR 技术相结合发现氨氧化古菌 *Candidatus Nitrosocosmicus exaquare* 在氨氧化过程中，能高效同化 $^{14}C$-碳酸盐中的碳源。Schmidt 等(2012)将 Gold-FISH 应用于单细胞水平的微生物研究，该技术仍是在 CARD-FISH 的基础上进行改进，其原理是通过在酪胺上结合上了荧光素、纳米金粒子和链霉亲和素，经过荧光扩增后，目标细胞内沉积了大量荧光素的同时，也有纳米金粒子的沉积，这使得不仅可以在荧光显微镜下检测目标微生物的数量，且可以通过 SEM-EDX 检测金元素的分布而获得目标微生物的高分辨率形态结构。

　　此外，流式细胞仪是对微生物细胞进行计数的常用方法之一，CARD-FISH 与流式细胞仪的结合可以针对复杂环境样品进行特定微生物的计数和分离。该联用方法要求 CARD-FISH 的全部过程在悬浮液中进行，每一步完成后通过离心收集细胞，然后使用荧光激活流式细胞仪对有荧光的目标微生物进行计数（Biegala et al., 2003）。Sekar 等（2004）采用此方法对海洋水体中细菌进行分离，并对流式细胞仪分离出的细胞进行 16S rRNA 测序以获知细菌群落组成信息，这一方法为研究环境中微生物多样性和单细胞基因组学为基础的生理代谢分析提供新的思路。

# 参 考 文 献

胡行伟, 张丽梅, 贺纪正, 2013. 纳米二次离子质谱技术（NanoSIMS）在微生物生态学研究中的应用. 生态学报, 33(2): 348-357.

刘佳, 刘震, 2016. 单细胞分析技术研究进展. 色谱, 34(12): 1154-1160.

路璐, 2017. CARD-FISH 技术及其在微生物生态学研究中的应用. 微生物学杂志, 37(6): 87-97.

王醒东, 林中山, 张立永, 等, 2012. 扫描电子显微镜的结构及对样品的制备. 广州化工, 40(19): 28-30.

Alonso C, Pernthaler J, 2005. Incorporation of glucose under anoxic conditions by bacterioplankton from coastal North Sea surface waters. Applied and Environmental Microbiology, 71(4): 1709-1716.

Altschuler S J, Wu L F, 2010. Cellular heterogeneity: do differences make a difference? Cell, 141(4): 559-563.

Alves R J E, Minh B Q, Urich T, et al., 2018. Unifying the global phylogeny and environmental distribution of ammonia-oxidising archaea based on *amoA* genes. Nature Communications, 9: 1517.

Amann R, Fuchs B M, 2008. Single-cell identification in microbial communities by improved fluorescence in situ hybridization techniques. Nature Reviews Microbiology, 6(5): 339-348.

Amann R I, Ludwig W, Schleifer K H, 1995. Phylogenetic identification and in situ detection of individual microbial-cells without cultivation. Microbiological Reviews, 59(1): 143-169.

Bédard C, Knowles R, 1989. Physiology, biochemistry, and specific inhibitors of $CH_4$, $NH_4^+$, and CO oxidation by methanotrophs and nitrifiers. Microbiological Reviews, 53(1): 68-84.

Bauer E, Zimmermann J, Baldini F, et al., 2017. BacArena: individual-based metabolic modeling of heterogeneous microbes in complex communities. PLoS Computational Biology, 13(5): e1005544. DOI: 10. 1371/journal. pcbi. 1005544.

Biegala I C, Not F, Vaulot D, et al., 2003. Quantitative assessment of picoeukaryotes in the natural environment by using taxon-specific oligonucleotide probes in association with tyramide signal amplification-fluorescence in situ hybridization and flow cytometry. Applied and Environmental Microbiology, 69(9): 5519-5529.

Bru D, Sarr A, Philippot L, 2007. Relative abundances of proteobacterial membrane-bound and periplasmic nitrate reductases in selected environments. Applied and Environmental Microbiology, 73(18): 5971-5974.

Caranto J D, Lancaster K M, 2017. Nitric oxide is an obligate bacterial nitrification intermediate produced by hydroxylamine oxidoreductase. Proceedings of the National Academy of Sciences of the United States of America, 114(31): 8217-8222.

Cardoso R B, Sierra-Alvarez R, Rowlette P, et al., 2006. Sulfide oxidation under chemolithoautotrophic denitrifying conditions. Biotechnology & Bioengineering, 95(6): 1148-1157.

Carpenter K J, Bose M, Polerecky L, et al., 2018. Single-cell view of carbon and nitrogen acquisition in the mixotrophic alga *Prymnesium parvum* (haptophyta) inferred from stable isotope tracers and NanoSIMS. Frontiers in Marine Science, 5: 157.

Cui L, Yang K, Li H Z, et al., 2018. Functional single-cell approach to probing nitrogen-fixing bacteria in soil communities by resonance raman spectroscopy with $^{15}N_2$ labeling. Analytical Chemistry, 90(8): 5082-5089.

Daebeler A, Herbold C, Vierheilig J, et al., 2018. Cultivation and genomic analysis of "Candidatus Nitrosocaldus islandicus, " an obligately thermophilic, ammonia-oxidizing thaumarchaeon from a hot spring biofilm in Graendalur Valley, Iceland. Frontiers in Microbiology, 9: 193.

Daims H, Lebedeva E V, Pjevac P, et al., 2015. Complete nitrification by Nitrospira bacteria. Nature, 528(7583): 504-509.

Daims H, Lucker S, Wagner M, 2016. A new perspective on microbes formerly known as nitrite-oxidizing bacteria. Trends in Microbiology, 24(9): 699-712.

Dalias P, Anderson J M, Bottner P, et al., 2002. Temperature responses of net nitrogen mineralization and nitrification in conifer forest soils incubated under standard laboratory conditions. Soil Biology & Biochemistry, 34(5): 691-701.

DeLong E F, 2004. Microbial population genomics and ecology: the road ahead. Environmental Microbiology, 6(9): 875-878.

Dumont M G, Murrell J C, 2005. Stable isotope probing-linking microbial identity to function. Nature Reviews Microbiology, 3(6): 499-504.

Eickhorst T, Tippkotter R, 2008. Detection of microorganisms in undisturbed soil by combining fluorescence in situ hybridization (FISH) and micropedological methods. Soil Biology & Biochemistry, 40(6): 1284-1293.

Eichhorst S A, Strasser F, Woyke T, et al., 2015. Advancements in the application of NanoSIMS and Raman microspectroscopy to investigate the activity of microbial cells in soils. FEMS Microbiology Ecology, 91(10): fiv106. DOI: 10. 1093/femsec/fiv106.

Ettwig K F, Butler M K, Le Paslier D, et al., 2010. Nitrite-driven anaerobic methane oxidation by oxygenic bacteria. Nature, 464(7288): 543-548.

Ettwig K F, Speth D R, Reimann J, et al., 2012. Bacterial oxygen production in the dark. Frontiers in Microbiology, 3(237): 273.

Foster R A, Kuypers M M M, Vagner T, et al., 2011. Nitrogen fixation and transfer in open ocean diatom-cyanobacterial symbioses. ISME Journal, 5(9): 1484-1493.

Fowler S J, Palomo A, Dechesne A, et al., 2018. Comammox nitrospira are abundant ammonia oxidizers in diverse groundwater-fed rapid sand filter communities. Environmental Microbiology, 20(3): 1002-1015.

Francis C A, Roberts K J, Beman J M, et al., 2005. Ubiquity and diversity of ammonia-oxidizing archaea in water columns and sediments of the ocean. Proceedings of the National Academy of Sciences of the United States of America, 102(41): 14683-14688.

Fussel J, Lucker S, Yilmaz P, et al., 2017. Adaptability as the key to success for the ubiquitous marine nitrite oxidizer Nitrococcus. Science Advances, 3(11): e1700807. DOI: 10. 1126/sciadv. 1700807.

Galán A, Molina V, Thamdrup B, et al., 2009. Anammox bacteria and the anaerobic oxidation of ammonium in the oxygen minimum zone off northern Chile. Deep Sea Research Part II: Topical Studies in Oceanography, 56(16): 1021-1031.

Galán A, Molina V, Belmar L, et al., 2012. Temporal variability and phylogenetic characterization of planktonic anammox bacteria in the coastal upwelling ecosystem off central Chile. Progress in Oceanography, 92-95: 110-120.

Gubry-Rangin C, Hai B, Quince C, et al., 2011. Niche specialization of terrestrial archaeal ammonia oxidizers. Proceedings of the National Academy of Sciences of the United States of America, 108(52):

21206-21211.

Hallam S J, Mincer T J, Schleper C, et al., 2006. Pathways of carbon assimilation and ammonia oxidation suggested by environmental genomic analyses of marine Crenarchaeota. PLoS Biology, 4(4): 520-536.

Halm H, Musat N, Lam P, et al., 2009. Co-occurrence of denitrification and nitrogen fixation in a meromictic lake, Lake Cadagno (Switzerland). Environmental Microbiology, 11(8): 1945-1958.

Haroon M F, Hu S, Shi Y, et al., 2013. Anaerobic oxidation of methane coupled to nitrate reduction in a novel archaeal lineage. Nature, 500(7464): 567-570.

He J Z, Shen J P, Zhang L M, et al., 2007. Quantitative analyses of the abundance and composition of ammonia-oxidizing bacteria and ammonia-oxidizing archaea of a Chinese upland red soil under long-term fertilization practices. Environmental Microbiology, 9(9): 2364-2374.

Henry S, Baudoin E, López-Gutiérrez J C, et al., 2004. Quantification of denitrifying bacteria in soils by *nirK* gene targeted real-time PCR. Journal of Microbiological Methods, 59(3): 327-335.

Henry S, Bru D, Stres B, et al., 2006. Quantitative detection of the *nosZ* gene, encoding nitrous oxide reductase, and comparison of the abundances of 16S rRNA, *narG*, *nirK*, and *nosZ* genes in soils. Applied and Environmental Microbiology, 72(8): 5181-5189.

Huang W E, Ward A D, Whiteley A S, 2009. Raman tweezers sorting of single microbial cells. Environmental Microbiology Reports, 1(1): 44-49.

Huang W E, Li M, Jarvis R M, et al., 2010. Shining light on the microbial world: the application of Raman microspectroscopy. Advances in Applied Microbiology, 70: 153-186.

Jia Z J, Conrad R, 2009. Bacteria rather than Archaea dominate microbial ammonia oxidation in an agricultural soil. Environmental Microbiology, 11(7): 1658-1671.

Jung M Y, Kim J G, Damste J S S, et al., 2016. A hydrophobic ammonia-oxidizing archaeon of the Nitrosocosmicus clade isolated from coal tar-contaminated sediment. Environmental Microbiology Reports, 8(6): 983-992.

Kartal B, Rattray J, van Niftrik L A, et al., 2007. *Candidatus* "Anammoxoglobus propionicus" a new propionate oxidizing species of anaerobic ammonium oxidizing bacteria. Systematic & Applied Microbiology, 30(1): 39-49.

Kits K D, Sedlacek C J, Lebedeva E V, et al., 2017. Kinetic analysis of a complete nitrifier reveals an oligotrophic lifestyle. Nature, 549(7671): 269-272.

Konneke M, Bernhard A, de la Torre J, et al., 2005. Isolation of an autotrophic ammonia-oxidizing marine archaeon. Nature, 437(7058): 543-546.

Krupke A, Musat N, LaRoche J, et al., 2013. In situ identification and $N_2$ and C fixation rates of uncultivated cyanobacteria populations. Systematic & Applied Microbiology, 36(4): 259-271.

Kubota K, 2013. CARD-FISH for environmental microorganisms: technical advancement and future applications. Microbes & Environments, 28(1): 3-12.

Kuypers M M M, Marchant H K, Kartal B, 2018. The microbial nitrogen-cycling network. Nature Reviews Microbiology, 16(5): 263-276.

Lechene C, Hillion F, McMahon G, et al., 2006. High-resolution quantitative imaging of mammalian and bacterial cells using stable isotope mass spectrometry. Journal of Biology, 5(6): 20. https: //doi. org/10. 1186/jbiol42.

Lechene C P, Luyten Y, McMahon G, et al., 2007. Quantitative imaging of nitrogen fixation by individual bacteria within animal cells. Science, 317(5844): 1563-1566.

Lehtovirta-Morley L E, Stoecker K, Vilcinskas A, et al., 2011. Cultivation of an obligate acidophilic ammonia oxidizer from a nitrifying acid soil. Proceedings of the National Academy of Sciences of the United

States of America, 108(38): 15892-15897.

Li H, Yang X, Zhang Z, et al., 2015. Nitrogen loss by anaerobic oxidation of ammonium in rice rhizosphere. ISME Journal, 9(9): 2059-2067.

Liu S R, Han P, Hink L, et al., 2017. Abiotic conversion of extracellular $NH_2OH$ contributes to $N_2O$ emission during ammonia oxidation. Environ Sci Technol, 51(22): 13122-13132.

Lu L, Han W Y, Zhang J B, et al., 2012. Nitrification of archaeal ammonia oxidizers in acid soils is supported by hydrolysis of urea. ISME Journal, 6(10): 1978-1984.

Lu Y H, Conrad R, 2005. In situ stable isotope probing of methanogenic archaea in the rice rhizosphere. Science, 309(5737): 1088-1090.

Maia L B, Moura J J G, 2014. How biology handles nitrite. Chemical Reviews, 114(10): 5273-5357.

Meng L, Ding W X, Cai Z C, 2005. Long-term application of organic manure and nitrogen fertilizer on $N_2O$ emissions, soil quality and crop production in a sandy loam soil. Soil Biology & Biochemistry, 37(11): 2037-2045.

Michotey V, Mejean V, Bonin P, 2000. Comparison of methods for quantification of cytochrome cd(1)-denitrifying bacteria in environmental marine samples. Applied and Environmental Microbiology, 66(4): 1564-1571.

Moraru C, Lam P, Fuchs B M, et al., 2010. GeneFISH-an in situ technique for linking gene presence and cell identity in environmental microorganisms. Environmental Microbiology, 12(11): 3057-3073.

Musat N, Halm H, Winterholler B, et al., 2008. A single-cell view on the ecophysiology of anaerobic phototrophic bacteria. Proceedings of the National Academy of Sciences of the United States of America, 105(46): 17861-17866.

Nicol G W, Leininger S, Schleper C, et al., 2008. The influence of soil pH on the diversity, abundance and transcriptional activity of ammonia oxidizing archaea and bacteria. Environmental Microbiology, 10(11): 2966-2978.

Nie S A, Li H, Yang X R, et al., 2015. Nitrogen loss by anaerobic oxidation of ammonium in rice rhizosphere. ISME Journal, 9(9): 2059-2067.

Offre P, Prosser J I, Nicol G W, 2010. Growth of ammonia-oxidizing archaea in soil microcosms is inhibited by acetylene. FEMS Microbiology Ecology, 70(1): 99-108.

Orphan V J, Hinrichs K U, Ussler W, et al., 2001. Comparative analysis of methane-oxidizing archaea and sulfate-reducing bacteria in anoxic marine sediments. Applied and Environmental Microbiology, 67(4): 1922-1934.

Oshiki M, Satoh H, Okabe S, 2016. Ecology and physiology of anaerobic ammonium oxidizing bacteria. Environmental Microbiology, 18(9): 2784-2796.

Pätzold R, Keuntje M, Theophile K, et al., 2008. In situ mapping of nitrifiers and anammox bacteria in microbial aggregates by means of confocal resonance Raman microscopy. Journal of Microbiological Methods, 72(3): 241-248.

Pavlekovic M, Schmid M C, Schmider-Poignee N, et al., 2009. Optimization of three FISH procedures for in situ detection of anaerobic ammonium oxidizing bacteria in biological wastewater treatment. Journal of Microbiological Methods, 78(2): 119-126.

Pernthaler A, Amann R, 2004. Simultaneous fluorescence in situ hybridization of mRNA and rRNA in environmental bacteria. Applied and Environmental Microbiology, 70(9): 5426-5433.

Pernthaler A, Pernthaler J, Amann R, 2002. Fluorescence in situ hybridization and catalyzed reporter deposition for the identification of marine bacteria. Applied and Environmental Microbiology, 68(6): 3094-3101.

Pester M, Rattei T, Flechl S, et al., 2012. *amoA*-based consensus phylogeny of ammonia-oxidizing archaea and deep sequencing of *amoA* genes from soils of four different geographic regions. Environmental Microbiology, 14(2): 525-539.

Pester M, Maixner F, Berry D, et al., 2014. *NxrB* encoding the beta subunit of nitrite oxidoreductase as functional and phylogenetic marker for nitrite-oxidizing Nitrospira. Environmental Microbiology, 16(10): 3055-3071.

Pierre O, Prosser J I, Nicol G W, 2010. Growth of ammonia-oxidizing archaea in soil microcosms is inhibited by acetylene. FEMS Microbiology Ecology, 70(1): 99-108.

Pilhofer M, Pavlekovic M, Lee N M, et al., 2009. Fluorescence in situ hybridization for intracellular localization of nifH mRNA. Systematic & Applied Microbiology, 32(3): 186-192.

Pjevac P, Schauberger C, Poghosyan L, et al., 2017. *AmoA*-targeted polymerase chain reaction primers for the specific detection and quantification of comammox nitrospira in the environment. Frontiers in Microbiology, 8: 1508.

Poly F, Monrozier L J, Bally R, 2001. Improvement in the RFLP procedure for studying the diversity of nifH genes in communities of nitrogen fixers in soil. Research in Microbiology, 152(1): 95-103.

Poly F, Wertz S, Brothier E, et al., 2008. First exploration of Nitrobacter diversity in soils by a PCR cloning-sequencing approach targeting functional gene *nxrA*. FEMS Microbiology Ecology, 63(1): 132-140.

Popa R, Weber P K, Pett-Ridge J, et al., 2007. Carbon and nitrogen fixation and metabolite exchange in and between individual cells of Anabaena oscillarioides. ISME Journal, 1(4): 354-360.

Pratscher J, Dumont M G, Conrad R, 2011. Ammonia oxidation coupled to $CO_2$ fixation by archaea and bacteria in an agricultural soil. Proceedings of the National Academy of Sciences of the United States of America, 108(10): 4170-4175.

Preisler A, de Beer D, Lichtschlag A, et al., 2007. Biological and chemical sulfide oxidation in a Beggiatoa inhabited marine sediment. ISME Journal, 1(4): 341-353.

Prosser J I, Nicol G W, 2008. Relative contributions of archaea and bacteria to aerobic ammonia oxidation in the environment. Environmental Microbiology, 10(11): 2931-2941.

Qin W, Amin S A, Lundeen R A, et al., 2018. Stress response of a marine ammonia-oxidizing archaeon informs physiological status of environmental populations. ISME Journal, 12(2): 508-519.

Radajewski S, Ineson P, Parekh N R, et al., 2000. Stable-isotope probing as a tool in microbial ecology. Nature, 403(6770): 646-649.

Rappé M S, Giovannoni S J, 2003. The uncultured microbial majority. Annual Review of Microbiology, 57: 369-394.

Rotthauwe J, Witzel K, Liesack W, 1997. The ammonia monooxygenase structural gene *amoA* as a functional marker: molecular fine-scale analysis of natural ammonia-oxidizing populations. Applied and Environmental Microbiology, 63(12): 4704-4712.

Sauder L A, Albertsen M, Engel K, et al., 2017. Cultivation and characterization of *Candidatus* Nitrosocosmicus exaquare, an ammonia-oxidizing archaeon from a municipal wastewater treatment system. ISME Journal, 11(5): 1142-1157.

Schmidt H, Eickhorst T, Mussmann M, 2012. Gold-FISH: a new approach for the in situ detection of single microbial cells combining fluorescence and scanning electron microscopy. Systematic & Applied Microbiology, 35(8): 518-525.

Sekar R, Fuchs B M, Amann R, et al., 2004. Flow sorting of marine bacterioplankton after fluorescence in situ hybridization. Applied and Environmental Microbiology, 70(10): 6210-6219.

Stein L Y, Klotz M G, 2016. The nitrogen cycle. Current Biology, 26(3): R94- R98.

Throback I N, Enwall K, Jarvis A, et al., 2004. Reassessing PCR primers targeting *nirS*, *nirK* and *nosZ* genes for community surveys of denitrifying bacteria with DGGE. FEMS Microbiology Ecology, 49(3): 401-417.

Tourna M, Stieglmeier M, Spang A, et al., 2011. Nitrososphaera viennensis, an ammonia oxidizing archaeon from soil. Proceedings of the National Academy of Sciences of the United States of America, 108(20): 8420-8425.

Tu Q C, Lin L, Cheng L, et al., 2018. NCycDB: a curated integrative database for fast and accurate metagenomic profiling of nitrogen cycling genes. Bioinformatics, 35(6): 1040-1048.

Uhlik O, Leewis M C, Strejcek M, et al., 2013. Stable isotope probing in the metagenomics era: a bridge towards improved bioremediation. Biotechnology Advances, 31(2): 154-165.

van Kessel M A H J, Speth D R, Albertsen M, et al., 2015. Complete nitrification by a single microorganism. Nature, 528(7583): 555-559.

Vanparys B, Spieck E, Heylen K, et al., 2007. The phylogeny of the genus Nitrobacter based on comparative rep-PCR, 16S rRNA and nitrite oxidoreductase gene sequence analysis. Systematic & Applied Microbiology, 30(4): 297-308.

Vitousek P M, Howarth R W, 1991. Nitrogen limitation on land and in the sea: how can it occur. Biogeochemistry, 13(2): 87-115.

Wagner M, 2009. Single-cell ecophysiology of microbes as revealed by raman microspectroscopy or secondary ion mass spectrometry imaging. Annual Review of Microbiology, 63: 411-429.

Wagner M, Horn M, Daims H, 2003. Fluorescence in situ hybridisation for the identification and characterisation of prokaryotes. Current Opinion in Microbiology, 6(3): 302-309.

Walker C B, de la Torre J R, Klotz M G, et al., 2010. Nitrosopumilus maritimus genome reveals unique mechanisms for nitrification and autotrophy in globally distributed marine crenarchaea. Proceedings of the National Academy of Sciences of the United States of America, 107(19): 8818-8823.

Wang B Z, Zheng Y, Huang R, et al., 2014. Active ammonia oxidizers in an acidic soil are phylogenetically closely related to neutrophilic archaeon. Applied and Environmental Microbiology, 80(5): 1684-1691.

Wang B Z, Zhao J, Guo Z Y, et al., 2015. Differential contributions of ammonia oxidizers and nitrite oxidizers to nitrification in four paddy soils. ISME Journal, 9(5): 1062-1075.

Wang B Z, Qin W, Ren Y, et al., 2019. Expansion of Thaumarchaeota habitat range is correlated with horizontal transfer of ATPase operons. ISME Journal, 13(12): 3067-3079.

Wang Y L, Ma L P, Mao Y P, et al., 2017. Comammox in drinking water systems. Water Research, 116: 332-341.

Weber K A, Achenbach L A, Coates J D, 2006. Microorganisms pumping iron: anaerobic microbial iron oxidation and reduction. Nature Reviews Microbiology, 4(10): 752-764.

Whiteley A S, Thomson B, Lueders T, et al., 2007. RNA stable-isotope probing. Nature Protocol, 2(4): 838-844.

Wu Y C, Lu L, Wang B Z, et al., 2011. Long-Term field fertilization significantly alters community structure of ammonia-oxidizing bacteria rather than archaea in a paddy soil. Soil Science Society of America Journal, 75(4): 1431-1439.

Xia W W, Zhang C X, Zeng X W, et al., 2011. Autotrophic growth of nitrifying community in an agricultural soil. ISME Journal, 5(7): 1226-1236.

Yan Y L, Yang J, Dou Y T, et al., 2008. Nitrogen fixation island and rhizosphere competence traits in the genome of root-associated Pseudomonas stutzeri A1501. Proceedings of the National Academy of

Sciences of the United States of America, 105(21): 7564-7569.

Yuan Z H, Li J W, Cui L, et al., 2013. Interaction of silver nanoparticles with pure nitrifying bacteria. Chemosphere, 90(4): 1404-1411.

Zehr J P, Jenkins B D, Short S M, et al., 2003. Nitrogenase gene diversity and microbial community structure: a cross-system comparison. Environmental Microbiology, 5(7): 539-554.

Zhang L M, Hu H W, Shen J P, et al., 2012. Ammonia-oxidizing archaea have more important role than ammonia-oxidizing bacteria in ammonia oxidation of strongly acidic soils. ISME Journal, 6(5): 1032-1045.

Zumft W G, 1997. Cell biology and molecular basis of denitrification. Microbiology and Molecular Biology Reviews, 61(4): 533-616.